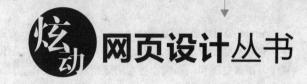
炫动 网页设计丛书

Dreamweaver+Photoshop+ Flash
网页设计
从入门到精通

宋岩峰　张巍译　杨　波　等编著

化学工业出版社
·北京·

Adobe 公司推出的 Dreamweaver CS5、Photoshop CS5 和 Flash CS5 是制作网页和网络动画的常用软件。本书从零开始，逐步深入地讲解了使用这些软件制作网页和建设网站的方法与技巧。本书注重网页制作、图像处理和动画制作技巧的运用和实际创作方法，共分为 5 篇 26 章，对网页制作基础知识、Dreamweaver CS5、Photoshop CS5、Flash CS5、案例实战进行了由浅及深、循序渐进的讲解；各章节注重实例间的联系和各功能间的难易层次，并对软件应用过程中可能出现的问题、难点和重点给予了详细讲解和特别提示；同时以实例的形式带领读者一步步领略各个软件的功能，完成从入门到精通的转变。

本书附光盘一张，内容包括书中相关内容的视频讲解文件、源代码以及 PPT 等。

本书内容全面、实例丰富、可操作性强、图文并茂、生动易懂，不仅适合作为网站设计与网页制作初学者的入门指导书，也可以作为相关培训班的教材。

图书在版编目（CIP）数据

Dreamweaver+Photoshop+Flash 网页设计从入门到精通 / 宋岩峰，张巍译，杨波等编著.—北京：化学工业出版社，2012.7

（炫动网页设计丛书）

ISBN 978-7-122-14467-6

ISBN 978-7-89472-574-5（光盘）

Ⅰ．D…　Ⅱ．①宋…　②张…　③杨…　Ⅲ．网页制作工具　Ⅳ．TP393.092

中国版本图书馆 CIP 数据核字（2012）第 123874 号

责任编辑：李　萃　　　　　　　　　　　装帧设计：王晓宇

出版发行：化学工业出版社（北京市东城区青年湖南街 13 号　邮政编码 100011）
印　　装：化学工业出版社印刷厂
787mm×1092mm　1/16　印张 25　字数 640 千字　2012 年 8 月北京第 1 版第 1 次印刷

购书咨询：010-64518888（传真：010-64519686）　　售后服务：010-64518899
网　　址：http://www.cip.com.cn
凡购买本书，如有缺损质量问题，本社销售中心负责调换。

定　　价：49.80 元（含 1CD—ROM）

Preface

Dreamweaver、Photoshop 和 Flash 一直是网页设计的必备软件，无论网络技术如何发展，网络流行趋势如何变化，这三个软件在网页设计中的地位一直没有变化。熟练掌握这三个软件，已经是网页设计师的必备技能。而且随着网页设计的进一步专业化，能够熟练地掌握这三个软件中的任何一个都可以在职场中占有一席之地。

工具永远是为内容和目的服务的，学习和使用这三种工具，并不仅仅需要掌握其使用方法，因为类似 Photoshop 这样的软件，无论在平面设计领域还是摄影领域都应用广泛，所以本书在讲解软件使用的同时，更注重网页设计理念的讲解，让读者能够在学习操作的同时更深刻地理解网页设计的各种思想，最终成为一个从理论到实践都能把控好的网页设计者。

作为网页制作人员的必修软件，本书针对每个软件都安排了大量分门别类的案例，并对每个案例进行了详细讲解。本书不但对网页设计初学者和爱好者的学习非常有帮助，同时也可以给网页制作人员一个抛砖引玉的启示。

本书特点

本书结合目前流行的网站制作实例，深入浅出地讲解了使用 Dreamweaver、Photoshop 和 Flash 三种软件设计网页的方法和理念。在每个知识点和案例的讲解中，笔者都结合了自己的经验，力求简便、实用。在每章的最后，针对这一章介绍的知识点进行归纳总结，并且给出相关习题，使读者能够理清学习的重点。

本书的特点主要体现在以下几个方面。

- 基础知识与实例操作相结合：本书系统、全面地讲解了 Dreamweaver、Photoshop 和 Flash 三种网页制作软件的使用方法，同时用案例讲解的方式进行实战演练。所有实例制作方法均可以直接使用，或者根据自己的实际情况进行调整，方便读者实际工作中的使用。

- 理论讲解与思想点拨相结合：本书在讲解各种软件的操作技能和使用方法之外，还加入网页设计的各种理论和思想，讲解了使用三种软件构建各种网页内容的构思和理念，读者可以举一反三，掌握各种网页设计知识和扩展应用。

- 实际经验的总结：本书结合笔者多年的网站前端架构经验，深入浅出地讲解了网页设计各个步骤中的各种问题和注意事项，并在每个案例中都进行了详细的分析和讲解。

- 以独到的见解进行辅助分析：在每个实例的讲解过程中，笔者对很多问题提出了自己独到的见解。这些见解都是在实践的基础上总结出来的，能够帮助和启发读者拓展思路，指导读者在学习过程中对具体问题进行具体分析。

- 从点到面，注重联系：本书在安排内容的时候不仅覆盖了每个独立的知识，同时也阐述了每个知识和三个软件之间的联系，使读者理解各个软件之间的紧密联系。
- 循序渐进的编排：本书的编排采用循序渐进的方式，同时对每个内容进行了详细的分类，适合初级、中级读者逐步掌握网页的制作方法。

本书内容

全书分为 5 篇，共 26 章，内容包括网页制作的基本步骤，Photoshop 软件的简介和制作网页效果图的技巧，Dreamweaver 软件的介绍和使用方法，Flash 软件的介绍和各种网站动画的制作方法，以及综合的网页制作案例等，内容完整全面，实用性强。

第 1 篇（第 1 章～第 3 章）：网页制作基础知识，讲述了网页设计的一般步骤，网页设计的基础知识，网页中的色彩。本篇内容主要为学习网页设计打下基础。

第 2 篇（第 4 章～第 10 章）：Photoshop CS5 使用精解，讲述了 Photoshop CS5 界面与基本操作，制作网站 Logo，制作网站 Banner，制作网页导航条，制作网页按钮，制作区域框和分隔线，制作个人博客页面的效果图。通过对本篇内容的学习，可以掌握网页效果图的制作方法。

第 3 篇（第 11 章～第 19 章）：Dreamweaver CS5 使用精解，讲述了 Dreamweaver CS5 基础，使用表格，文本与图像，使用表单，超级链接，使用 Div 元素，使用样式表，使用行为，使用媒体。通过对本篇内容的学习，可以掌握静态网页制作的各种知识。

第 4 篇（第 20 章～第 25 章）：Flash CS5 使用详解，主要讲解了 Flash CS5 简介和基本操作，制作网页 Logo，制作 Banner，制作导航条，制作 Loading，制作广告动画。通过对本篇内容的学习，可以掌握 Flash 的各种知识和应用技巧。

第 5 篇（第 26 章）：综合应用——首页的制作，主要通过一个网站首页的制作案例，讲解了使用 Dreamweaver、Photoshop 和 Flash 制作网站效果图、动画和静态页面的全部过程。通过该案例，可以将之前学习的所有内容融会贯通，最终掌握整个网页制作的技巧。

本书附光盘一张，内容包括书中相关内容的视频讲解文件、源代码以及 PPT 等。

本书读者

本书适用于以下读者阅读：
- 网页专业设计人员
- 网页维护人员
- 网页制作爱好者
- 大中专院校的学生
- 参加社会培训的学生

本书编者

本书主要由宋岩峰、张巍译、杨波编写，其他参与编写和资料整理的人员有刘成、马臣云、潘娜、阮履学、陶则熙、王大强、王磊、徐琦、许少峰、颜盟盟、杨娟、杨瑞萍、于海波、俞菲、曾苗苗、赵莹、朱存等。

由于编者水平有限，疏漏与不妥之处在所难免，恳请读者批评指正。

编　者

Contents

第3篇　Dreamweaver CS5 使用精解

第 4 篇　Flash CS5 使用精解

第 5 篇　综合应用——首页的制作

第1篇

网页制作基础知识

第1章 网页设计的一般步骤

在学习使用各种网页制作软件之前，首先要了解网页设计的一般步骤，这将有助于从总体上把握网页设计的流程。网页设计的一般步骤包括规划站点、制作页面效果图、切图、制作静态 Web 页面、添加程序、发布 Web 站点、推广和维护等几个方面。下面将对各个步骤进行逐一讲解。

1.1 网站的发布条件

在制作网站之前，首先要了解一个网站能够发布所需要的条件。这些条件决定了网站上线后的浏览速度和搜索情况等。其中，域名和空间对于一个网站非常重要，一个好的域名和空间可以让网站更方便地被记住并快速显示出来。下面将对 Internet、域名、空间这几个常用的术语进行详细讲解。

1. Internet

Internet 的中文名称是"互联网"或者"国际互联网"，是由各种不同类型和规模的计算机网络（包括局域网、地域网以及大规模的广域网等）构成的全球范围的计算机网络。在 Internet 中，各个计算机之间可以方便地交换信息。

随着 Internet 的不断普及，它已经成为人们生活中一个重要的组成部分，并且在人们的衣、食、住、行等各个方面发挥着越来越重要的作用。

2. 域名

域名是用来标记 Internet 上相应资源的一个名称。在 Internet 中有成千上万的计算机，为了标记每台计算机，为每台计算机分配了一个地址，这个地址就叫做计算机的 IP 地址。IP 地址是由二进制数来表示的，长 32bit。由于 IP 地址难于记忆和书写，所以在 Internet 中使用一种字符型的地址来标记各种资源，这个字符型的地址就叫做域名。

Internet 中的域名都有各自固定的格式，如 www.cctv.com 等。在发布制作的站点之前，一定要拥有站点的域名，以便浏览者访问。域名可以到各个域名代理公司进行注册，根据域名使用的格式不同等，会收取相应的费用。

3. 空间

空间是指用来存放制作好的网站的磁盘空间。在发布网站时，可以使用相应服务商提供的空间，也可以使用自己计算机上的磁盘空间，其区别在于稳定性和速度。

一般网站建设服务商对于需求分析的部分会有相应的人员负责。网页设计人员只需要分析需求人员提供的文档，并和需求人员具体沟通即可完成这部分工作。

1.2 网站的 CI 形象设计

CI 形象设计又称为企业的视觉形象设计，其内容并不仅仅是颜色的搭配，也包含各种互动的元素和多媒体效果。在 CI 形象设计中，最重要的一条就是整体风格。每个网站的视觉设计都要遵循一个主题，或者活泼或者和谐统一，所有设计都要围绕这一主题展开，否则网站就会给人杂乱无章的感觉。例如，一个成功运用 CI 形象设计的网站如图 1-1 所示。

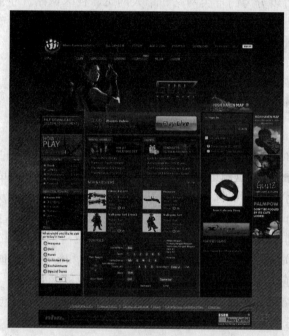

图 1-1　一个 CI 形象设计的范例

在上面的网站中，合理运用了蓝色这个主题色，并通过精细的分隔线和合理的结构，使得页面具有较强的品质感。

1.3 规划网站的栏目与版块

网站的栏目与版块是和网站的功能、需求密切相关的，在规划网站栏目与版块的时候一定要注意实用性的原则，尽量避免冗余信息对浏览者的干扰。如果网站的内容非常多，要尽量对网站内容进行详细地归类，以便于浏览者快速浏览。例如，一个企业产品展示网站，其栏目和版块的设置如图 1-2 所示。

图 1-2 一个企业产品展示网站

从内容上，网页可以分为门户类网站、个人网站、社区网站、企业网站等，每个种类的网站在内容和结构上都有各自的特点。在规划栏目和版块的时候，一定要考虑好页面的承载量，要将合理数量的内容呈现给浏览者。

1.4 规划网站的目录结构和链接结构

网站的目录结构对于网站来说非常重要，它直接关系到网站是否方便浏览。一个简单、清晰、合理的目录结构可以让浏览者方便快捷地找到需要的内容；而一个混乱不堪，或者需要很多次链接才能找到目标内容的网站，通常会让浏览者感到厌烦。

由于网站都是由一个个超级链接组成的，同时也因为浏览器显示页面方式的限制，让网站的链接结构变得非常复杂。因此，合理安排链接的结构，尽量减少浏览者单击链接的次数，是一个成功网站的关键。在规划网站的目录结构和链接结构时一定要遵循一个原则，即可用性原则，越实用则越受欢迎，网站的生命力也就越强。

一般一个网站的结构都是通过网站地图来显示的。例如，中国公安部网站的站点地图如图 1-3 所示，通过这个网站地图可以整体了解该站点的目录安排。

图 1-3 网站的目录结构

很多大型的门户网站会包含很多子栏目，所以在规划站点的时候，合理地安排目录结构就显得非常必要了。

1.5 制作页面效果图

在了解并确定了网站的 CI 形象设计、版块构成、目录结构之后，接下来就是制作页面效果图了。制作页面效果图的目的，是向客户展示页面的显示效果，以便客户对页面设计提出具体的修改意见。使用效果图的好处在于便于修改，并且方便直观。下面分别讲解其中涉及的相关内容。

1．制作效果图的软件

对制作效果图的软件并没有明确的规定，可以使用各种图形制作和处理软件。通常使用的软件是 Photoshop 和 Fireworks。在制作效果图时，使用的软件对最终效果并没有影响，所以一般只需要精通一种软件即可。

2．效果图的制作

可以将制作好的效果图保存成各种格式，常用的有 GIF 格式、JPEG 格式、PNG 格式等。在制作效果图时要注意细节，同时还需要考虑后期页面制作的难度以及程序的安排。

下面是一个制作完成的网页效果图示例，其显示效果如图 1-4 所示。

图 1-4 一个网页的效果图

一般在网页的制作过程中，要根据客户的要求不断修改效果图，直至客户最终确认。

1.6 制作 Flash 动画

在网页中，使用的多媒体内容主要为 Flash 动画。因为 Flash 动画内容可以在页面中直接使用（在浏览器中也可以屏蔽 Flash 动画内容的显示），而其他多媒体内容都需要客户端安装相应的播放器来支持。在网页中使用 Flash 动画要首先考虑动画的必要性,因为动画相对于图片和文字等内容要更加复杂,而使用动画的目的也是为了让信息的传达更加方便。如果没有考虑内容的合理性,而盲目地使用动画,可能会费力不讨好,对浏览者造成产生阅读的障碍。

1.7　切图

　　网页的效果图制作完成后,接下来就要将效果图制作成真正的网页了。在制作网页之前,首先要对效果图进行切片。切片的目的是制作页面中使用的修饰图片。

　　对效果图进行切片,可以在 Photoshop(或者相关联软件 Imageready)中进行,也可以在 Fireworks 中进行。下面是一个使用 Photoshop 切图的示例,其显示效果如图 1-5 所示。

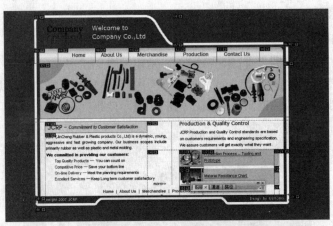

图 1-5　切图的显示效果

　　切好的图片,可以保存为 GIF 格式或者 JPEG 格式(关于使用 Photoshop 进行切图和保存的内容,将在后面章节中详细讲解)。

1.8　制作静态 Web 页面

　　静态 Web 页面是指使用 HTML 等语言制作的、不能和服务器进行交互的页面。制作静态 Web 页面这个步骤,是为了使网页制作的分工更加明确。通常在制作好静态页面之后还要为页面添加程序,让页面的内容显示更加方便。

　　制作静态页面时,通常使用的软件是 Dreamweaver。制作的静态页面一般是 HTML 页面,文件的扩展名为“.html”。制作好的 HTML 页面,可以直接在浏览器中查看其显示效果。制作静态页面是网页设计中非常核心的一步,这一步关联着效果图和程序。好的静态页面可以完全展示出效果图中设计的效果,同时便于后期程序的添加。

1.9　添加程序

添加程序的目的是使页面能够和服务器中的资源进行交互，一般要涉及对数据库的操作。添加程序后的页面处理和显示信息的效率更高，并且更易维护。

根据所使用程序语言的不同，网页中使用的程序可以分为 ASP 程序、ASP.NET 程序、JSP 程序、PHP 程序等。使用不同的程序，对实现网页的功能并没有影响。

1.10　发布 Web 站点

在网页中添加了程序，并且客户对网页的所有功能和页面效果都确认后，就可以正式发布制作好的站点了。发布站点的过程就是将本地的站点文件上传到网站空间，通常使用 Flashfxp 等软件来完成。发布站点的前提是要先拥有域名和空间。

1.11　推广和维护

网站的推广和维护，也是网站建设中相当重要的部分。针对站点的性质和需求，推广和维护的方法也不尽相同。其中，推广的方法包括百度、Google 等搜索引擎上的推广，相关论坛推广，邮件推广等。网站的维护，要视站点的复杂程度和规模，指定专人或由网站建设服务商完成。

1.12　小结

本章主要讲解了网页设计的流程，其中比较重要的步骤是从规划站点、制作页面效果图、切图到制作静态 Web 页面这个部分，因为本书主要讲解的是网页设计的具体步骤。其中网站发布条件等内容非常简单，比较容易掌握。而添加程序等内容比较复杂，需要比较系统的学习，在本书中不做详细讲解。

1.13　习题与思考

1. 网站的发布条件有哪些？
2. 规划网站的栏目和版块的时候要遵循什么原则？通过你对网页的了解，你是怎样理解这个原则的？
3. 浏览一个网站，并理清网站的目录结构。
4. 了解站点首页的重要性，以及整个网站页面在设计上的关联性。

第2章 网页设计的基础知识

在具体制作网页之前，首先要学习网页的基础知识。通过这些基础知识，可以从整体上了解网页设计的相关内容，并让整个学习有的放矢。这些内容包括网页的本质、显示网页的浏览器、网页构成的基本元素、网页的互动性和常用软件等。

2.1　万维网简介

万维网是环球信息网（world wide web）的缩写，通常简称为 Web，也缩写为 WWW。万维网是一个资料空间，在这个空间中所有有用的事物都被称为"资源"，并且这些资源都由一个全域"统一资源定位符（URL）"进行标记。这些资源通过超文本传输协议（hypertext transfer protocol）传送给使用者，这些协议都通过单击某个链接来实现。所以实际上可以把万维网看成一个透过网络存取的信息交换系统。万维网联盟（world wide web consortium，简称 W3C），又称 W3C 理事会，于 1994 年 10 月在美国麻省理工学院计算机科学实验室成立，并最终扩展成为全球通用的网络。

通过对万维网的了解可知，其实网站就是万维网上的一个信息存储空间。全球的浏览者通过万维网中的标记——URL 来使用和传递站点的信息，而网页就是承载这些信息的载体。

2.2　网页的本质

网页就是在浏览器中显示的一个个页面。如果把一个网站比作一本书，那么网页就是这本书中的一页。网页的本质就是网络中拥有唯一标记的一些信息的载体，它的作用就是传达信息，所有对网页的设计都是为了使信息能够更好地传达给浏览者。如图 2-1 所示是用浏览器打开的一个简单的网页。

一个网页主要由 4 个部分组成：内容、结构、表现和行为。内容是网页要传达的信息，如网页中所显示的文字、数据、图片等，内容是网页的主体和目的。结构是使用结构化的方法对网页中的信息进行整理和分类，使内容更具有条理性、逻辑性和易读性。表现是使用表现技术对已经被结构化的信息进行控制，如对版式、颜色和大小等样式的控制。行为就是网页的交互操作。

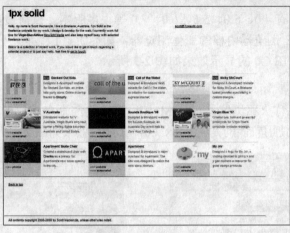

图 2-1　一个简单的网页

把图 2-1 所示的网页，按照网页的 4 个基本组成部分分离出来，就得到 4 个层，如图 2-2 所示。

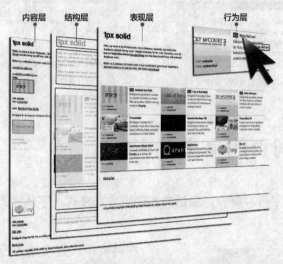

图 2-2　网页 4 个组成部分示意图

总之，网页的 4 个组成部分，以形象的比喻来说明：内容是人，结构用来标明是头还是身体、四肢等各个部位，表现则是给各部位加上服装以打扮漂亮，行为是四肢在特定环境下所呈现的动作。

2.3　常用的网页浏览器

浏览器是浏览网页时使用的工具。目前常见的浏览器有 Internet Explorer（简称 IE）、Firefox 等。下面简单介绍这两种浏览器。

1. IE 浏览器

IE 浏览器是由微软公司推出的，由于其直接绑定在 Windows 操作系统中，所以无需下载安装。IE 浏览器有 4.0、5.0、5.5、6.0、7.0 等很多版本。目前最新的是 10.0 版本。

　　还有很多使用 IE 浏览器内核的变体浏览器，如遨游、TT 等。不同的 IE 版本会显示出不同的界面，其中 IE 6.0 的显示效果如图 2-3 所示。

2．Firefox 浏览器

　　Firefox 浏览器又称火狐浏览器，是 Mozilla 基金会与众多志愿者所开发的，现在也有很多的使用者。目前使用较多的是 Firefox 7.0，其显示效果如图 2-4 所示。

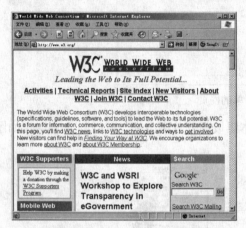

图 2-3　IE 6.0 的显示效果

图 2-4　Firefox 7.0 的显示效果

2.4　构成网页的文本元素

文本指网页的文字内容部分，包括文本的内容、格式、字体样式、链接等内容。

1．文本的显示

图 2-5　文本在 IE 8.0 中的默认显示效果

　　在网页中，直接输入没有定义任何样式与属性的文本内容，其显示效果和浏览器的设置有关。以 IE 8.0 为例，其默认的文本显示效果如图 2-5 所示。

　　如果更改浏览器的设置，则文本的显示效果会有相应的改变。单击"查看"按钮，在下拉菜单中选择"文字大小"选项，如图 2-6 所示，单击子菜单中的"最大"命令，此时网页中文本的显示效果如图 2-7 所示。

　　其他浏览器设置也可以改变网页中文本的显示效果。单击"查看"按钮，在下拉菜单中选择"文字编码"选项，在"其他"子菜单中单击"韩文"命令，此时网页中文本的显示效果如图 2-8 所示。

图 2-6　IE 中设置字体大小的菜单　　　　　　图 2-7　更改文字大小后文本的显示效果

2．文本的格式

在网页中，可以为文本设置各种格式，包括字体、字号、文本颜色、行高等（关于文本格式的定义，将在后面章节中详细讲解）。定义文本格式后的显示效果如图 2-9 所示。

图 2-8　更改文字编码后文本的显示效果　　　　图 2-9　定义文本格式后的显示效果

在浏览器中，文本内容的字体要依赖浏览者操作系统中的字体，所以最好不要定义特殊的字体，通常使用的中文字体为"宋体"。

2.5　构成网页的图像元素

网页中使用的图像可以分为两部分：一部分是起修饰作用的图像，一般在页面中起美化作用；另一部分是作为内容的图像，其中有些内容部分的文本内容因为涉及特殊的字体，也要用图像的方式来显示。

2.5.1　矢量图和位图

矢量图是使用数学公式计算获得的图像格式，其优点在于即使将图像放大，依然能够清晰显示；其缺点是难于表现色彩丰富的图像内容。在网页中无法使用单独的矢量图像，通常使用在 Flash 动画中。如图 2-10 所示为一个矢量图像，放大后的效果如图 2-11 所示。

图 2-10　矢量图的显示效果

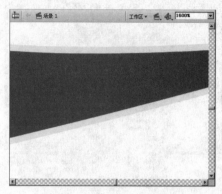

图 2-11　矢量图放大后的效果

　　位图是使用像素点构成的图像格式，能够显示颜色丰富的内容。其缺点在于，当放大图像时，显示效果会失真。在网页中，使用的图像均为位图格式。使用 Photoshop 等软件可以制作、编辑位图图像。如图 2-12 所示为一个位图图像，放大后的效果如图 2-13 所示。

图 2-12　位图的显示效果

图 2-13　位图放大后的效果

2.5.2　网页设计中常用的图片格式

　　在网页中常用的图片格式为 GIF 格式和 JPEG 格式。其他图片格式也可以在网页中使用，但会受到浏览器以及客户端环境的限制。

1. GIF 格式

　　GIF 格式即图形交换格式（graphics interchange format），由于其在任何浏览器中均能正常显示，所以在网页设计中使用最多。但是 GIF 格式也有自身的缺点，因为 GIF 格式的图片只能使用 256 种颜色，所以不适合表现色彩较丰富的内容。另外，GIF 格式的图片具有以下 3 个比较突出的特性。

- 采用隔行扫描的显示方式。GIF 格式的图片由于具有隔行扫描的效果，所以在显示时，不会像 JPEG 等其他格式的图片一样从上到下像打开一个卷轴一样显示出来，而是像打开百叶窗一样显现出来，同时会呈现一种从模糊到清晰的显示效果。其在显示速度上有着明显的优势。
- 可以设置背景透明。GIF 格式的另一个突出优势在于可以设置透明背景。这样就可以显示一个不规则的图片，而不是像其他格式的图片一样显示一个带有白色背景的矩形框。这一点在制作网页时非常有用，可以通过透明的背景设计页面中的图标、Logo 等。
- 可以制作简单的动画。使用相应的工具可以制作简单的 GIF 格式动画，如论坛中使用的个人形象图标等。GIF 格式动画的优点在于使用方便，不需要安装任何插件即可正常显示，而且可以方便地放置在页面的任何位置。

但是，使用 GIF 格式也会带来问题，即图片文件的大小会增加，过多地使用 GIF 格式的动画可能会增加页面加载的时间。

2．JPEG 格式

JPEG 格式的优点同样在于各种浏览器都能很好地支持，同时可以有效地压缩图片的大小，改善加载的速度。

与 GIF 格式不同的是，JPEG 格式的图片可以表现颜色复杂且质量和精细度要求很高的内容。但是在处理大面积的颜色块时，可能会出现明显的压缩痕迹。

GIF 格式图片的文件扩展名为.gif，JPEG 格式图片的文件扩展名为.jpg。

2.5.3 使用图片

网页中使用图片一般分为两种情况：一种是图片作为修饰部分，另一种是图片作为内容部分。作为修饰部分的图片，如导航栏文字后面使用的背景等；作为内容部分的图片，如网站中展示的产品图片等。

因为图片文件都比较大，如一个很小的图片就比一个文本页面文件体积更大，所以在页面中使用图片的原则是尽量减少使用背景图片。例如，如果可以使用元素重复的方式生成背景，就不要使用单独的图片文件做背景。

同时，由于浏览者所使用的浏览环境并不相同，所以特殊字体应尽量用图片的方式来显示，否则无法保持页面显示效果的一致。

下面分别用实例来介绍作为修饰的图片和作为内容的图片。

1．作为修饰的图片

在网页中，作为修饰的图片一般以背景的形式出现，以便使页面的表现和结构相分离。例如，一个页面中使用修饰图片，其显示效果如图 2-14 所示。其中，中间主体部分之后蓝色花纹的部分就是修饰性的图片。作为修饰的图片，一般自身没有具体的意义，只是用来辅助页面内容的显示。

图 2-14　背景图片的显示效果

2．作为内容的图片

在网页中，作为内容的图片一般都有自身的意义，如产品展示图片、分类导航图片等。例如，一个页面中使用内容图片，其显示效果如图 2-15 所示。其中，用来展示产品的图片和用来导航分类的图片等都是内容图片。作为内容图片，一般要根据需要随时更新，所以通常不以背景的方式显示。

图 2-15　内容图片的显示效果

2.6　构成网页的多媒体元素

网页中使用的多媒体包括音频、视频、Flash 动画等内容，其中使用最多的是 Flash 动画。

1．音频多媒体内容

在网页中，音频文件可以直接做背景使用（只有 IE 浏览器支持此属性）。如果要在其他浏览器中使用音频文件，则需要使用播放器（关于多媒体的使用，将在后面章节中详细讲解）。

2．视频多媒体内容

在网页中，无法直接播放视频内容（Flash 动画除外）。如果要播放视频内容，必须使用相应的播放器。

3．Flash 动画

在网页中，Flash 动画的应用场合非常多，可以用来制作站点的片头、Logo、Banner、页面中的广告等内容（关于片头、Logo、Banner 等概念，将在后面章节中详细讲解）。相对于其他格式的音频和视频文件，Flash 动画的文件体积更小，使用起来也更方便灵活。下面是一个使用 Flash 动画的示例，其显示效果如图 2-16 所示。

图 2-16　Flash 动画的显示效果

其中，页面中间嘴巴部分以及旁边的小猴子都是用动画的形式呈现的。动画可以让页面更加灵活生动，也更能吸引浏览者。

2.7　构成网页的互动元素

脚本是常用的网页互动元素，一般在网页中用来实现某种特殊的效果或功能，通常使用的是 JavaScript 和 Vbscript。使用 Dreamweaver 等网页制作软件，可以直接在页面中添加脚本。脚本一般用来完成一个或多个响应动作，如响应鼠标操作等。还有一些常用的表单也属于网页的互动元素。随着互联网的发展，互动元素已经变得越来越常见了。

2.8　网页制作的常用软件

1．制作图片的 Photoshop

对于效果图制作和图片编辑，最常用的软件就是 Photoshop，使用该软件可以方便地制作网页中需要的各类图片，并可以方便地完成从图片到网页的转换。

2．制作页面的 Dreamweaver

Dreamweaver 是专业的网页制作工具，使用 Dreamweaver 不但可以在可视化的环境下采用所见即所得的方式制作页面，还可以方便地采用编写代码的方式制作页面。Dreamweaver 为网页制作提供了很多方便的工具，可以使网页设计工作更加方便快捷。

3．制作动画的 Flash

随着网络技术的日益发展，在网页中使用的 Flash 元素也越来越多，甚至很多网站采用了全 Flash 的方式来制作。使用 Flash 软件可以方便地制作各种网络上使用的动画内容，同时可以方便地进行交互操作。熟练地使用 Flash 软件已经成为一名网页设计人员的必备技能。

2.9　小结

本章主要讲解了网页设计的各种基础知识。通过这些知识，可以了解网页显示的环境、显示环境对网页设计的影响、网页可以显示哪些内容、这些内容的组织形式如何等。

2.10　习题与思考

1．整个网络是由什么关联在一起的？怎样找到需要的内容？
2．在不同的浏览器中显示网页内容，了解一下不同浏览器对网页显示效果的影响。
3．构成网页的图像元素有几种？各自的功能和特点有哪些？
4．多媒体元素有哪几种类型？它们是怎样显示的？
5．简述网页 4 个组成部分的关系。

第3章 网页中的色彩

在网页制作中，色彩是一个非常重要的元素，只有合理地安排色彩，页面才能够吸引浏览者的眼球，各种信息才能够正确地传达出来。学习运用色彩是一个长期积累的过程，需要在了解各种色彩原理的基础上不断实践和总结才能够运用自如。通过本章的学习，可以掌握最核心的色彩知识和运用方法。

提示：本章中的内容可参考随书光盘中的 PDF 版文件，以查看色彩效果。

3.1 色彩的基本常识

掌握一些色彩的基本常识对于制作网页非常有帮助，这些常识内容都源自人们对色彩的理解和科学归类。其中色彩的色相、明度和饱和度与网页色彩的构成紧密相关，了解并掌握色彩的相关知识可以让网页设计工作事半功倍。

1. 原色

色彩的构成方式有多种，常用的是绘画用的三原色，也就是常说的红、黄、蓝三原色；另外还有四色构成方法，也就是印刷上常用的 CMYK 模式，分别代表了青色、品红色、黄色和黑色。由于网页通常在显示器中显示，所以网页用的三原色是光的三原色，分别是红色、绿色和蓝色，也就是通常所说的 RGB 模式。

使用 RGB 模式的色彩有几种构成方法，其中网页上常用的是 16 进制构成法，如"FFFFFF"代表白色，"000000"代表黑色。在这 6 个数字中，分别用两位代表红色、绿色和蓝色，数字越大代表颜色的含量越高。

2. 色彩的构成

色彩由三部分构成，分别是色相、明度和饱和度。其中每个构成部分的含义如下。

- 色相：各类色彩的相貌称谓，用来区分各种颜色，如红、蓝、黄等。色相是色彩的首要特征，是区别不同色彩最准确的标准。
- 明度：色彩的明亮程度，可以理解为色彩的亮度。不同的颜色有不同的明度，如黄色比蓝色的明度高，同时同一种颜色也有不同的明度，如淡黄、橘黄等。
- 饱和度：色彩的纯度，取决于该色彩中所含消色成分的比例。饱和度越高，颜色越纯，反之则越灰。

3. 分辨率

分辨率决定了色彩显示的清晰程度。在网页中，由于显示器显示效果的限制，通常只需要分辨率超过 72dpi 就可以正常显示了。同时，分辨率也可以用来衡量图片的大小，在一定分辨率下，显示器会被分割成非常小的像素点，这些像素点的单位是 px，而这些像素点的多少就代表了图像的大小。例如，17 英寸纯平显示器的分辨率一般为 1024*768。这个分辨率对于网页大小的确定非常重要。

3.2　色彩的心情

由于人的生理结构和生活习惯的原因，对色彩都有自己的情绪特征。当纯度和明度发生变化时，颜色的心情也会一起改变，因此想要描述各种颜色的心情特征是非常困难的。下面对常见颜色的基本特征进行简单描述。

- 红色：具有热烈、冲动、强有力的感觉，用来传达有活力、积极、热诚、温暖、前进等涵义的企业形象与精神。另外。红色也常用来作为警告、危险、禁止、防火等标示用色。
- 橙色：欢快活泼的光辉色彩，是暖色系中最温暖的颜色，使人联想到金色的秋天和丰硕的果实，是一种代表富足、快乐、幸福的颜色。
- 黄色：灿烂、辉煌，有着太阳光辉的颜色，象征着照亮黑暗的智慧之光。黄色也象征着财富和权利，是一种骄傲的色彩。
- 绿色：传达出清爽、理想、希望、生长的意向，符合服务业、卫生保健业的诉求，用在工厂中可以避免工作时眼睛疲劳，一般的医疗机构也常采用绿色。
- 蓝色：博大的色彩，是永恒的象征，它表现出一种美丽、文静、理智、安详与洁净。
- 紫色：强烈的女性化性格。在商业设计用色中，紫色的使用受到了相当严格的限制，除了和女性有关的商品或企业形象之外，其他类的设计一般不采用紫色为主色。

3.3　网页色彩搭配的方法

网页的色彩搭配非常复杂，每个人由于对色彩的理解不同，以及阅历和所处环境的不同，对色彩的把握也有所差别，所以本节只针对最基本的色彩搭配方法进行讲解。掌握了这些最基本的色彩搭配方法，然后灵活运用，并广泛学习和借鉴，就可以搭配出色彩丰富、合理的网页了。

3.3.1　同种色彩的搭配

同种色彩搭配也叫做类似色搭配，即使用色环上相邻或者相近的颜色进行搭配，或者使用同一色相不同明度和饱和度的颜色进行搭配。这种同种色彩的搭配是所有色彩组合中最容易掌握的，可以构成一种和谐统一的效果，如图 3-1 所示。

图 3-1　同种色彩的显示效果

　　图 3-1 中使用黄色为主色，配合临近的各种黄色并辅助无色彩的黑色，让整个画面统一成一个整体。这种统一的颜色，让整个画面看起来平衡、稳重。

3.3.2　对比色彩的搭配

　　对比色彩的搭配是指使用色环中相对的或者距离较远的颜色进行搭配。对比色彩的搭配会表现出一种鲜明的效果。因为色彩跳跃性比较大，所有在使用对比色时要注意色彩面积的大小，不同大小的对比色产生的视觉效果完全不同。使用对比色的网页显示效果如图3-2 所示。

图 3-2　对比色彩的显示效果

　　图 3-2 中使用各种对比强烈的色彩来安排画面，然后用稳重的黑色作为底色，让整个画面看起来丰富又不失沉着之感。

3.3.3　暖色色彩搭配

　　冷暖是色彩的明显特征之一。例如，红色、黄色，特别是明亮的黄色可以给人一种阳光温暖的感觉，而蓝色、绿色就给人一种偏冷的感觉。这种色彩的冷暖对网页主题的设置非常重要，如通常食品相关的网站都会使用暖色系，目的是引起浏览者的食欲，从而对网站增加好感。下面是一个成功使用暖色系的网站，其显示效果如图 3-3 所示。

图 3-3　暖色色彩的显示效果

图 3-3 中使用的暖色让整个画面看起来更有亲和力，同时也具有一种积极向上的朝气。

3.3.4　冷色色彩搭配

冷色系的搭配被应用在大部分商业网站中，因为冷色系通常可以给人一种专业、冷静、稳重的感觉。在冷色系的搭配中也可以尝试增加暖色的元素，这样可以避免由于页面颜色过于单调而使浏览者感觉乏味。下面是一个成功运用冷色系搭配的网站，其显示效果如图 3-4 所示。

图 3-4　冷色系的显示效果

图 3-4 中使用冷色让整个画面显得非常有品质感，同时由于冷色的色彩特性，给浏览者以专业、可信的感受。

3.4　网页色彩搭配原则

网页色彩的搭配虽然非常复杂，但也是有迹可循的，只要遵循一定的原则就可以制作出颜色合理的效果。其中比较重要的几个原则是色彩的鲜明性、独特性、艺术性和合理性。这些基本原则虽然很简单，但是需要在网页设计的过程中不断实践和总结才能得到令人满意的效果。

3.4.1　色彩的鲜明性

色彩的鲜明性并不代表色彩非常活跃或者夸张，而是色彩的意向鲜明，可以让整个网站的色彩更加突出和明确。同时色彩的鲜明性也意味着色彩要非常吸引眼球，可以一下抓住浏览者的注意力，如图 3-5 所示。

图 3-5　鲜明色彩的显示效果

在图 3-5 中使用了不同明度和饱和度的红色，让整个页面的色调非常统一，同时以白色作为点缀，让整个页面的显示效果非常亮丽，很好地突出了颜色鲜明的特点。

3.4.2　色彩的独特性

色彩的独特性不表示使用不常见的色彩，也不是在色彩上标新立异。色彩的独特性指的是视觉效果上的独特性，就是给人一种耳目一新的感觉，也许使用的是常见的色彩，但是由于特殊的组合和呈现方式，可以让色彩看起来非常独特，如图 3-6 所示。

图 3-6　独特性色彩显示效果

图 3-6 中使用黑色作为背景，配合鲜亮并且非常有动感的彩色，让整个画面看起来既沉着又富有生气，是色彩独特性的典范之作。

3.4.3 色彩的艺术性

色彩的艺术性是指对于色彩的控制要有分寸，做到优美和谐，不流于媚俗。由于不同人对艺术的理解不同，对于最终效果的呈现可能会有所差异。艺术性色彩显示效果如图 3-7 所示。

图 3-7　艺术性色彩显示效果

图 3-7 中使用黑色和褐色作为主色调，配合各种亮黄色和红色，让整个画面看起来具有很高的品质感，同时使用纤细的效果让整个页面看起来非常精致。

3.4.4 色彩搭配的合理性

色彩搭配的合理性指的是色彩的安排和选择要符合网页主题的需要，不能盲目地使用色彩。在现实生活中，由于习惯的影响和生理原因，人们普遍会对某些颜色具有倾向性，如表示警告的颜色都偏向红色或黄色，食品的颜色都偏向暖色等。所以在制作网页的时候，对于色彩的选取最好符合大部分人约定俗成的习惯，这样可以让网页更容易被人们接受。下面是一个食品网站，其显示效果如图 3-8 所示。

图 3-8　色彩合理搭配的显示效果

图 3-8 中使用了非常柔和的咖啡色作为主调，非常符合页面的咖啡主题，另外也会促使浏览者产生一种想喝咖啡的冲动，起到了一举两得的作用。

3.5 网页色彩搭配技巧

在网页中使用颜色，没有固定的原则或者标准，但是如果遵循一定的技巧就可以让网页色彩的搭配更加合理且具有美感。

- 使用网页安全色：216 种网页安全色可以在任何网络环境中正常显示，这就避免了颜色偏差的问题。但是使用网页安全色也存在一个问题，就是颜色选择过少，会影响网页色彩的丰富程度。
- 内容和背景的对比要强烈：由于网页的内容需要便于阅读，所以内容和背景的颜色需要有一定的差异。很多没有经验的网页设计师会忽略这一点。
- 尽量少用颜色：网页的颜色应尽量控制在 3 种以内，这样可以让画面更加统一。这里所说的 3 种颜色指的是色相，在实际制作时可以通过调整不同的明度和饱和度来实现丰富的颜色效果。
- 保持整个站点颜色风格的统一：每个网站都是由很多页面构成的，在设计网站的时候要考虑到整体风格和色彩的统一，避免出现不同页面颜色差别过大的问题。
- 使用不同的颜色和样式规划内容：可以通过改变颜色或者加粗等方式使页面中的普通文本、链接文本、标题等内容差异化，这样更方便浏览者的阅读。

3.6 网页色彩搭配的注意事项

在设计网页颜色时要注意以下事项。

（1）不要使用过多的颜色，以避免视觉效果的混乱。

（2）文字一定要突出显示，因为文字对于传达信息非常重要，特别是一些阅读类的网站。如果文字和背景颜色安排不合理，很容易引起视觉疲劳，影响浏览者阅读。

（3）避免颜色单调。不要使用过于单一的颜色，可以通过调整颜色的明度和饱和度来让画面更加丰富，同时可以使用无色彩（如黑色和白色等）来调节整个页面颜色的平衡。

3.7 小结

本章所讲解的色彩知识在网页设计中具有重要的作用。一个网页设计得好坏在于两个方面，首先是网页是否能吸引眼球，另外就是网页是否好用。所以，掌握好色彩设计的各种知识，对网站效果图的制作非常重要。本章应用的图片见本书配套光盘。

3.8　习题与思考

1. 以下_____不是光的三原色。

A. 红色　　　　　　　B. 绿色　　　　　　　C. 蓝色　　　　　　　D. 黄色

2. 色彩的构成有哪些要素？（　　　）

A. 色相　　　　　　　B. 色彩　　　　　　　C. 明度　　　　　　　D. 饱和度

3. 哪种颜色象征着博大和永恒？（　　　）

A. 红色　　　　　　　B. 绿色　　　　　　　C. 蓝色　　　　　　　D. 黄色

4. 网页设计中暖色搭配通常适用于哪一类型的网站？

5. 谈谈怎样让色彩显得更加独特。

6. 网页色彩搭配有哪些禁忌？

第2篇

Photoshop CS5 使用精解

第4章 Photoshop CS5 界面与基本操作

Photoshop CS5 相比以往版本有了很大的改进，各种操作更加人性化，同时界面和面板的显示和设置更加合理。本章将详细讲解 Photoshop CS5 的基础知识和相关操作。本章主要内容包括 Photoshop CS5 的界面、面板和菜单的应用、图形和图像的处理。

4.1 Photoshop CS5 界面介绍

安装好 Photoshop CS5 软件后，启动软件（双击快捷方式图标或者单击"开始"菜单中的命令），默认的工作界面如图 4-1 所示。

图 4-1 Photoshop CS5 默认工作界面

在如图 4-1 所示的界面中，可以方便地调整各种元素（包括工具栏、面板、工作区等）的显示方式。

4.1.1　菜单栏

菜单栏中包含了 Photoshop CS5 中的各种操作命令，包括文件操作、编辑操作、图像操作、图层操作、选择操作、滤镜操作、分析操作、视图操作、窗口操作和帮助信息。菜单栏的默认显示效果如图 4-2 所示。

图 4-2　菜单栏的默认显示效果

每个操作命令下包含若干具体的操作选项。这些操作选项以下拉菜单的形式显示。单击菜单栏中的按钮，可以打开相应的下拉菜单。

4.1.2　工具箱

工具箱中包含了 Photoshop CS5 中常用的工具，包括绘图工具、选择工具、画笔工具以及切换到 ImageReady 等。通过菜单栏的"窗口"|"工具"命令可以控制工具箱的显示和隐藏。工具箱的默认显示效果如图 4-3 所示。通过单击工具箱顶部的切换按钮，可以将工具箱中的图标切换为两列显示，如图 4-4 所示。

图 4-3　工具箱的默认显示效果　　　　图 4-4　工具箱的两列显示效果

4.1.3　工具选项栏

工具选项栏用来设置 Photoshop CS5 中各种工具的常用参数。其中根据当前选取的工具不同，参数的选择也有所区别。工具选项栏的默认显示效果如图 4-5 所示。

图 4-5　工具选项栏的默认显示效果

4.1.4　调板

调板用来显示和控制 Photoshop CS5 中各种参数的设置，包括导航器、图层、颜色和历史记录等。调板的显示效果如图 4-6 所示。

通过单击调板顶部的切换按钮，可以将调板切换为精简模式，其显示效果如图 4-7 所示。按住鼠标左键可以将调板单独拖放出来，其显示效果如图 4-8 所示。

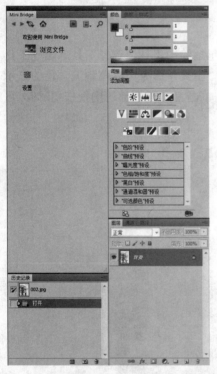

图 4-6　调板的显示效果　　　　图 4-7　调板的精简模式　　　图 4-8　独立的调板

通过"窗口"菜单中的命令，可以控制调板的显示和隐藏。

4.1.5　画布窗口

画布窗口用来显示 Photoshop CS5 中要处理或制作的图像，其显示效果如图 4-9 所示。可以通过拖动来更改窗口显示的大小，更改大小后的窗口显示效果如图 4-10 所示。

画布窗口的顶部是图像的标题栏，用来显示图像名称，右侧的小按钮分别用来控制窗口的最小化、最大化、关闭，其显示效果如图 4-11 所示。画布窗口的底部是图像的状态栏，用来显示图像显示比例、大小等相关信息，其显示效果如图 4-12 所示。

图 4-9　画布窗口的显示效果

图 4-10　画布窗口拖动大小后的显示效果

图 4-11　标题栏的显示效果图

图 4-12　状态栏的显示效果

4.2　Photoshop CS5 基本操作

Photoshop CS5 基本操作包括新建文件、打开文件、存储文件、图像的预览、使用标尺、参考线等内容。

4.2.1　新建文件

单击菜单栏中的"文件"|"新建"命令，打开"新建"对话框，如图 4-13 所示，可以定义新建文件的名称，这个名称也是文件保存时的默认名称。

定义新建文件的大小时，一般使用的单位为"像素"（因为网页一般在显示器中浏览）；颜色模式选择"RGB 颜色"；同时可以定义文件的背景内容，有三个选择，即白色、背景色、透明。单击"确定"按钮，即可新建文件。

图 4-13　"新建"对话框

4.2.2　打开文件

单击菜单栏中的"文件"|"打开"命令，打开"打开"对话框，如图 4-14 所示。

图 4-14　"打开"对话框

在"文件类型"下拉列表中显示的各种文件格式是 Photoshop CS5 所支持的格式。其他文件格式，使用 Photoshop CS5 可能无法打开。选择要打开的文件，然后单击"打开"按钮，即可在 Photoshop CS5 中将其打开。

4.2.3　存储文件

图像编辑完毕后，就可以存储文件了。"文件"菜单中包含 3 个相关选项："存储"、"存储为"、"存储为 Web 和设备所用的格式"。

（1）单击菜单栏中的"文件" | "存储为"命令，打开"存储为"对话框，如图 4-15 所示。

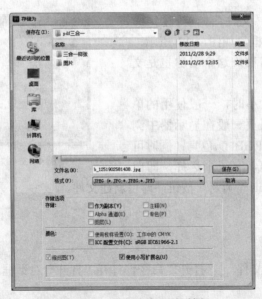

图 4-15　"存储为"对话框

在"存储为"对话框中，可以定义文件的名称和存储格式。在制作、编辑图像的过程中，可以随时执行"存储"命令来存储文件（快捷键为<Ctrl+S>）。

（2）单击菜单栏中的"文件"|"存储为 Web 和设备所用的格式"命令，打开"存储为 Web 和设备所用的格式"对话框，如图 4-16 所示。

图 4-16　"存储为 Web 和设备所用的格式"对话框

在"存储为 Web 和设备所用的格式"对话框中，左侧显示的是文件优化的预览图，其中包含了图像的切片信息；右侧显示的是图像优化存储的参数设置，可以选择存储的格式、损耗、颜色、扩散等。

优化后的文件要压缩得很小，便于页面中图片的加载。设置完相应参数之后，单击"存储"按钮，打开"将优化结果存储为"对话框，如图 4-17 所示。

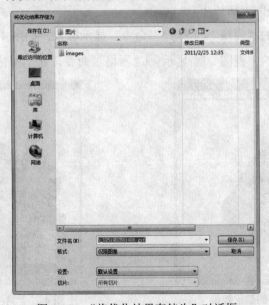

图 4-17　"将优化结果存储为"对话框

　　文件的保存类型有 3 种："HTML 和图像"、"仅限图像"、"仅限 HTML"。如果选择"HTML 和图像"，则保存文件后会生成一个 HTML 文件和一个相应的文件夹，文件夹名称一般为 images，用来存储 HTML 页面中使用的图片。每个图片都会按照切片的编号生成各自默认的图片文件，如图 4-18 所示。

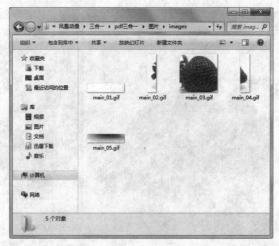

图 4-18　默认生成的图片文件

　　如果选择"仅限图像"，则保存时只生成图片文件；如果选择"仅限 HTML"，则保存时只生成 HTML 文件，这时 HTML 文件由于没有相应的图片文件而不能正常显示。

4.2.4　使用标尺、参考线和网格

　　标尺、参考线和网格是编辑图像的辅助工具。通过标尺、参考线和网络，可以方便地确定图像的相关信息，但同时也会影响图像的显示效果（并不影响图像输出后的显示效果）。使用标尺和网格的方法如下。

Step 01 单击菜单栏中的"视图"|"标尺"命令，显示标尺，如图 4-19 所示。

Step 02 单击菜单栏中的"视图"|"显示"|"网格"命令，显示网格，如图 4-20 所示。

图 4-19　标尺的显示效果

图 4-20　网格的显示效果

Step 03 从标尺中拖动，即可形成参考线，其显示效果如图 4-21 所示。

图 4-21　参考线的显示效果

4.3　选取图像

选取图像并进行相应的处理，是处理和制作图像的基本操作。对于图像的选取，可以使用工具箱中的各种选取工具，也可以使用钢笔工具等路径工具转化为选区，还可以使用通道等来辅助选取。

4.3.1　选区的基础知识

在 Photoshop 中，选区中的内容为当前编辑的内容。对该内容进行处理时，并不对该选区以外的内容构成影响，这样就可以方便地处理文件中的部分内容。选区的形状并不固定，灵活使用各种工具可以制作任意形状的选区。下面是选区的显示效果，如图 4-22 所示。

选择画笔工具，使用前景色（关于画笔工具的使用和颜色的选取，将在后面章节中详细讲解），在画布窗口中填充颜色，则填充的颜色不超出选区，其显示效果如图 4-23 所示。

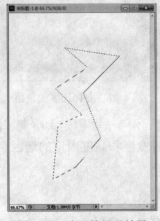

图 4-22　选区的显示效果

图 4-23　使用选区的显示效果

4.3.2　使用选框工具

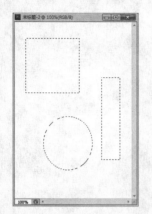

右击工具箱中的"矩形选框工具"图标，可以打开选框工具列表，其中包含 4 个选框工具。选择"矩形选框工具"，按住鼠标左键，可以拖曳出矩形选区，生成的矩形选区以光标的起点和终点为对角线。

如果按住<Shift>键拖曳，则可创建正方形选框。正方形的边长以拖曳高度和宽度中较小的为准。与矩形选框工具类似，也可以通过拖曳的方法使用椭圆选择工具。同样，如果按住<Shift>键拖曳，可创建正圆形选区。制作后的选区如图 4-24 所示。

图 4-24　使用选框工具的显示效果

使用单行和单列选框，可以制作 1 像素宽或高的选区，可以用此方法制作效果图中的分隔线。

每个选框工具都有一个选项工具栏，矩形选框工具的选项工具栏如图 4-25 所示。

图 4-25　矩形选框工具的选项工具栏

其中，"羽化"选项用来设置选取边界的羽化程度。设置羽化值之后，选区的形状将会作相应的改变。下面是设置羽化后的选区，其显示效果如图 4-26 所示。

设置羽化之后，会在选区的边缘产生过渡效果。如果将选区内的内容删除（按<Delete>键），则可以很明显地看到这种过渡效果，如图 4-27 所示。

图 4-26　羽化选框效果

图 4-27　羽化选区的使用

在"样式"选项中有 3 种选择："正常"、"固定比例"、"固定大小"。使用"固定比例"和"固定大小"选项，可以创建比例固定或者宽度和高度固定的选区。

4.3.3　使用套索工具

右击工具箱中的"套索工具"图标，可以打开套索工具列表，其中包含 3 个选框工具。选择"套索工具"，按住鼠标左键，可以拖曳出相应的选区。如果拖曳时光标所经过的路径不能封闭，则会在光标的起点和终点之间形成一个封闭的选区，其显示效果如图4-28 所示。

　　多边形套索工具的使用和套索工具有所区别。多边形套索工具只能创建边为直线的选区。选择"多边形套索工具"，在画布窗口中单击，生成多边形的起点，然后移动鼠标，就会自动生成一个直线路径，其显示效果如图 4-29 所示。使用多边形套索工具创建完成的选区效果如图4-30 所示。

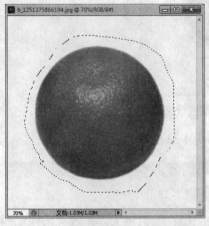

图4-28　使用套索工具的选区效果

图 4-29　多边形套索工具的使用

　　磁性套索工具的使用和以上两个工具不同，它可以自动选择色彩对比度大的区域边界。同样，单击画布窗口的某个区域，选定磁性套索工具的起点，然后移动鼠标，会自动生成一个沿色彩边界分布的选择路径，其显示效果如图4-31 所示。

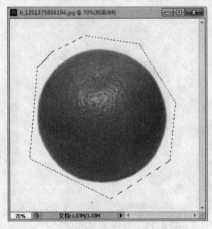

图 4-30　多边形套索工具的选区效果

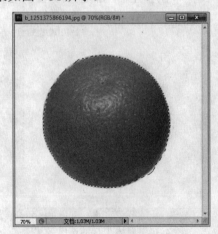

图 4-31　磁性套索工具的选区效果

4.3.4　使用魔棒工具

　　右击工具栏中的"魔棒工具"图标，可以打开魔棒工具列表，其中包含两个选框工具。选择"魔棒工具"，在相应区域单击，可以选择与单击点颜色在一定范围内的区域，选择的区域与魔棒工具栏定义的各种参数有关，其显示效果如图 4-32 所示。

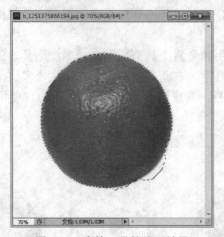

图 4-32　魔棒工具的选区效果

选择"魔棒工具"，魔棒工具的选项工具栏如图 4-33 所示。

图 4-33　魔棒工具的选项工具栏

其中，"容差"选项用于设置颜色选择允许的差值，差值越大，则选择的限制越小，选择的范围越大。魔棒工具的容差范围是以单击画布窗口中的某个点处的颜色为基准的。在以上示例的图像文件中，选择白色区域，显示效果如图 4-34 所示。

如图 4-34 所示是勾选"连续"复选框后的效果；如果取消勾选"连续"复选框，则整个图像中在容差范围的区域都会被选择，其显示效果如图 4-35 所示。

图 4-34　魔棒工具的选区效果

图 4-35　魔棒工具的选区效果

（不勾选"连续"复选框）

4.3.5　选区的相加、相减和交叉

在以上使用的选区工具中，都是对单独选区的操作。如果涉及多个选区，就要使用选

区的相加、相减和交叉功能了。在每个工具的选项工具栏的左侧都包含选区的相加、相减和交叉选项。在魔棒工具的选项工具栏中，与选区操作相关的按钮如图 4-36 所示。

图 4-36　魔棒工具的选项工具栏

在图 4-36 所示的 4 个按钮中，■表示普通的不叠加效果，■表示选区相加，■表示选区相减，■表示选区交叉。当选择选区相加时，后一个选区的区域会在前一个选区的基础上增加新的选取范围。两个选区的范围如图 4-37 所示，叠加后的显示效果如图 4-38 所示。

图 4-37　两个选区的显示效果

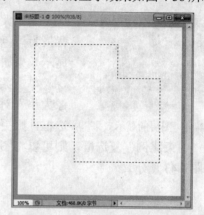

图 4-38　选区叠加后的显示效果

两个选区相减和交叉的显示效果如图 4-39 和图 4-40 所示。

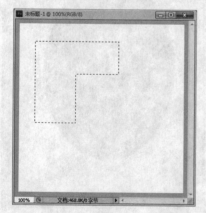

图 4-39　选区相减后的显示效果

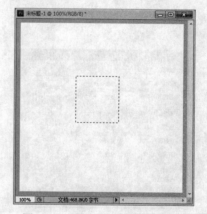

图 4-40　选区交叉后的显示效果

4.4　图像处理

"图像"菜单中包含 Photoshop 中重要的图像处理命令，可以用来裁剪图像、改变图像大小、改变画布大小、调整图像显示效果等。

4.4.1　图像的模式

单击菜单栏中的"图像"|"模式"命令，可以选择图像的颜色模式。

在不同的色彩模式下，图像的显示效果也会不同。同时，图像的模式也影响图像的处理。一般网页中常用的 GIF 格式图像，使用的是索引颜色模式。在索引模式中，无法执行新建图层等操作，所以一般都要更改图像模式为 RGB 模式，然后再进行处理。

4.4.2　图像和画布的大小

图 4-41　图层的显示效果

图像大小是指包含所有图层的图像文件内容的大小。一个背景为黑色的，包含两个图层的图像文件，"图层"面板中的显示效果如图 4-41 所示。

单击菜单栏中的"图像"|"图像大小"命令，打开"图像大小"对话框，如图 4-42 所示。如果勾选"约束比例"复选框，则更改后的文件会以与原来相同的比例缩放；如果取消勾选"约束比例"复选框，则可以将图像随意拉伸，而且所有图层都将被拉伸，其显示效果如图 4-43 所示。

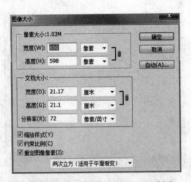

图 4-42　"图像大小"对话框

图 4-43　拉伸后的图像效果

与"图像大小"不同，"画布大小"只更改背景图层的大小，其他图层中的内容保持不变。单击菜单栏中的"图像"|"画布大小"命令，打开"画布大小"对话框，如图 4-44 所示。可以通过"定位"选项来确定画布更改的基准；在"画布扩展颜色"下拉列表中可以选择扩展画布的颜色。

更改画布大小后的图像显示效果如图 4-45 所示。

图 4-44　"画布大小"对话框

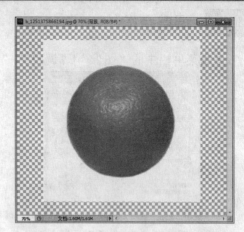

图 4-45　更改画布大小后的显示效果

4.4.3　旋转画布和裁剪图像

单击菜单栏中的"图像"|"旋转画布"命令，可以旋转图像背景。旋转画布之后，所有图层中的内容都将一起旋转。旋转之后扩展的部分将使用背景色填充，其显示效果如图 4-46 所示。

裁剪图像时，要先建立选区。裁剪的时候，将根据选区的大小裁剪掉选区之外的内容。如果选区的形状不规则，则按照与选区相切的方式裁剪掉部分内容。最终裁剪的结果为矩形。下面是一个裁剪图像的示例，其选区范围如图 4-47 所示，裁剪后的结果如图 4-48 所示。

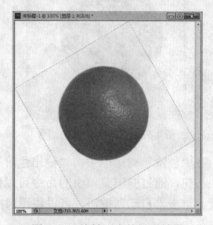

图 4-46　旋转画布的显示效果

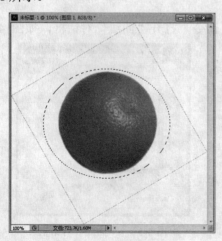

图 4-47　选区的显示效果

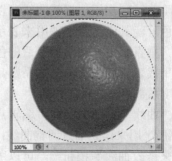

图 4-48　裁剪后的显示效果

4.4.4　调整色阶

单击菜单栏中的"图像"|"调整"|"色阶"命令，打开"色阶"对话框，如图 4-49 所示。

图 4-49　"色阶"对话框

色阶是指图像某种颜色的亮度值。色阶值越大，亮度越低；色阶值越小，亮度越高。色阶共有 256 个等级，其范围为 0～255。在更改色阶时，也可以选择 RGB 颜色中某一个独立的通道。图像调整色阶前后的效果如图 4-50 和图 4-51 所示。

图 4-50　更改色阶前的图像

图 4-51　更改色阶后的图像

在"色阶"对话框中，"输出色阶"用来调整图像暗部色调和亮部色调值。单击"预设"按钮，通过弹出菜单中的命令可以保存当前的色阶设置，也可以载入原来设置的色阶设置。单击"自动"按钮，可以将图像的最暗部和最亮部色阶向中间值调整 0.5%。

4.4.5　调整曲线

单击菜单栏中的"图像"|"调整"|"曲线"命令，打开"曲线"对话框，如图 4-52 所示。

调整曲线的本质也是对色阶进行调整。与调整色阶的区别在于，调整曲线可以更加精细地调整色阶。其中，水平轴用来表示原图像的色阶值，垂直轴用来表示调整后的色阶值。曲线的斜率代表相应位置的灰度系数。向上移动时，灰度系数降低，反之升高。

在"曲线"对话框中，"编辑点以修改曲线"按钮 用来建立描点调整曲线；通过"通过绘制来修改曲线"按钮 ，可以手动建立一个曲线。

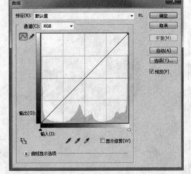

图 4-52　"曲线"对话框

4.4.6　调整色彩平衡

单击菜单栏中的"图像"|"调整"|"色彩平衡"命令，打开"色彩平衡"对话框，如图 4-53 所示。

在"色彩平衡"对话框中，"色阶"选项用来显示 3 个通道色阶滑块的位置，可以在输入框中直接输入数字，也可以拖动滑块调整某种色彩的占有率；"色调平衡"选项区用来指定调整的区域。

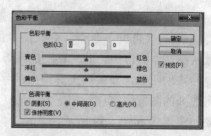

图 4-53　"色彩平衡"对话框

4.4.7　调整色相/饱和度

图 4-54　"色相/饱和度"对话框

单击菜单栏中的"图像"|"调整"|"色相/饱和度"命令，打开"色相/饱和度"对话框，如图 4-54 所示。

在"色相/饱和度"对话框中，"色相"滑块用来调整图像色彩的倾向；"饱和度"滑块用来调整图像的饱和度，取值范围为-100～100；明度值也是从-100～100，取值为-100 时为黑色，取值为 100 时为白色；"着色"复选框可以使图像变为单色，具体显示效果由 3 个滑块的取值决定。

4.4.8　调整亮度/对比度

单击菜单栏中的"图像"|"调整"|"亮度/对比度"命令，打开"亮度/对比度"对话框，如图 4-55 所示。

在"亮度/对比度"对话框中，亮度和对比度的取值范围都是从-100～100。原始图像与调整图像亮度/对比度后的显示效果如图 4-56 和图 4-57 所示。

图 4-55　"亮度/对比度"对话框

图 4-56　原始图像的显示效果

图 4-57　调整亮度/对比度后的效果

4.4.9 复制、粘贴、移动图像

在复制、粘贴和移动图像的时候，首先要在图像上建立选区，然后单击菜单栏中的"编辑"|"拷贝"命令，完成图像的复制。如果此时再执行"粘贴"命令，就可以将图像粘贴在原图像中。此时粘贴的图像会显示在新的图层中。

移动图像，要使用工具箱中的移动工具。选择移动工具后，按住鼠标左键拖动，即可将选择的图像内容移到相应的位置，移动前的位置使用背景色填充。移动前和移动后的图像如图 4-58 和图 4-59 所示。

图 4-58 原始图像的显示效果

图 4-59 移动图像后的显示效果

4.5 使用图层

图层是 Photoshop 中非常重要的内容。在制作网页效果图时，可能会用到上百个图层；同时网页中很多特殊的效果都要通过图层来实现。

4.5.1 图层的基本操作

在 Photoshop 中，各个图层相互独立，可以对每个图层进行单独操作，可以方便地将几个图层合并为一个图层，也可以对图层进行分类和管理。

"图层"菜单中包含图层的相关操作，如图层的建立、删除、调整等。在 Photoshop 中，图层的显示和操作可以通过"图层"面板来实现，如图 4-60 所示。

图 4-60 "图层"面板

"图层"面板中包含很多图层的快捷操作，下面分别进行介绍。

● "链接图层"按钮 ：用来链接图层，将几个图层链接在一起。链接的图层互相关联，方便进行统一操作。

● "添加图层样式"按钮 ：定义图层样式。

- "添加蒙板"按钮 ：为图层添加蒙板。
- "创建新的填充或调整图层"按钮 ：创建一个填充图层或调整图层。
- "创建新组"按钮 ：创建一个图层组。
- "创建新图层"按钮 ：创建一个新的图层。
- "删除图层"按钮 ：删除图层。

在"图层"面板中，双击某个图层名称，可以更改该图层的名称。右击某个图层，通过快捷菜单可以对该图层进行各种控制。菜单中灰色的选项表示此时该操作不能执行。

在"图层"面板中，图层前面的图标 表示图层可见，否则图层内容会被隐藏。

在"图层"面板的上部还有一组锁定选项，用来对图层中的内容进行锁定，其中每个按钮的具体意义如下。

- "锁定透明像素"按钮 ：禁止编辑透明像素部分。
- "锁定图像像素"按钮 ：禁止编辑图层像素。
- "锁定位置"按钮 ：禁止移动图层。
- "锁定全部"按钮 ：禁止移动和编辑图层。

4.5.2 图层的分组

在制作网页效果图时，对图层进行合理的分类管理会使制作更加方便、有条理。在"图层"面板中单击"创建新组"按钮 ，创建一个图层组，默认名称为"组 1"，如图 4-61 所示。双击图层组或者右击图层组，在弹出的快捷菜单中选择"组属性"命令，打开"组属性"对话框，如图 4-62 所示。

在"组属性"对话框中，可以为组进行重命名，还可以为图层组选择一种颜色。设定图层组颜色后，在组内建立的图层就会显示该颜色。定义好图层组属性后，就可以将相应的图层拖曳到图层组内，同时可以对图层组在展开和合并间进行切换，其显示效果如图 4-63 所示。

图 4-61　新建图层组

图 4-62　"组属性"对话框

图 4-63　图层分组后的显示效果

在 Photoshop CS5 中，还支持在图层组中建立更下一层的图层组，这使得对图层的管理更加方便。

4.5.3　图层的混合模式

在使用图层时，经常会使用混合模式。选中背景层以外的一个图层，在"图层"面板的上部可以打开"设置图层的混合模式"下拉列表。在其中可以选择当前图层和下一个可见图层之间的混合模式。选择不同的混合模式，显示效果也会有所区别。下面通过示例讲解部分混合模式的显示效果。示例中背景层使用的图像如图 4-64 所示，上一层中的图像如图 4-65 所示。

图 4-64　背景图层

图 4-65　背景上面的图层

1．"正常"模式

在"正常"模式下，将按照图层的不透明度覆盖下一层图像。"正常"模式是编辑图像时最常用的模式。

2．"溶解"模式

在"溶解"模式下，将图层的颜色随机地覆盖在区域内，该模式也受到不透明度的影响。"溶解"模式的显示效果如图 4-66 所示。

3．"变暗"模式

在"变暗"模式下，如果上层颜色暗，则保留该颜色；如果下层颜色暗，则用下层颜色代替上层颜色。"变暗"模式的显示效果如图 4-67 所示。

图 4-66　"溶解"模式的显示效果

图 4-67　"变暗"模式的显示效果

4．"颜色加深"模式

在"颜色加深"模式下，将上层颜色的亮度减去下层颜色的亮度，产生一种暗化处理的效果。"颜色加深"模式的显示效果如图 4-68 所示。

5. "颜色"模式

在"颜色"模式下，只对明度进行处理，而保留色相和饱和度。"颜色"模式的显示效果如图 4-69 所示。

图 4-68 　"颜色加深"模式的显示效果

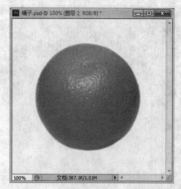

图 4-69 　"颜色"模式的显示效果

4.5.4 图层的样式

使用图层样式可以制作出各种特殊的效果，包括阴影、描边、发光等。选中某个图层，单击"添加图层样式"按钮，在弹出的菜单中选择"混合选项"命令；或者双击图层，打开"图层样式"对话框，如图 4-70 所示。

在"图层样式"对话框中，左侧列表中包含 11 个选项，其中图 4-70 显示"混合选项"面板，可以用来定义混合模式。下面讲解其他样式的定义和显示效果。其中使用的图层和显示效果如图 4-71 和图 4-72 所示。

图 4-70 　"图层样式"对话框

图 4-71 　示例图层

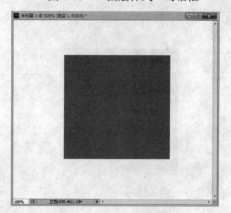

图 4-72 　示例图层显示效果

1．样式

单击"样式"选项，显示"样式"面板，如图 4-73 所示，可以选择某种样式，然后单击"确定"按钮，将样式应用到相应的图层。选择如图 4-74 所示的图层样式，其显示效果如图 4-74 所示。

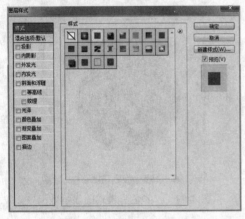

图 4-73　"样式"面板　　　　　　　图 4-74　定义样式后的效果

此时，"图层"面板的显示效果如图 4-75 所示。

2．投影

单击"投影"选项，显示"投影"面板，如图 4-76 所示。使用"投影"样式，可以在图形外部制作出各种投影效果，其显示效果如图 4-77 所示。

"投影"面板中包含"结构"和"品质"两个选项区。在"结构"选项区中，可以选择样式的混合模式、不透明度、角度、显示范围等。在"品质"选项区中，可以定义等高线和杂色。等高线在设置图层样式时很常用，它决定了样式显示的凹凸程度。例如，将示例中的等高线由 更改为 ，同时增加杂色，则以上阴影样式将变为如图 4-78 所示的效果。

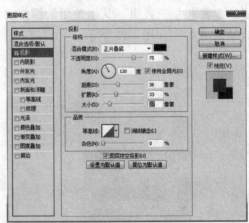

图 4-75　定义样式后的"图层"面板　　　　　　图 4-76　"投影"面板

图 4-77   定义投影后的效果

图 4-78   更改等高线后的效果

3．内阴影

单击"内阴影"选项，显示"内阴影"面板，如图 4-79 所示。使用"内阴影"样式，可以在图形边缘向内部制作出阴影效果，其显示效果如图 4-80 所示。

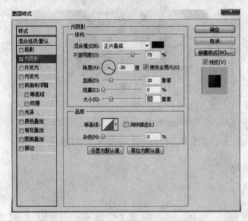

图 4-79   "内阴影"面板

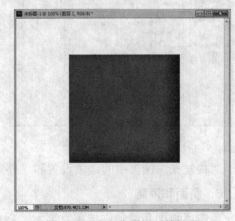

图 4-80   定义内阴影后的效果

"内阴影"参数设置和"投影"类似，也分为"结构"和"品质"两个选项区，其中大部分参数意义相同。

4．外发光

单击"外发光"选项，显示"外发光"面板，如图 4-81 所示。使用"外发光"样式，可以在图形边缘向外部制作出发光效果，其显示效果如图 4-82 所示。

"内阴影"面板中包含 3 个选项区。在"结构"选项区中，可以选择样式的混合模式、不透明度、杂色、外发光颜色等内容。在"图素"选项区中，可以定义发光的扩展范围和大小，同时可以选择"精确"或"柔和"方法。如果选择"柔和"，则显示平滑的过渡效果。在"品质"选项区中，可以定义等高线、范围和颜色抖动。

5．内发光

单击"内发光"选项，显示"内发光"面板，如图 4-83 所示。使用"内发光"样式，可以在图形边缘向内部制作出发光效果，其显示效果如图 4-84 所示。

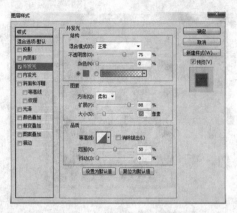

图 4-81　"外发光"面板

图 4-82　定义外发光后的效果

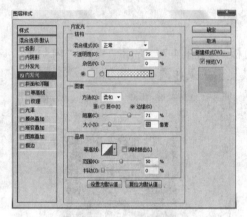

图 4-83　"内发光"面板

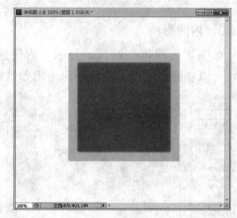

图 4-84　定义内发光后的效果

"内发光"面板中的选项设置和"外发光"类似。

6．斜面和浮雕

单击"斜面和浮雕"选项，显示"斜面和浮雕"面板，如图 4-85 所示。使用"斜面和浮雕"样式，可以制作比较复杂的图案效果，其显示效果如图 4-86 所示。"斜面和浮雕"还包含"等高线"和"纹理"两个子选项。

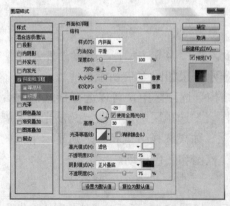

图 4-85　"斜面和浮雕"面板

图 4-86　定义斜面和浮雕后的效果

"斜面和浮雕"面板中包含"结构"和"阴影"两个选项区。

（1）"结构"选项区。其中的"样式"下拉列表中包含以下几个选项。

● 外斜面：由图形的边缘向外制作斜面。

● 内斜面：由图形的边缘向内制作斜面。

● 浮雕效果：制作类似雕刻中的浮雕样式的效果。

● 枕状浮雕：制作类似刻刀画线的效果。

● 描边浮雕：需要和描边样式一起使用，制作由描边向内的浮雕效果。

在"方法"下拉列表中可以选择雕刻效果的边缘和交接线的显示效果。"大小"选项用于定义浮雕向内或向外延伸的距离。"软化"选项用于定义浮雕边界的柔和程度。

（2）"阴影"选项区。可以定义阴影的角度。"光泽等高线"选项用于定义浮雕表面的光泽效果。"高光模式"和"阴影模式"选项用于定义高光和阴影的颜色。

选择"等高线"选项，显示"等高线"面板，如图 4-87 所示。可以定义浮雕显示的具体样式和效果，同时可以定义内容的显示范围。定义了"等高线"样式后，图像的显示效果如图 4-88 所示。

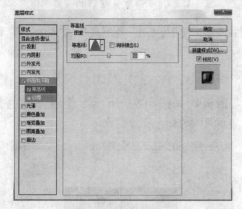

图 4-87　"等高线"面板

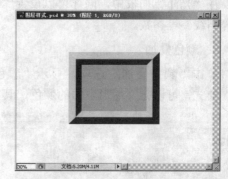

图 4-88　定义等高线后的效果

选择"纹理"选项，显示"纹理"面板，如图 4-89 所示。在"图案"选项区中，可以选择图像表面的纹理。"缩放"选项用于定义图案的大小。"深度"选项用于定义纹理覆盖的深度。定义了"纹理"样式后，图像的显示效果如图 4-90 所示。

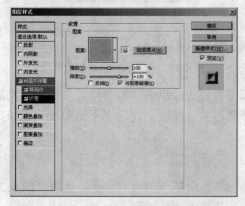

图 4-89　"纹理"面板

图 4-90　定义纹理后的效果

7．光泽

单击"光泽"选项，显示"光泽"面板，如图 4-91 所示。使用"光泽"样式，可以定义图形表面的光泽效果，其显示效果如图 4-92 所示。

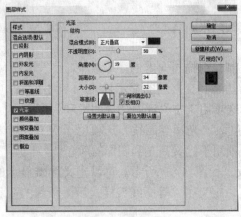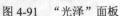

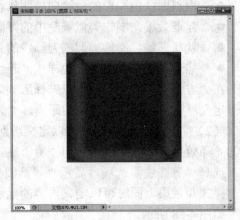

图 4-91　"光泽"面板　　　　　　　　　　图 4-92　定义光泽后的效果

在"光泽"面板中，同样可以设置"混合模式"、"角度"、"距离"、"大小"和"等高线"等参数。

8．颜色叠加

单击"颜色叠加"选项，显示"颜色叠加"面板，如图 4-93 所示。使用"颜色叠加"样式，可以定义图形表面的颜色，其显示效果如图 4-94 所示。

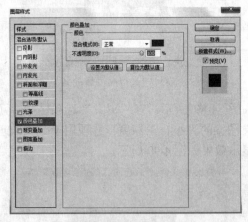

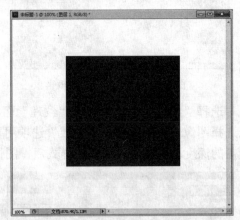

图 4-93　"颜色叠加"面板　　　　　　　　图 4-94　定义颜色叠加后的效果

"颜色叠加"面板中的选项很少。首先选择混合模式。单击"混合模式"选项右侧的色块，可以打开"选取光泽颜色"对话框，选择要覆盖的颜色。使用"不透明度"滑块，可以更改叠加颜色的不透明度。

9．渐变叠加

单击"渐变叠加"选项，显示"渐变叠加"面板，如图 4-95 所示。使用"渐变叠加"样式，可以在图形表面覆盖一个渐变的颜色，其显示效果如图 4-96 所示。

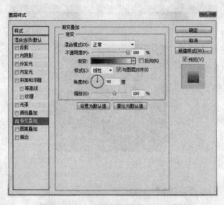

图 4-95 "渐变叠加"面板

图 4-96 定义渐变叠加后的效果

在"渐变叠加"面板中，可以设置"混合模式"、"不透明度"以及"角度"等参数。与"颜色叠加"不同的是渐变颜色的设置，单击"渐变"右侧的渐变色条，可以打开"渐变编辑器"对话框，如图 4-97 所示。

在"渐变编辑器"对话框中，可以选择"预设"渐变，也可以通过下面的渐变条编辑渐变效果。在使用渐变条时，可以为每个色标节点定义颜色，同时可以通过单击增加色标节点，并定义新的颜色。

10. 图案叠加

单击"图案叠加"选项，显示"图案叠加"面板，如图 4-98 所示。使用"图案叠加"样式，可以定义图形表面的图案，其显示效果如图 4-99 所示。

图 4-97 "渐变编辑器"对话框

图 4-98 "图案叠加"面板

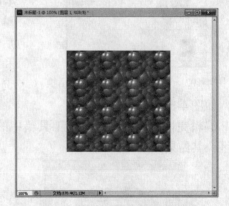

图 4-99 定义图案叠加后的效果

"图案叠加"面板和"渐变叠加"面板类似，区别在于使用定义的图案代替了渐变颜色，同时可以任意缩放定义的图案大小。

11. 描边

单击"描边"选项，显示"描边"面板，如图 4-100 所示。使用"描边"样式，可以为图形制作描边效果，其显示效果如图 4-101 所示。

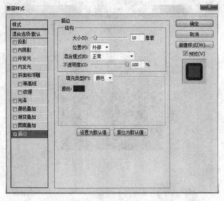

图 4-100　"描边"面板

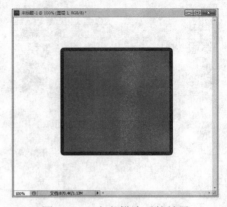

图 4-101　定义描边后的效果

"描边"面板中也包含两个选项区。在"结构"选项区中，可以定义描边的宽度和位置。描边的边线处于不同的位置，显示效果会有所区别。图 4-101 是描边处于外部的显示效果，可以看出，描边的转角处显示了圆滑的效果。如果要使转角为直角，必须定义描边位置为内部。

4.5.5　图层蒙板

在 Photoshop 中，可以建立两种图层蒙板：一种为"快速蒙板"，另一种为"图层蒙板"。

1．快速蒙板

打开一个图像文件，复制到新的图层，在工具箱中双击"以快速蒙板模式编辑"按钮，打开"快速蒙板选项"对话框。

图 4-102　"快速蒙板选项"对话框

在"快速蒙板选项"对话框中的参数设置如图 4-102 所示，则非选择区域中将会显示所选颜色。单击"确定"按钮，创建快速蒙板。快速蒙板创建后，工具栏中的前景色和背景色会自动转换为黑色和白色。此时可以使用工具对快速蒙板进行编辑。例如，可以使用画笔工具，在图层蒙板上画一些线，如图 4-103 所示。

编辑完快速蒙板后，单击工具箱中的"添加图层蒙板"按钮，可以将蒙板转化为选区，其结果如图 4-104 所示。

图 4-103　编辑快速蒙板后的效果

图 4-104　将快速蒙板转化为选区后的效果

2. 图层蒙板

打开一个图像文件，复制到新的图层，在"图层"面板中单击"添加图层蒙板"按钮
，可以创建一个图层蒙板（注意：在背景图层、填充图层和调整图层中不能使用图层蒙板）。创建图层蒙板后，图层面板中相应图层的显示效果如图 4-105 所示。

创建图层蒙板之后，可以使用画笔工具等对蒙板进行编辑。此时，如果画笔中使用黑色，则图层内容将被隐藏，并显示与该图层邻近的下一图层的内容。如果使用白色，则对图层没有影响。使用不同程度的灰色，则会显示半透明的效果，如图 4-106 所示。

图 4-105　创建图层蒙板后的图层

图 4-106　创建图层蒙板后的图层效果

此时，打开"通道"面板，就可以看到"通道"面板中增加了一个蒙板通道，如图 4-107 所示。在默认情况下，增加的蒙板通道是隐藏的。如果选择显示蒙板通道，则编辑区域中会和快速蒙板一样显示出默认的颜色。在通道面板的底部，单击"将通道作为选区载入"按钮，可以将蒙板转化为选区。与快速蒙板的区别在于，转化为选区后，蒙板通道依然存在，显示效果如图 4-108 所示。

图 4-107　创建图层蒙板后的"通道"面板

图 4-108　将蒙板转化为选区后的效果

4.6　使用绘图与图像编辑工具

在 Photoshop 的工具箱中包含很多绘制和编辑图像的工具，包括画笔工具、图章工

具、填充工具等。本节将进行详细讲解。

4.6.1　画笔工具

画笔工具包括画笔工具和铅笔工具，使用画笔工具可以制作各种线条、图形，同时也可以定义画笔的显示效果。

1．画笔工具

画笔工具一般用来绘制柔和的线条。使用的颜色为当前定义的前景色。选择工具箱中的"画笔工具" ，其工具选项栏如图 4-109 所示。

图 4-109　画笔工具选项栏

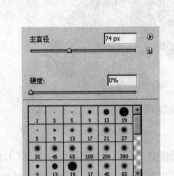

图 4-110　画笔选项面板

在画笔工具选项栏中，可以定义画笔显示效果的各种参数。单击画笔选项中的下拉按钮，打开画笔选项面板，如图 4-110 所示，可以选择画笔的样式及画笔的大小。

通过"模式"选项可以定义颜色混合模式。通过"不透明度"选项可以定义画笔显示的透明度。"流量"选项用来设置图像颜色的浓淡。使用不同大小、不同不透明度和流量的画笔，制作的图像如图 4-111 所示。

在 Photoshop 中，还可以对使用的画笔进行预设。单击"切换画笔面板"按钮 ，打开"画笔"面板，如图 4-112 所示。

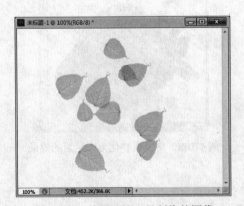

图 4-111　使用画笔工具制作的图像

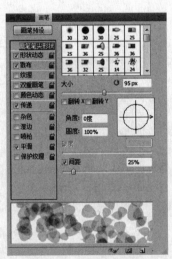

图 4-112　"画笔"面板

在"画笔"面板中，可以定义画笔的各种参数，包括"画笔笔尖形状"、"散布"、"颜色动态"等。

2．铅笔工具

铅笔工具和画笔工具相似，一般用来制作比较生硬的线条。其工具选项栏如图 4-113
所示。

图 4-113　铅笔工具选项栏

在铅笔工具选项栏中有一个"自动涂抹"复选框。勾选该复选框，则当铅笔工具起点
处的颜色和前景色相同时，铅笔工具将会使用背景色。

4.6.2　图章工具

图章工具包括仿制图章工具和图案图章工具。使用图章工具，可以方便地复制和修改
图像。

1．仿制图章工具

仿制图章工具可以将图像中的部分内容复制到其他位置或图像中。选择工具箱中的
"仿制图章工具"　，其工具选项栏如图 4-114 所示。

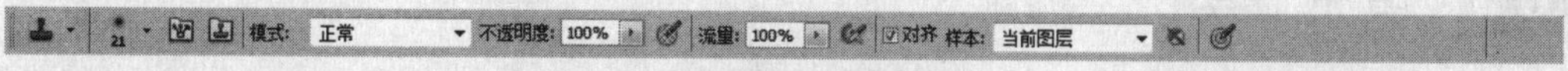

图 4-114　仿制图章工具选项栏

在仿制图章工具选项栏中，可以定义画笔的大小、模式、不透明度等。其中"对齐"
选项用来保持画笔每次使用的是相同的复制起点。在使用仿制图章工具时，按住<Alt>键
并在图像中单击，选择复制起点，然后在其他地方单击，将图像复制到新的位置，其显示
效果如图 4-115 所示。

图 4-115　使用仿制图章工具的显示效果

2．图案图章工具

使用图案图章工具，可以将定义好的图案复制到其他位置或图像中。选择工具箱中的
"图案图章工具"　，其工具选项栏如图 4-116 所示。

图 4-116　图案图章工具选项栏

在图案图章工具选项栏中，大部分选项和仿制图章工具选项栏中的基本相同，只增加了一个选择图案选项。使用图案图章工具的显示效果如图 4-117 所示。

图 4-117　使用图案图章工具的显示效果

4.6.3　填充工具

填充工具包括渐变工具和油漆桶工具，填充工具的主要作用就是使用前景或者背景颜色填充图层的相应区域。

1. 渐变工具

渐变工具用来向选区中添加一种渐变颜色。选择工具箱中的"渐变工具" □，其工具选项栏如图 4-118 所示。

图 4-118　渐变工具选项栏

在渐变工具选项栏中，"仿色"选项用来使颜色过渡更加平缓。"透明区域"选项用来保持透明填色效果。渐变工具包含 5 种模式，其显示效果如图 4-119～图 4-123 所示。

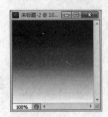 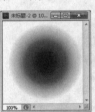   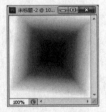

图 4-119　线性渐变　　图 4-120　径向渐变　　图 4-121　角度渐变　　图 4-122　对称渐变　　图 4-123　菱形渐变

单击渐变颜色条，可以打开"渐变编辑器"对话框，详细设置渐变效果。

2. 油漆桶工具

油漆桶工具用来向选区中填充单一的颜色。选择工具箱中的"油漆桶工具" ⬙，其工具选项栏如图 4-124 所示。

图 4-124　油漆桶工具选项栏

在油漆桶工具选项栏中，可以设置填充的模式、不透明度等。其中，"容差"选项用来定义填充位置的范围；"连续的"选项定义填充的区域是否和填充点相连。下面是一个使用油漆桶工具的示例，其使用前的图像如图 4-125 所示，填充后的显示效果如图 4-126 所示。

图 4-125　使用油漆桶工具前的显示效果　　　　图 4-126　使用油漆桶工具后的显示效果

4.7　处理文本

文本的处理在使用 Photoshop 制作网页时十分重要，包括使用文本工具、使用"字符"面板、使用"段落"面板等。

4.7.1　文本工具

文本工具包括 4 个子选项，分别为横向文本、纵向文本、横向文本选区、纵向文本选区。选择其中的某个工具，此时文本工具选项栏如图 4-127 所示。

图 4-127　文本工具选项栏

在文本工具选项栏中，可以在"字体"下拉列表中选择字体。

在"设置消除锯齿的方法"下拉列表中，可以选择字体的显示效果，包含"无"、"锐利"、"犀利"、"浑厚"、"平滑"5 个选项，其显示效果如图 4-128 所示。图中从左至右，依次为"无"、"锐利"、"犀利"、"浑厚"、"平滑"样式。可以看到，有些样式之间的区别并不明显。

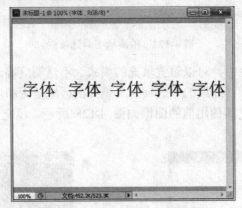

图 4-128　字体样式的显示效果

4.7.2　使用字体

在 Photoshop 的文本内容的字体选择列表中，使用的是操作系统自身包含的字体。如果要使用特殊的字体，就要在操作系统中安装这种字体。下面讲解安装字体的方法。

首先，下载需要使用的字体文件。一般字体文件的扩展名为".ttf"，其文件的显示效果如图 4-129 所示。

打开"控制面板"，双击其中的"字体"选项，打开"字体"文件夹，在此显示了操作系统当前使用的所有字体，如图 4-130 所示。将要使用的字体文件复制到"字体"文件夹中，系统便加载了该字体，此时在 Photoshop 中的字体选择列表中将显示该字体。

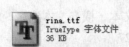

图 4-129　字体文件　　　　　　　　　　　　　　图 4-130　"字体"文件夹

4.7.3　字符和段落调板

单击文字工具选项栏右侧的"切换字符和段落面板"按钮，打开"字符"和"段落"面板，如图 4-131 和图 4-132 所示。

使用"字符"面板可以设置文本的行高、字符大小、样式等信息，其中部分选项的意义如下。

● ：用来调整字符的上下间距，可以用来定义行高。
● 和 ：用来调整字符纵向和横向的缩放。

- 和 ：用来调整字符横向的间距。
- ：用来定义字符的样式。

图 4-131　"字符"面板

图 4-132　"段落"面板

"字符"面板的字体样式，是可以和文字工具选项栏中选择的字体样式叠加的。例如，需要制作清晰的加粗效果，就可以选择文字工具选项栏中的"无"，同时单击"加粗"按钮 。

使用"段落"面板可以设置一段文字的对齐方式、缩进等。

在 Photoshop 中，可以选择"文本工具"，按住鼠标左键拖曳出一个文本框。在文本框中的文字会自动换行，显示在文本框的内部。其显示效果如图 4-133 所示。

图 4-133　文本框的显示效果

4.8　使用路径

使用路径工具可以方便地制作出各种图形、圆角、边框等内容。制作路径包括形状工具、钢笔工具等。

4.8.1　形状工具

右击工具箱中的"形状工具" ，打开形状工具的下拉菜单，其中包含矩形、圆角矩形、椭圆形、直线、多边形等几个形状。

选择其中的"圆角矩形工具" ，此时显示的形状工具选项栏如图 4-134 所示。

图 4-134　形状工具的选项栏

在形状工具选项栏中，单击"形状图层"按钮▣，则制作的路径中会使用前景色填充，同时保留路径。单击"路径"按钮▣，则制作的路径中不填充任何颜色。单击"像素填充"按钮▣，则制作的路径中会使用前景色填充，同时删除路径。其显示效果如图 4-135～图 4-137 所示。

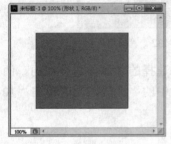

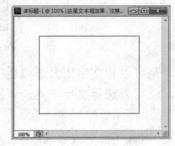

图 4-135　形状图层效果　　　　图 4-136　路径效果　　　　图 4-137　像素填充效果

4.8.2　路径面板

单击菜单栏中的"窗口"|"路径"命令，打开"路径"面板，如图 4-138 所示。

使用形状工具（或其他路径工具）绘制的路径，都会显示在"路径"面板中。其中，白色部分表示路径所包含的区域。右击路径面板中的路径，在弹出的快捷菜单中，通常使用的命令有"建立选区"、"填充路径"、"描边路径"。

选择"建立选区"命令，打开"建立选区"对话框，如图 4-139 所示。在该对话框中，可以设置将路径转化为选区后的羽化半径，以及新建的选区与原有选区之间的叠加方式。

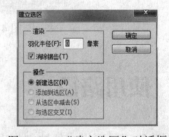

图 4-138　"路径"面板　　　　　　　　图 4-139　"建立选区"对话框

选择"填充路径"命令，打开"填充路径"对话框，如图 4-140 所示。在该对话框中，可以定义填充的颜色、混合模式、羽化半径等参数。

选择"描边路径"选项，打开"描边路径"对话框，如图 4-141 所示。在该对话框中，可以选择描边使用的工具。选择工具后，将会使用工具当前设置的参数来描边路径。描边可以选择的工具并不只限于画笔工具，在"工具"下拉列表中可以选择相应的选项。

图 4-140　"填充路径"对话框

图 4-141　"描边路径"对话框

4.8.3　钢笔工具

右击工具箱的"钢笔工具"，可以打开钢笔工具的下拉菜单，其中包含钢笔工具以及修改钢笔路径的相关工具。

选择"钢笔工具"，此时选项栏的显示效果如图 4-142 所示。

图 4-142　钢笔工具选项栏

钢笔工具选项栏和形状工具选项栏基本相同，只是增加了钢笔切换的选项。

使用钢笔工具时，首先在画布窗口中单击，此时在画布上定义路径的起点。然后在所需要的位置单击，选择节点，这样就在两个点之间形成了一条直线路径。如果要制作一个曲线路径，则在单击鼠标选择节点时按住鼠标左键，用拖曳的方法制作出需要的曲线。直线和曲线路径的显示效果如图 4-143 和图 4-144 所示。

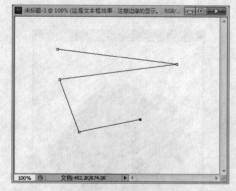

图 4-143　钢笔工具绘制的直线路径

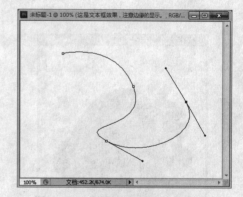

图 4-144　钢笔工具绘制的曲线路径

从图 4-144 可以看到，在路径的节点处会出现一条控制节点的控制线。选择相应的节点，通过调节控制线，可以改变曲线的状态。

4.8.4　制作路径文字

在 Photoshop CS5 中，可以制作沿路径排列的文字，下面讲解制作的方法。

首先制作一条路径，选择"文字工具"，在路径上单击并输入文本，显示效果如图 4-145 所示。

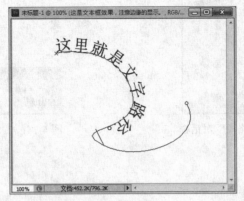

图 4-145　沿路径排列的文字

4.9　通道

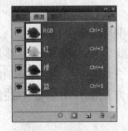

图 4-146　"通道"面板

　　单击菜单栏中的"窗口"|"通道"命令，打开"通道"面板，如图 4-146 所示。

　　在 RGB 模式下，打开图像的默认通道有 4 个。其中，RGB 通道是一个虚拟通道。红、绿、蓝分别为三原色的通道，可以独立显示。通道前面的"显示/隐藏"按钮　用来切换通道的显示与隐藏。如图 4-147 所示的图像，只显示蓝色通道的效果，如图 4-148 所示。

图 4-147　原始图像的显示效果

图 4-148　蓝色通道的显示效果

在"通道"面板的底部有几个操作通道的快捷按钮，分别如下。

- ○：将通道转换为选区。
- □：将选区存储为通道。
- ◱：创建新的通道。
- 🗑：删除通道。

在某些情况（如建立图层蒙板）下，还会建立一个新的通道，或者对通道进行操作。单击"通道"面板右上角的选项按钮，打开通道命令菜单，可以操作通道。

4.10　使用滤镜

使用滤镜可以方便地制作出各种特殊效果。Photoshop CS5 中自带了很多滤镜，包括模糊、像素化、渲染等。

4.10.1　滤镜工具的操作

单击菜单栏中的"滤镜"菜单项，打开"滤镜"下拉菜单，其中包含了所有可以使用的滤镜效果，具体内容如下。

1. 滤镜的作用范围

滤镜用来处理当前图层中选取的内容。如果没有建立选区，则将作用于整个图层。滤镜也可以在某个通道中使用。下面是一个在选区中使用"水波"滤镜的示例。其中，原始图像和选区如图 4-149 所示，使用"水波"滤镜后的显示效果如图 4-150 所示。

图 4-149　原始图像和选区

图 4-150　使用"水波"滤镜后的效果

2. 外部滤镜的使用

Photoshop CS5 中自带了近百种滤镜，但有时需要某些特殊的效果，也可以使用外部滤镜。在 Photoshop CS5 中使用外部滤镜的方法很简单，只需将下载的外部滤镜（一般文件的扩展名为".8BF"）复制到 Photoshop CS5 安装目录的"滤镜"文件夹中即可使用。

4.10.2　滤镜的使用

在 Photoshop CS5 中，自带的滤镜分为 13 组，此外还有 5 个独立的滤镜。单击菜单栏中的"滤镜"菜单项，打开"滤镜"下拉菜单，其中包含所有独立滤镜和滤镜组。下面通过示例讲解常用的滤镜组和滤镜。示例图像如图 4-151 所示。

图 4-151　滤镜示例使用的原始图像

1. 风格化滤镜组

风格化滤镜组的作用是移动和置换图像像素，产生各种风格的图像效果，包括查找边缘、等高线、风、浮雕效果、扩散、拼贴、曝光过度、凸出、照亮边缘 9 个滤镜。

选择"风格化"滤镜组下拉菜单中的"浮雕效果"选项，可以打开"浮雕效果"对话框，如图 4-152 所示。在"浮雕效果"对话框中，可以定义浮雕的光源角度、突出高度等。其中，"数量"选项用来定义浮雕表面的颗粒效果，"预览"选项用来定义是否在小窗口中显示滤镜的最终效果。使用"浮雕效果"滤镜后，图像的显示效果如图 4-153所示。

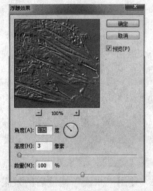
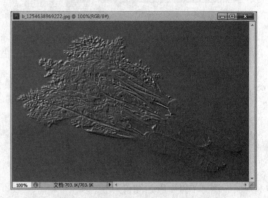

图 4-152　"浮雕效果"对话框　　　　　　图 4-153　浮雕效果滤镜的显示效果

2. 画笔描边滤镜组

画笔描边滤镜组的作用主要是处理图像的边缘，产生强化边缘等显示效果，包括成角的线条、墨水轮廓、喷溅、喷色描边、强化的边缘、深色线条、烟灰墨、阴影线 8 个滤镜。

选择"画笔描边"滤镜组下拉菜单中的"喷溅"选项，可以打开"喷溅"对话框，如图 4-154 所示。左侧显示的是效果的预览效果；中间显示各种滤镜的选项，除"画笔描边"外还包括其他 5 种滤镜组；右侧显示了喷溅滤镜的两个参数，用来定义喷溅半径和平滑度。

使用"喷溅"滤镜后，图像的显示效果如图 4-155 所示。

图 4-154　"喷溅"对话框

图 4-155　喷溅滤镜的显示效果

3．模糊滤镜组

模糊滤镜组的作用主要是减小图像像素之间的对比度，产生模糊的显示效果，包括表面模糊、动感模糊、方框模糊、高斯模糊、进一步模糊、径向模糊、镜头模糊、模糊、平均、特殊模糊、形状模糊 11 个滤镜。

选择"模糊"滤镜组下拉菜单中的"径向模糊"选项，可以打开"径向模糊"对话框，如图 4-156 所示。在"径向模糊"对话框中，"数量"选项用来定义模糊的程度；"模糊方法"选项用来定义模糊的形式，选择"旋转"单选按钮则产生旋涡状的模糊效果，选择"径向"单选按钮则产生纵深的扩展效果。使用"径向模糊"滤镜后，图像的显示效果如图 4-157 所示。

4．扭曲滤镜组

扭曲滤镜组的作用主要是使图像产生几何扭曲效果，包括波浪、波纹、玻璃、海洋波纹、极坐标、挤压、扩散亮光、切变、球面化、水波、旋转扭曲、置换 13 个滤镜。

选择"扭曲"滤镜组下拉菜单中的"波纹"选项，可以打开"波纹"对话框，如图 4-158 所示。在"波纹"对话框中，可以定义扭曲的数量、大小等参数。使用"波纹"滤镜后，图像的显示效果如图 4-159 所示。

图 4-156　"径向模糊"对话框

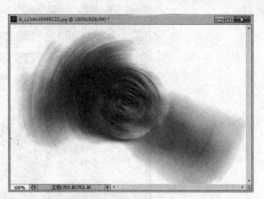

图 4-157　径向模糊滤镜的显示效果

图 4-158　"波纹"对话框

图 4-159　波纹滤镜的显示效果

5．像素化滤镜组

　　像素化滤镜组的作用主要是将图像制作成区块的效果，包括彩块化、彩色半调、点状化、晶格化、马赛克、碎片、铜版雕刻 7 个滤镜。

　　选择"像素化"滤镜组下拉菜单中的"马赛克"选项，可以打开"马赛克"对话框，如图 4-160 所示。在"马赛克"对话框中，可以定义马赛克中色块显示的大小。使用"马赛克"滤镜后，图像的显示效果如图 4-161 所示。

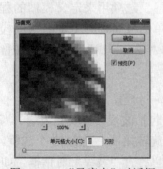

图 4-160　"马赛克"对话框

图 4-161　马赛克滤镜的显示效果

6．锐化滤镜组

锐化滤镜组的作用主要是通过增加相邻像素的对比度来使模糊图像变清晰，包括 USM 锐化、进一步锐化、锐化、锐化边缘、智能锐化 5 个滤镜。

选择"锐化"滤镜组下拉菜单中的"智能锐化"选项，可以打开"智能锐化"对话框，如图 4-162 所示。在"智能锐化"对话框中，可以定义锐化的数量、半径、移去的模糊类型等参数。使用"智能锐化"滤镜后，图像的显示效果如图 4-163 所示。

图 4-162　"智能锐化"对话框　　　　　图 4-163　智能锐化滤镜的显示效果

7．渲染滤镜组

渲染滤镜组的作用主要是产生光感的显示效果，包括分层云彩、光照效果、镜头光晕、纤维、云彩等 5 个滤镜。

选择"渲染"滤镜组下拉菜单中的"镜头光晕"选项，可以打开"镜头光晕"对话框，如图 4-164 所示。在"镜头光晕"对话框中，可以定义镜头光晕的亮度和类型。使用"镜头光晕"滤镜后，图像的显示效果如图 4-165 所示。

图 4-164　"镜头光晕"对话框　　　　　图 4-165　镜头光晕滤镜的显示效果

8．杂色滤镜组

杂色滤镜组的作用主要是产生杂色和划痕的显示效果，包括减少杂色、蒙尘与划痕、去斑、添加杂色、中间值等 5 个滤镜。

选择"杂色"滤镜组下拉菜单中的"添加杂色"选项，可以打开"添加杂色"对话框，如图 4-166 所示。在"添加杂色"对话框中，可以选择杂色的数量、分布方式等。使用"添加杂色"滤镜后，图像的显示效果如图 4-167 所示。

图 4-166　"添加杂色"对话框

图 4-167　添加杂色滤镜的显示效果

9．其他滤镜组

其他滤镜组包括高反差保留、位移、自定、最大值、最小值 5 个滤镜。

选择"其他"滤镜组下拉菜单中的"高反差保留"选项，可以打开"高反差保留"对话框，如图 4-168 所示。高反差保留滤镜，会删除图像中色调平缓的部分，保留高反差的部分。在"高反差保留"对话框中可以调节高反差的半径。使用"高反差保留"滤镜后，图像的显示效果如图 4-169 所示。

图 4-168　"高反差保留"对话框

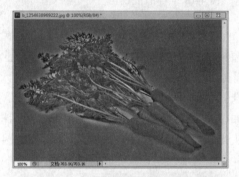

图 4-169　高反差保留滤镜的显示效果

10．液化滤镜

单击菜单栏中的"滤镜"|"液化"命令，打开"液化"对话框，如图 4-170 所示。

图 4-170　"液化"对话框

在液化滤镜的对话框中，左侧有一排工具按钮，其中常用的几个按钮的意义和作用如下。

- 顺时针旋转扭曲工具 ⊘：用来产生螺旋状扭曲效果。
- 褶皱工具 ⊜：用来使某个区域产生压缩效果。
- 膨胀工具 ⊖：用来使某个区域产生膨胀效果。
- 左推工具 ▒：用来产生左推效果。
- 镜向工具 ⊠：用来产生类似镜面成像效果。
- 湍流工具 ≈：用来产生波浪形状效果。

在"液化"对话框中，右侧的参数比较复杂。可以定义使用工具的相关参数，如画笔大小、画笔压力等，同时也可以定义颜色模式、蒙板以及视图等选项。使用"液化"滤镜后，图像的显示效果如图 4-171 所示。

图 4-171　使用"液化"滤镜的显示效果

4.11　制作 GIF 动画

在 Photoshop 较早的版本中，制作 GIF 动画要使用相关联的软件 Imageready。在 Photoshop CS5 版本中，可以使用"动画"面板完成 GIF 动画的制作。

4.11.1　动画面板和动画原理

单击菜单栏中的"窗口"|"动画"命令，打开"动画"面板，如图 4-172 所示。

图 4-172　"动画"面板

在"动画"面板中，可以显示动画中的每一帧。在每一帧的缩略图下面可以显示该帧显示的时间。单击时间右侧的倒三角按钮 ▼，可以修改时间。

如果要使用选择选项以外的时间，可以单击"其他"按钮定义新的时间（注意，时间最短不少于 0.001 秒）。在"动画"面板的底部有一排控制按钮，其意义分别如下。

- 永远 ▼：单击可以打开相应的下拉菜单，用来定义动画的重复次数，默认为"永远"。

- ：用来播放和显示指定帧前面或后面的帧。
- “过渡动画帧”：用来产生过渡动画帧。
- ：和“图层”面板上的相应按钮类似，用来添加和删除帧。
- “复制所选帧”：创建一个与所选帧相同的帧。
- “删除所选帧”：删除所选的帧。

在以上几个按钮选项中，单击“过渡动画帧”按钮可以打开“过渡”对话框，如图 4-173 所示。

在“过渡”对话框中，可以定义过渡的中间帧的数目等参数。

在 Photoshop CS5 中，制作动画的原理比较简单，主要是通过定义时间，将一帧一帧的图像按照顺序显示出来。具体制作时，可以制作好每个帧中的图像，也可以使用“过渡”选项来制作。

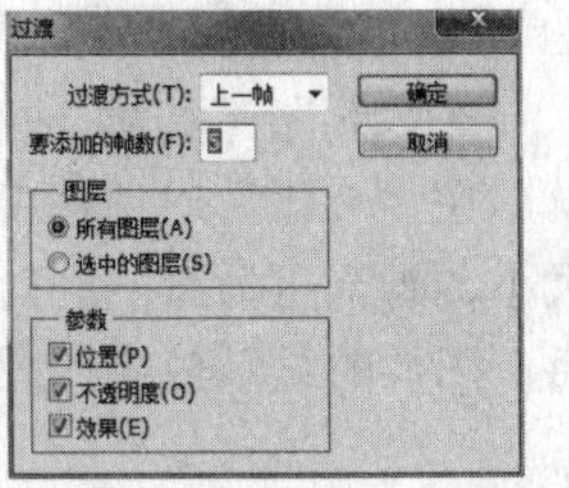

图 4-173　“过渡”对话框

4.11.2　制作 GIF 动画

制作 GIF 动画，除了要使用“动画”面板之外，还需要使用“图层”面板以及各种工具。在制作动画时，一般先在“图层”面板中制作出要使用的图像，分别放在不同的图层中，然后在“动画”面板中设置相应的帧，具体步骤如下。

1. 制作图层图像

Step 01 在白色背景层上制作新的图层，并命名为“圆 1”。

Step 02 选择“椭圆工具”，按住<Shift>键，拖曳出一个圆形区域。椭圆工具选项栏中的参数设置如图 4-174 所示。

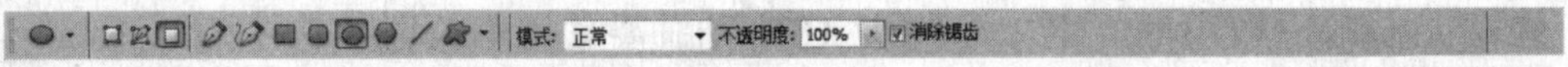

图 4-174　椭圆工具选项栏

Step 03 定义前景色为白色。双击该图层，打开“图层样式”对话框。

Step 04 选择“描边”选项，打开“描边”面板，并定义相关参数，如图 4-175 所示。定义了图层样式后，图像的显示效果如图 4-176 所示。

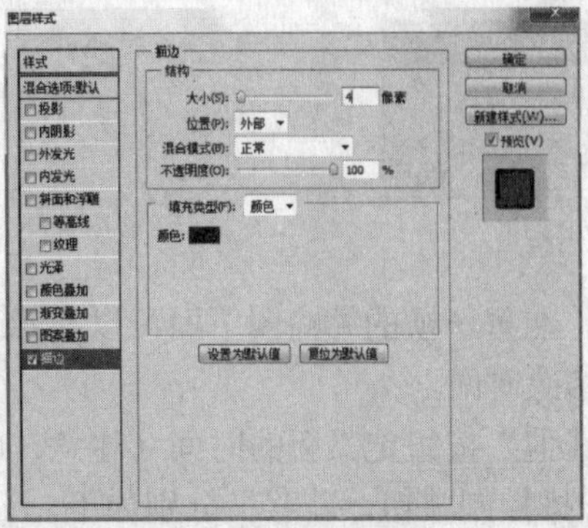

图 4-175　描边参数

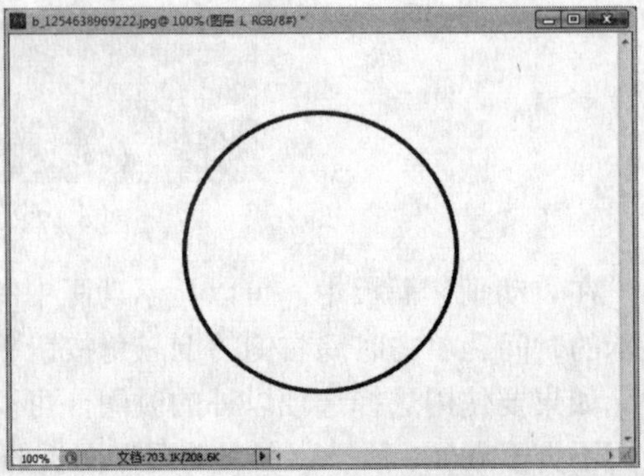

图 4-176　图层“圆 1”的显示效果

Step 05 复制图层"圆1",并命名为"圆2"。

Step 06 单击菜单栏中的"编辑"|"自由变换"命令,在自由变换工具选项栏中定义变换的参数,如图 4-177 所示。

图 4-177 自由变换参数设置

此时在图层"圆2"中,圆形的图像将缩小为原来的 80%。

Step 07 重复上面的操作,继续制作图层"圆3"～"圆5",显示效果如图 4-178 所示。图层显示效果如图 4-179 所示。

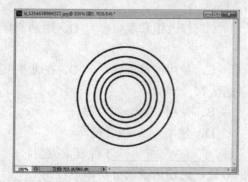

图 4-178 圆形图像显示效果

图 4-179 图层显示效果

2. 制作动画

Step 01 打开"动画"面板,选择第一帧。在"图层"面板中,将图层 1 与背景层以外的图层隐藏,并定义显示时间为 0.1 秒。

Step 02 单击"动画"面板底部的"复制所选帧"按钮 ,复制第一帧形成"帧2"。

Step 03 选择"帧2",在"图层"面板中,设置只显示背景层和图层2。

Step 04 重复上面的操作,制作出"帧3"～"帧7"。此时"动画"面板的显示效果如图 4-180 所示。

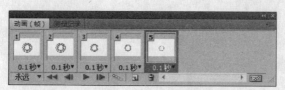

图 4-180 "动画"面板

可以单击"动画"面板底部的"预览"按钮 ,在画布窗口预览制作的动画效果。

> **注意** 制作好的动画在存储时,要使用"文件"菜单中的"存储为 Web 和设备所用的格式"命令进行存储。

4.12　小结

本章主要讲解了 Photoshop 的各种基础知识，这些知识是网页效果图制作的基础，只有熟练掌握了这些知识才能够更方便、快捷地完成效果图的制作。

4.13　习题与思考

1．通常用来复制修复图片的方法是哪些？（　　　）
A．仿制图章　　　　　B．调整色阶　　　　　C．修改饱和度　　　　D．用画笔修改
2．能够选择部分画面的方法有哪些？（　　　）
A．使用选区工具　　　B．通过路径选择　　　C．使用滤镜选择　　　D．在通道中选择
3．通常怎样制作正方形和圆形的路径或者选区？（　　　）
A．使用<Ctrl>组合键　　　　　　　　　　　B．使用<Shift>组合键
C．使用鼠标拖曳　　　　　　　　　　　　　D．使用<Alt>组合键
4．Photoshop 的套索工具中包含了_____、_____、_____3 种套索类型。
5．分辨率是指单位长度内的点（像素）的数量。通常所说的分辨率单位是_____，网页上图片的一般分辨率为_____。
6．_____工具可以降低图像的饱和度；锐化工具的作用是_____；_____工具可用于调整图像的对比度。
7．在 Photoshop 中，图层可分为哪几类？请分别概括它们的定义，并简述其作用。
8．图层样式的主要作用是什么？通常可以实现一些什么效果？
9．尝试完成一次照片内容的选取，学会使用各种选区工具。
10．常用的滤镜有哪些？
11．制作一个简单的 GIF 动画。

第5章 制作网站 Logo

网站 Logo 是指放置在网页中醒目的位置，能够代表站点的文字或者图标。网站 Logo 对于网站非常重要。通常在站点的所有页面中都要使用网站 Logo，用来指示浏览者所在页面的归属，同时也能给浏览者以深刻的印象。作为具有传媒特性的 Logo，为了在最有效的空间内实现所有的视觉识别功能，一般通过特定图案及特定文字的组合，达到对被标识体的展示、说明、沟通、交流，从而引导受众的兴趣，达到增强美誉、记忆等目的。

5.1 网站 Logo 的一般形式

网站的 Logo 一般有以下几种形式。

1. 文字 Logo

文字 Logo 的优点在于通俗易懂，简洁直观，但是使用不当可能会使人产生单调、乏味的感觉。下面是一个文字 Logo 的示例，其显示效果如图 5-1 所示。

2. 图案 Logo

图案 Logo 的优点在于生动形象，但是使用不当可能会让人产生误解，不易读懂。下面是一个图案 Logo 的示例，其显示效果如图 5-2 所示。

图 5-1　文字 Logo 示例

图 5-2　图案 Logo

3. 图文结合 Logo

图文结合的 Logo，其优点在于既生动形象，又能够表达出明确的含义，其缺点是使用不当可能会使 Logo 比较复杂。下面是一个使用图文结合 Logo 的示例，其显示效果如

图 5-3 所示。

图 5-3　图文结合 Logo 示例

下面具体讲解网站 Logo 的制作方法。

5.2　制作时尚空间感的文字 Logo

制作时尚空间感的文字 Logo，需要使用文本工具、图层样式、渐变等。本例制作的 Logo 使用了深绿色渐变背景，使其更有层次感；字体颜色选择比较靓丽的绿色，使主体更加突出。

5.2.1　制作背景

文件背景的制作比较简单，具体步骤如下。

Step 01 新建一个 250 像素*120 像素的图像，定义前景色为白色，如图 5-4 所示。

Step 02 新建图层，如图 5-5 所示。

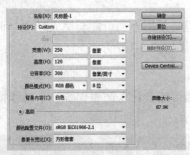

图 5-4　新建文档　　　　　　　　　　　图 5-5　新建图层

Step 03 使用"渐变工具"，制作渐变填充的效果，渐变颜色设置如图 5-6 所示。其中，颜色参数分别为#5b91a9 和#142838。

图 5-6　颜色拾取器

5.2.2 制作文字内容

选择"文字工具",设置字体为文鼎齿轮体,字体大小为 11 点,在图层上创建文字,效果如图 5-7 所示。

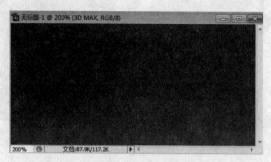

图 5-7 添加文字

5.2.3 制作立体感文字

下面制作立体感文字效果,需要使用图层样式中的投影、斜面和浮雕中的等高线进行制作,其中的参数需要反复调整以得到比较满意的效果,具体步骤如下。

Step 01 双击文字图层,打开"图层样式"对话框,在左侧列表中勾选"投影"复选框,设置混合模式为"颜色加深",不透明度为 15%,角度为 150 度,距离为 8 像素,大小为 4 像素,参数设置如图 5-8 所示。

Step 02 勾选"斜面和浮雕"与"等高线"复选框,调节参数,如图 5-9 所示,斜面和浮雕中的样式为"内斜面",方法为"平滑",深度为 100%,方向为上,大小为 4 像素,阴影的角度为 150 度,其他参数保持不变。

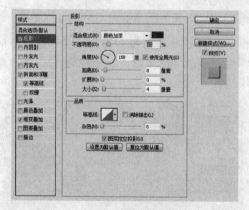

图 5-8 投影参数

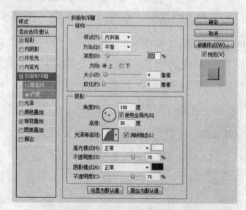

图 5-9 斜面和浮雕的参数

Step 03 勾选"渐变叠加"复选框,参数设置如图 5-10 所示,混合模式为"变亮",不透明度为 86%,渐变颜色为深绿色到浅绿色,其他参数不变。如果对效果不满意,可以反复调整修改,效果如图 5-11 所示。

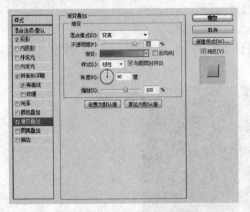

图 5-10　渐变叠加的参数

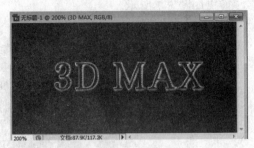

图 5-11　空间感文字效果

5.2.4　为文字添加空间背景

下面为字体背景设计空间感和时尚感，需要使用画笔、图层样式工具，使其具有背景上一层水珠的效果。制作方法与前面所述相似，具体步骤如下。

Step 01 新建一个图层，选择"画笔工具"，在图层上随意画几个小圆点，如图 5-12 所示。

Step 02 双击图层，打开"图层样式"对话框。调节参数，如图 5-13 所示，勾选"投影"复选框，设置混合模式为"正片叠底"，颜色为白色，不透明度为 100%，角度为 150 度，距离为 5 像素，大小为 5 像素。

图 5-12　添加圆点

Step 03 勾选"斜面和浮雕"与"等高线"复选框，斜面和浮雕参数设置如图 5-14 所示，样式为"内斜面"，方法为"平滑"，深度是 1%，方向为下，角度为 150 度，高度为 30 度，其他保持不变。

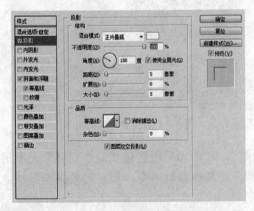

图 5-13　投影参数

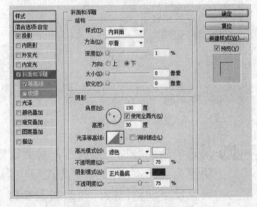

图 5-14　斜面和浮雕参数

Step *04* 为整个图层新建一个"曲线"调整图层，调节画面的色彩比重，如图 5-15 所示；这里加了三个点，其中右上角的点输出为 231、输入为 181，中间的点输出为 128、输入为 120，左下角的点输出为 54、输入为 38，最终效果如图 5-16 所示。

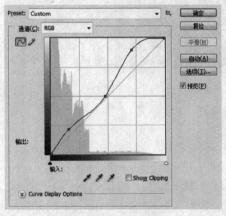

图 5-15 曲线参数

图 5-16 最终效果

5.3 制作图案 Logo

下面制作一个简单的图案 Logo，需要使用图层样式、曲线、渐变图层等。

5.3.1 制作背景

Step *01* 新建一个 200mm*150mm 的图像，分辨率为 300 像素/英寸，定义背景颜色为白色，如图 5-17 所示。

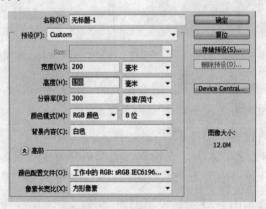

图 5-17 "新建"对话框

Step *02* 再新建一个图层来添加渐变，设置渐变为#404d62 到#a8b4c9，参数设置如图 5-18 所示。颜色的过渡实际上是根据个人对色彩的理解，这里设定的是一个冷色调的背景，后面的调整是根据内容的变化而变化的。

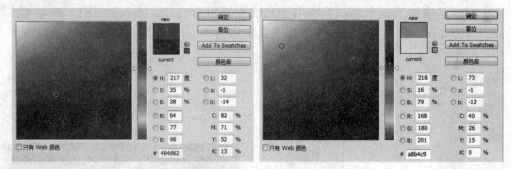

图 5-18 颜色拾取器

5.3.2 制作方形效果图案

Step 01 再新建一个图层，然后选择"矩形选框工具"填充颜色，效果如图 5-19 所示。这里简单地复制了几份，方法是选择"移动工具"，然后按住<Alt>键拖动即可。

Step 02 双击图层，打开"图层样式"对话框，参数设置方法如前所述。如图 5-20 所示，混合模式为"正常"，不透明度为 91%，填充不透明度为 71%，其他参数保持不变。可以尝试设置其他效果，只有反复尝试才可以创新。

图 5-19 添加矩形

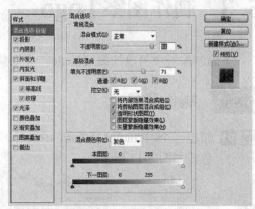

图 5-20 图层样式参数

Step 03 投影参数设置如图 5-21 所示，混合模式为"正片叠底"，不透明度为 100%，角度为 150 度，距离为 8 像素，大小为 5 像素。

Step 04 斜面和浮雕参数设置如图 5-22 所示，样式为"内斜面"，方法为"平滑"，深度为 100%，方向为上，大小为 5 像素；阴影角度为 150 度，高度为 30 度；高光模式为"滤色"，不透明度为 75%；阴影模式为"正片叠底"，不透明度为 75%。

Step 05 等高线参数设置如图 5-23 所示，范围为 50%。

Step 06 纹理参数设置如图 5-24 所示，图案是 Photoshop 中默认的图案，也可以选择其他图案，其他参数不变。

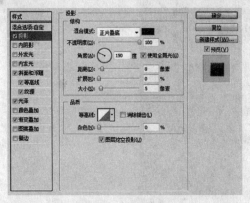

图 5-21　投影参数

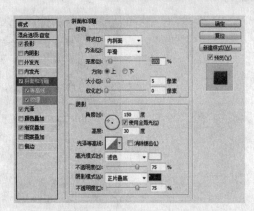

图 5-22　斜面和浮雕参数

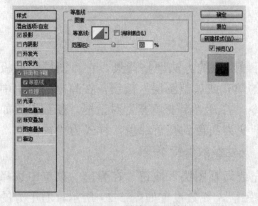

图 5-23　等高线参数

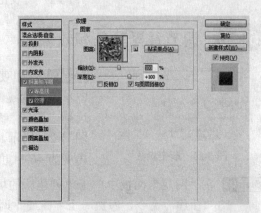

图 5-24　图案选择

Step 07 光泽参数设置如图 5-25 所示，混合模式为"正片叠底"，不透明度为 50%，角度为 50 度，距离为 11 像素，大小为 14 像素。

Step 08 渐变叠加参数设置如图 5-26 所示，混合模式为"正常"，不透明度为 100%，渐变为黑色到白色，样式为"线性"，角度为 90%，缩放为 100%。

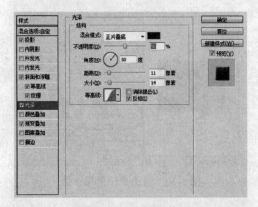

图 5-25　光泽参数

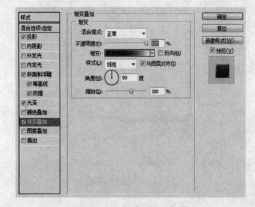

图 5-26　渐变叠加参数

Step 09 将图层参数复制到其他图层，调节不透明度，制作出倒影的感觉，如图 5-27 所示。

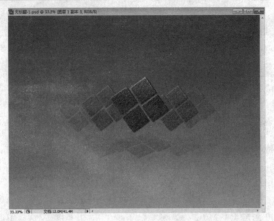

图 5-27　定义图层样式后的效果

5.3.3　调节背景颜色和效果

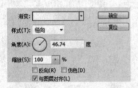

图 5-28　渐变参数

Step 01 这里使用最常用的方法调整背景。在"图层"面板中单击"创建新的填充或调整图层"按钮，在弹出的菜单中选择"渐变"命令，打开"渐变填充"对话框，参数设置如图 5-28 所示，渐变为白色到亮蓝绿色，样式为"径向"，角度为 46.74 度，其他参数保持不变。

Step 02 在"图层"面板中单击"创建新的填充或调整图层"按钮，在弹出的菜单中选择"曲线"命令，添加一个"曲线"调整图层，参数设置如图 5-29 所示，右上方的点输出是 228、输入是 175，中间的点输出是 128、输入是 125，左下方的点输出是 40、输入是 92。

Step 03 单击菜单栏中的"滤镜"|"渲染"|"光照效果"命令，打开"光照效果"对话框，参数设置如图 5-30 所示。

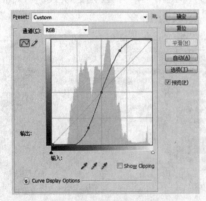

图 5-29　曲线参数

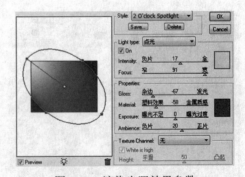

图 5-30　渲染光照效果参数

5.3.4　整体调节

Step 01 Logo 效果已基本完成，最后进行整体调节，增强对比度，突出画面中心。用同样的方法添加"曲线"调整图层，参数设置如图 5-31 所示，右上方的点输出是 205、输入是 185，中间的点输入输出均为 125，左下方的点输入是 38、输出是 57。

Step 02 调整亮度，用同样的方法添加"亮度/对比度"调整图层，参数设置如图 5-32 所示，亮度为-21，对比度为+13。

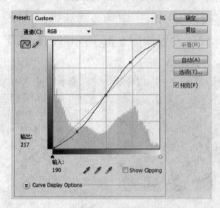

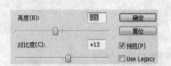

图 5-31　曲线参数　　　　　　　　　　图 5-32　亮度和对比度参数

Step 03 添加个性签名即完成图案 Logo 的制作，最终效果如图 5-33 所示。

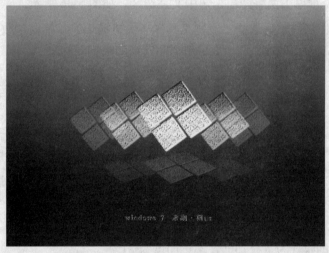

图 5-33　最终效果

　　对于 Logo 制作，方法和原理都是大致相同的，只是稍作变化而已，最主要的还是个人想法，有了想法才会去实现；碰到技术上的问题，自主去寻求解决办法，慢慢地就会不断积累经验。虽然开始做的时候不尽如人意，但是只要坚持边学边练，最终一定会制作出符合自己想法的作品，这时候也会真正有成就感。

5.4　图文结合 Logo

　　图文结合 Logo 的制作原理相对于图案 Logo 来说要简单一些，需要使用图层样式、钢笔、笔刷属性等。本例以 Blue Sky 这个单词为基础来制作，简单而又不失单调，具体步骤如下。

Step 01 新建一个 200 毫米*300 毫米的图像，分辨率为 300 像素/英寸，定义背景色为白色，如图 5-34 所示。

Step 02 选择"文字工具"（快捷键 T），输入文字 Blue Sky，字体为微软雅黑，字体大小为 77.77 点。之后全选文字，调整颜色，颜色设置如图 5-35 所示（#1fa7fe）。

图 5-34　新建文件

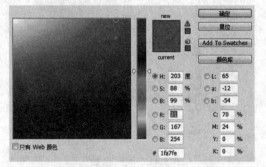

图 5-35　颜色拾取器

Step 03 按住<Ctrl>键单击文字图层，选中文字选区，如图 5-36 所示。

Step 04 新建一个图层，然后选择"笔刷工具"（快捷键 B），笔刷参数设置如图 5-37 所示，主直径为 178px，为一个柔角 200 像素的笔刷。

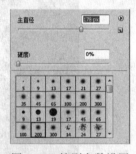

Blue Sky

图 5-36　文字选区

图 5-37　笔刷参数设置

Step 05 设置笔刷的模式为"叠加"，不透明度为 81%。

Step 06 在图层上涂抹，直到效果满意为止。这里在底部涂抹两下，即实现所需效果，有一点炫光的感觉，如图 5-38 所示。按住<Shift>键可以直线涂抹。

Step 07 之后按<Ctrl+D>组合键取消选区。再新建一个图层，选择"钢笔工具"（快捷键 P），在文字上方添加一个类似飞镖样式的标志，如图 5-39 所示。直接用钢笔抠出形状来，这里构型较繁琐，因为图形太大，先按<Ctrl+->组合键缩小。

图 5-38　使用笔刷后的效果

图 5-39　添加飞镖图形

Step 08 完成钢笔操作后，按<Ctrl+Enter>组合键把它变为选区，如图 5-40 所示。

Step 09 设置前景色颜色参数为#a3dcfd，按<Alt+Delete>组合键进行填充。

Step 10 如果对造型不满意，还可以按<Ctrl+T>组合键执行自由变换命令，调节到满意为止，效果如图 5-41 所示。

图 5-40　将路径变为选区

图 5-41　填充后的效果

Step 11 选择"椭圆选框工具"，在字母 U 上方添加两个小圈，颜色与文字保持一致，效果如图 5-42 示。

Step 12 添加注册商标标志。选择"椭圆选框工具"，在文字右上方添加一个小圈，然后单击菜单栏中的"编辑"|"描边"命令，打开"描边"对话框，设置描边宽度为3px，如图 5-43 所示。

图 5-42　添加小圈

图 5-43　描边参数

Step 13 选择"文字工具"，在小圈内输入 R 即可，字体为微软雅黑，字体大小为 12点，最终效果如图 5-44 所示。

图 5-44　最终效果

5.5　小结

本章主要讲解了制作网站 Logo 的方法和技巧。由于 Logo 比较精细，所以要特别注意细节的处理。通常的 Logo 都是从文字变形而来的，所以熟练掌握各种填充、拉伸以及路径绘制的技巧对制作 Logo 非常有帮助。

5.6　习题与思考

1. 通常可以通过什么方法制作立体的效果？
2. 什么时候需要将文字打散成图形？
3. 笔刷的调节方法和笔刷模式的效果是怎样的？
4. 试制作一个文字加图案的 Logo。

第6章 制作网站 Banner

　　网站 Banner 是指位于网页顶部的广告条，它并不是页面必不可少的部分。网站 Banner 的标准尺寸是 468 像素*60 像素，但随着显示器尺寸的增大和站点的多样化，使用非标准尺寸的 Banner 越来越多。

　　Banner 是以 GIF、JPG 等格式建立的图片，或 SWF 格式的 Flash 动画。下面是一个网站 Banner 的示例，其显示效果如图 6-1 所示。

图 6-1　网站 Banner 示例

　　在网络营销术语中，Banner 是一种网络广告形式。Banner 广告一般放置在网页上的不同位置，在用户浏览网页信息的同时，吸引用户对于广告信息的关注，从而获得网络营销的效果。下面讲解网站 Banner 的制作方法。

6.1　制作英文 Banner

　　本例制作的网站 Banner，以简约为主要风格，其中内容为英语形式。主要制作流程为制作背景、制作文本、制作文本倒影效果、添加背景纹理等。

6.1.1　制作背景

　　制作背景比较简单，这里主要用到了渐变填充，先在渐变编辑器中选择需要的颜色，然后在新建的图层里面进行填充，具体步骤如下。

Step 01 新建一个 468 像素*100 像素的图像，分辨率为 300 像素/英寸，背景色为白色，如图 6-2 所示。

Step 02 新建图层，在上面进行填充。这里选择黑色与灰色的渐变，其中左侧的颜色参数为#000000，右侧的颜色参数为#717171，如图 6-3 所示。

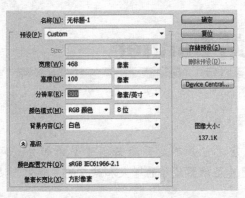

图 6-2 新建文件

图 6-3 颜色编辑器

Step 03 新建一个图层，使用"画笔工具"，选择树叶形笔刷，设置笔刷的主直径为 168px，其他参数不变，如图 6-4 所示。制作出树叶飘落的效果，如图 6-5 所示。

图 6-4 画笔参数

图 6-5 最终效果

6.1.2 制作文本

制作文本也是比较简单的，使用了文本工具、图层属性、填充等来制作效果；选择单一的颜色，使其更加突出，具体步骤如下。

Step 01 选择"文本工具"（快捷键 T），在左上角输入文字"Welcome to the water lines nets"。字体为微软雅黑，大小为 20 点，颜色为白色，其他参数不变，效果如图 6-6 所示。

图 6-6 输入文字

Step 02 继续输入文字"Material and Design elements"，大小为 33.21 点，其他参数不变。这里单独设置字母 M 和 D 的大小为 44.26 点，让其更加突出，使文字有跳跃性的效果。其中 M 为红色（#ff0000），D 为蓝色（#00baff），使文字颜色更丰富，效果如图 6-7 所示。

图 6-7 文字效果

Step 03 为这段文字添加炫光效果，制作方法与上一章所述基本一致。新建一个图层，按住<Ctrl>键单击文字图层，使其变为选区，然后回到刚才新建的图层上，效果如图 6-8 所示。

图 6-8 眩光效果

Step 04 选择画笔工具"喷枪柔边圆 65"，设置主直径为 187px，如图 6-9 所示，模式为"叠加"，不透明度为 61%，其他参数不变，在文字的下方涂抹几下。也可以配合<Shift>键画出直线笔刷。之后按住<Ctrl+D>组合键取消选择，效果如图 6-10 所示。

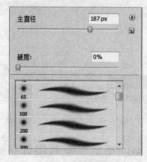

图 6-9 笔刷参数

图 6-10 最终效果

6.1.3 制作文本倒影效果

制作文字倒影效果需要使用图层属性、移动工具、图层样式、渐变等工具，方法比较简单，具体步骤如下。

Step 01 选择文字图层，再按住<Ctrl>键选择刚刚制作的炫光图层，如图 6-11 所示，选中这两个图层。选择"移动工具"（快捷键是 V），按住<Alt>键，直接向下拖动，复制文字，效果如图 6-12 所示。

图 6-11　选择图层

图 6-12　复制文字

Step 02 这时可以发现"图层"面板中多了两个图层，即刚刚复制出来的两个图层。它们的属性和之前选择的两个图层是相同的，只是名称后面多了"副本"。下面制作垂直翻转，直接按<Ctrl+T>组合键进入编辑模式，在复制出来的文字上右击，在弹出的快捷菜单中选择"垂直翻转"命令，将鼠标指针放置在编辑框上，出现上下箭头时即可拖动缩小，之后调节位置，效果如图 6-13 所示。

图 6-13　垂直翻转效果

Step 03 选择图层"Material and Design elements 副本"，单击"图层"面板下方的"添加蒙板"按钮，如图 6-14 所示，然后选择"渐变工具"（快捷键 G），渐变编辑器中的设置如图 6-15 所示，左侧颜色参数为#000000，右侧颜色参数为#ffffff。

图 6-14　添加图层

图 6-15　渐变颜色

Step 04 在图层上进行填充，文字出现渐变效果，调整到类似阴影的渐变效果即可。然后用同样的方法在"图层 4 副本"上进行操作。

Step 05 最后添加标语。选择"文本工具"（快捷键 T），文字大小为 20 点，字体为微软雅黑，输入"Only by working hard can succeed, because hard never betrays his own"，效果如图 6-16 所示。为更突出主题，在文字 Material and Design elements 下面添加一条直线，选择"矩形选框工具"，新建一个图层，在其下方创建选区，设置前景色为#9a9a9a，然后按<Alt+Delele>组合键填充。最终效果如图 6-17 所示。

图 6-16　添加标语

图 6-17 最终效果

6.1.4 添加背景纹理

此时 Banner 效果已基本确定，为了使其更加美观，下面添加背景纹理，也是应用图层模式进行调节，具体步骤如下。

Step 01 首先选择背景材质，这里找到一张类似铁锈纹理的图片，如图 6-18 所示。在 Photoshop 中打开该图片，选择移动工具（快捷键 V），直接拖动到 Banner 图片中，按<Ctrl+T>组合键进入编辑模式，适当调节大小，然后按住<Alt>键复制出几个图层，布满整个画布，如图 6-19 所示。

图 6-18 材质 　　　　　　　　　　　　　　　图 6-19 编辑材质

Step 02 这时可以看到"图层"面板中有很多图层，为了方便操作，把刚刚复制出来的图层合并。选择刚刚复制出来的图层，按住<Ctrl>键连续选择，然后右击，在弹出的快捷菜单中选择"合并图层"命令，之后调节图层属性使背景图层位于主题之后，这里选择"叠加"模式，不透明度为 78%，如图 6-20 所示。其效果如图 6-21 所示。

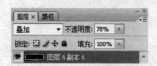

图 6-20 调整图层属性 　　　　　　　　　　　图 6-21 添加背景纹理

Step 03 调节色阶和色相。选择背景纹理图层，按<Ctrl+L>组合键调出"色阶"面板，如图 6-22 所示，设置参数分别为"27，134"，单击"确定"按钮；按<Ctrl+U>组合键调出"色相"面板，如图 6-23 所示，设置色相为-180，饱和度为-46，明度为-1。

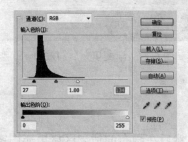

图 6-22 色阶 　　　　　　　　　　　　　　　图 6-23 色相/饱和度

Step 04 最好适当调节明暗。单击"图层"面板下方的"创建新的填充或调整图层"按钮，在弹出的菜单中选择"亮度/对比度"命令，在打开的"调整"面板中设置亮度为+39，对比度为-26，如图 6-24 所示。至此，完成了该网站 Banner 的制作，最终效果如图 6-25 所示。

图 6-24   亮度/对比度

图 6-25   最终效果

6.2   制作中文 Banner

本例制作的网站 Banner，是在有斜纹的背景上显示运动员和宣传语句的图像，主要制作流程为制作背景、制作倾斜纹理、制作图案、制作文本等。

6.2.1   制作背景

制作背景比较简单，首先在渐变编辑器中设置填充的颜色，然后在画布的适当区域填充渐变颜色。具体步骤如下。

Step 01 新建一个 468 像素*100 像素的图像，并定义背景色为白色。

Step 02 选择"渐变工具"，在渐变编辑器中定义参数，其中左侧节点的颜色参数为#94b6d1，右侧节点的颜色参数为#ffffff，如图 6-26 所示。

Step 03 在背景图层使用渐变填充，效果如图 6-27 所示。

图 6-26   渐变编辑器中的参数设置

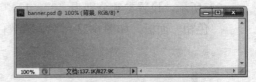

图 6-27   渐变填充后的效果

6.2.2   制作倾斜纹理

制作倾斜纹理，首先要制作出斜纹使用的图案，然后在画布的适当区域填充图案，具体步骤如下。

Step 01 新建一个 9 像素*9 像素的图像，并定义背景为透明。

Step 02 选择"缩放工具"，将画布窗口放大，以便于精细操作。

Step 03 定义前景色为白色（#ffffff），选择矩形选框工具，在图像的右上角创建一个 1 像素*1 像素的选区，并填充前景色。

Step 04 沿矩形对角线，由右上角至左下角依次制作 3 个 1 像素*1 像素的矩形，效果如图 6-28 所示。

Step 05 单击菜单栏中的"编辑"|"定义图案"命令，打开"图案名称"对话框。

Step 06 在"图案名称"对话框中，输入图案的名称"斜纹"，单击"确定"按钮，如图 6-29 所示。

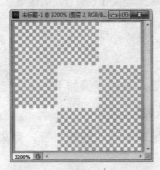

图 6-28 矩形填充后的效果

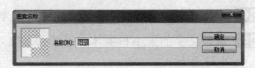

图 6-29 "图案名称"对话框

Step 07 返回"banner"文档编辑窗口，在背景图层上新建一个图层，命名为"斜纹"。

Step 08 使用"矩形选框工具"，选择整个"斜纹"图层，在选区右击，在弹出的快捷菜单中选择"填充"命令，打开"填充"对话框。

Step 09 在"填充"对话框的"自定图案"下拉列表中选择选择刚定义的"斜纹"图案。

Step 10 单击"确定"按钮，填充"斜纹"图层。

Step 11 选择填充后的图层，调整图层的不透明度为 34%。调整后的效果如图 6-30 所示。

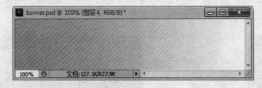

图 6-30 制作斜纹后的显示效果

6.2.3 制作图案

制作图案，主要是在已有的素材文件上进行制作，具体步骤如下。

Step 01 打开素材图片，如图 6-31 所示。

Step 02 使用"移动工具"，将素材图片拖动到"banner"文档中，并重命名为"图案"。

Step 03 按<Ctrl+T>组合键，使用"自由变换"工具，将"图案"图层中的图像调整到适当的大小和位置。

Step 04 单击"图层"面板中的"添加蒙板"按钮，添加图层蒙板。

Step 05 选择"渐变工具"，定义渐变颜色为从黑色（#000000）至白色（#ffffff）。

Step 06 使用定义的渐变颜色填充图层蒙板。填充图层蒙板后的效果如图 6-32 所示。

图 6-31　素材图片　　　　　　　　图 6-32　定义图层蒙板后的效果

6.2.4　制作文字

制作文字，需要使用文字工具、路径工具、填充工具等，具体步骤如下。

Step 01 选择"文字工具"，在画布中添加文本"青春与激情"。

Step 02 调整文字的大小和字体，继续添加文本"六人小足球运动欢迎您！"，效果如图 6-33 所示。

图 6-33　添加文本

Step 03 新建图层，并命名为"路径"。使用钢笔工具制作路径，如图 6-34 所示。

Step 04 定义前景色颜色参数为"#073c58"，填充路径，按<Ctrl+H>组合键隐藏路径。

Step 05 按<Ctrl+T>组合键，调整填充后图案的角度和位置，调整后的效果如图 6-35 所示。

　　　　　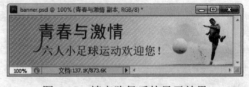

图 6-34　制作路径　　　　　　　图 6-35　填充路径后的显示效果

Step 06 选择"青春与激情"图层，右击，在弹出的快捷菜单中选择"栅格化文字"命令，将文字栅格化（栅格化文字的目的是便于与普通图层合并）。

Step 07 再选择"路径"图层，按<Ctrl+E>组合键，将"路径"图层和"青春与激情"图层合并。

Step 08 双击合并后的图层，打开"图层样式"对话框，在左侧列表中选择"外发光"选
项，各参数设置如图 6-36 所示。其中颜色为白色（#ffffff）。添加图层样式后，
最终效果如图 6-37 所示。

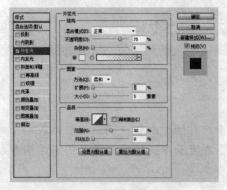

图 6-36　"外发光"参数

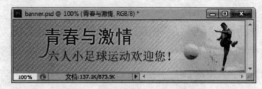

图 6-37　渐变填充后的显示效果

6.3　小结

　　本章主要讲解了制作网站 Banner 的方法和技巧，其中主要使用了渐变填充、笔触设
置等。制作倒影等都是常用的处理方法，可以融会贯通制作各种类似的内容。在网页效果
图的制作过程中，使用渐变颜色是一种常用的技巧，需要熟练掌握。

6.4　习题与思考

1．如何通过蒙版制作渐变效果？
2．如何利用图片制作重复的背景？
3．图层之间的模式是如何影响最终效果的？
4．试制作一个文字加图案的 Banner。

第7章 制作网页导航条

导航条在网页中具有重要的作用，它不仅是整个网站的方向标，而且还能体现整个网站的内容，如同书籍的目录一样。本章将介绍导航条在页面中的不同形式，讲解常用导航条的制作方法。

7.1 网页导航条简介

通俗来讲，导航条就是网站顶部那些包含网站所有功能的链接。浏览者可以通过导航条了解站点内容的分类，并使用导航条上的链接浏览站点的相关信息。导航条是由一幅或一组图像组成的。合理使用导航条，可以使网页层次分明，而且可以代替超级链接。建议一般情况下每一个元件只设置一种或两种状态的图像。图像过多，会影响网页的访问速度。一个网页导航条的示例如图 7-1 所示。

图 7-1　网页导航条示例

在图 7-1 中，Logo 的旁边、Banner 的下面就是网页导航条部分。在网页中，主导航条（用来链接站点主要栏目的导航条）一般有以下几种表现形式。

1. 横向导航条

横向导航条是网页中最常用的导航方式。横向导航条符合人们通常的浏览习惯，也便于页面内容的布局；其缺点在于，如果使用不恰当，就会给人以呆板的感觉。下面是一个使用横向导航条的示例，如图 7-2 所示。

图 7-2　横向导航条示例

2．纵向导航条

纵向导航条也是网页中常用的导航方式。纵向导航条比较易于被浏览者接受，但其缺点在于使页面内容的排版变得相对困难。下面是一个使用纵向导航条的示例，如图 7-3 所示。

图 7-3　纵向导航条示例

3．自由排版的导航条

自由排版的导航条一般会出现在信息量相对较少、内容较活跃的站点上。其优点在于新颖、灵活，能引起浏览者的兴趣；但是如果使用不当，会使浏览者思考焦点转移，从而影响导航的效率。下面是一个使用自由排版的导航条的示例，如图 7-4 所示。

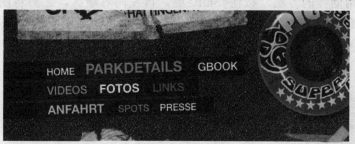

图 7-4　自由排版导航条示例

7.2　制作横向导航条

本例制作的是一个暖色调的横向导航条，制作方法比较简单。导航条不必效果花哨，简单清晰为宜，这样使人更容易接受，不会影响主题内容。主要制作流程为制作背景，制作空间效果及绘制文本。

7.2.1　制作背景

背景比较简单，制作时分了两个图层，颜色均为一种暖色，直接用笔刷绘制出来，具体步骤如下。

Step 01 新建一个 700 毫米*100 毫米的图像，分辨率为 72 像素/英寸。因为该图主要在电脑上显示，分辨率不必很高，这样文件不会很大，操作起来也会更快。

Step 02 选择"画笔工具"（快捷键 B），选择 Photoshop 自带的笔刷"粉笔 23 像素"，如图 7-5 所示。设置主直径为 764px，如图 7-6 所示。笔刷素材可以在网上下载。要制作各种效果，首先必须拥有丰富的素材。

图 7-5　粉笔 23 像素　　　　　　　　　　　　　　　图 7-6　笔刷参数

Step 03 在"图层"面板中单击"新建图层"按钮（或按<Ctrl+Shift+N>组合键），新建一个图层。选择颜色，如图 7-7 所示，颜色参数为#e7ebce。之后按住<Shift>键，在左侧合适位置单击，再在右侧单击。

Step 04 再新建一个图层，设置笔刷主直径为 711px，模式为"叠加"，不透明度为 81%。用同样的方法，按住<Shift>键，自左向右涂抹，之后将图层模式更改为"正片叠底"，效果如图 7-8 所示。

图 7-7　颜色拾取器　　　　　　　　　　　　　　　图 7-8　背景效果

7.2.2　制作空间效果

空间效果的原理及制作方法前面已有过介绍，即通过调节图层样式来增加阴影效果，具体步骤如下。

Step 01 新建一个图层，在上面用画笔工具涂抹几下，目的是为之后添加的文字区分出所做的背景；设置该图层的不透明度为 50%，如图 7-9 所示，效果如图 7-10 所示。

图 7-9　图层属性　　　　　　　　　　　　　　　图 7-10　最后的效果

Step 02 增加阴影效果，为其增加空间感。双击图层，打开"图层样式"对话框，如图 7-11 所示，勾选"投影"复选框，设置混合模式为"正片叠底"，颜色为灰色 （#cacaca），如图 7-12 所示；不透明度为 75%，角度为 120 度，距离为 38 像素。

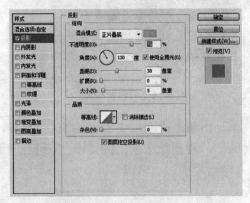

图 7-11　投影参数

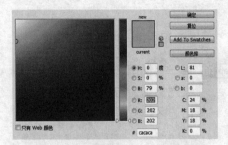

图 7-12　颜色拾取器

7.2.3　添加文本

至此已基本完成了导航条效果设置，下面添加文本，即直接按照网站要求输入标题，具体步骤如下。

选择"文本工具"（快捷键 T），这里使用的字体为"文鼎 CS 楷体"，字体大小为 48 点，颜色参数为#da742c，最终效果如图 7-13 所示。

图 7-13　最终效果

7.3　制作纵向导航条

本例制作的是一个木板背景的纵向导航条，制作方法也比较简单。主要制作流程为勾勒形状，制作木板底纹效果，制作其他木板条及绘制文本。

7.3.1　勾勒形状

这里使用了一个图层就直接绘制出形状，主要使用的是选区工具，具体步骤如下。

Step 01 新建一个 300 毫米*280 毫米的图像，分辨率为 72 像素/英寸。

Step 02 选择"矩形选框工具"，创建一个矩形选区，如图 7-14 所示。填充颜色，如图 7-15 所示，颜色参数为#e2d3ac。

图 7-14 矩形选区   图 7-15 颜色拾取器

Step 03 选择"椭圆选框工具",按住<Alt>键,拖动出圆形选区,使其与矩形选区相减,绘制出如图 7-16 所示的效果。然后按<Delete>键删除选区,按<Ctrl+D>组合键退出选区,效果如图 7-17 所示。

图 7-16 绘制的效果   图 7-17 形状效果

7.3.2 制作木板底纹效果

这里选择了一张木板材质图片来制作木板底纹,通过图层模式来实现底纹效果,具体步骤如下。

Step 01 打开木板图片,如图 7-18 所示。选择移动工具(快捷键 V),将其拖动到导航条上。这里的图片为黑白色,调整起来也比较简单。如果想将彩色图片调成黑白,单击菜单栏中的"图像"|"调整"|"去色"命令即可。按<Ctrl+T>组合键进入编辑模式,调整图片的大小,如图 7-19 所示。

图 7-18 打开素材   图 7-19 编辑素材

Step 02 退出编辑模式后,然后把图层模式改为"叠加",填充改为 50%,如图 7-20 所示。按住<Ctrl>键单击勾勒形状的图层,使其变为选区,按<Ctrl+Shift+I>组合键反选,将其删除,效果如图 7-21 所示。

图 7-20 图层参数   图 7-21 设置图层效果

Step 03 新建一个图层，选择"椭圆选框工具"，在其左侧绘制一个小圆，填充颜色为
#d3c475。确定之后，双击图层打开"图层样式"对话框，勾选"投影"复选
框，设置混合模式为"正片叠底"，颜色参数为#5c5c5c，不透明度为 75%，角
度为 120 度，如图 7-22 所示；勾选"外发光"复选框，参数不变，效果如图 7-
23 所示。

Step 04 新建图层，选择"矩形选框工具"，按住<Ctrl>键单击勾勒形状的图层，使其变
为选区。按住<Alt>键，在上方拖动出矩形选区，使其与之前的选区相减，然后填
充颜色（同样为#d3c475）。按<Ctrl+D>组合键退出选区，效果如图 7-24 所示。

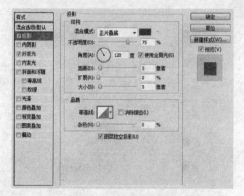

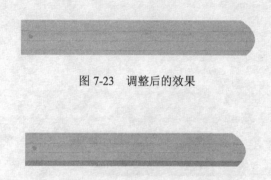

图 7-23　调整后的效果

图 7-22　投影参数

图 7-24　填充颜色后的效果

7.3.3　制作其他木板条

其他木板的制作方法就简单很多，可以采用复制的方式，然后对木板的宽度等进行精
细调整即可完成制作。

Step 01 将刚才绘制创建的图层进行整组。在"图层"面板中，按住<Ctrl>键单击所有图层
（背景图层除外），选择完成后按<Ctrl+G>组合键进行整组。再选择"移动工具"
（快捷键 V），按住<Alt>键拖动木板条，复制出几份，效果如图 7-25 所示。

Step 02 调整复制出来的木板条大小一致，还需要有略微变化。按<Ctrl+T>组合键进入编
辑模式进行调节，效果如图 7-26 所示。

图 7-25　制作其他木板条

图 7-26　调整后的效果

7.3.4 绘制文本

最后输入文本，这里使用的字体是从网上下载的。为了更加美观，还添加了英文文本，具体步骤如下。

Step 01 选择"文本工具"（快捷键 T），选择字体为"文鼎琥珀繁体"，字体大小为 40 点，颜色为#231f20，然后在其后面输入其英文字体，效果如图 7-27 所示。

Step 02 对英文字体进行调整，更换为"文鼎特粗黑简体"，调整字体大小为 35 点，颜色不变，最终效果如图 7-28 所示。

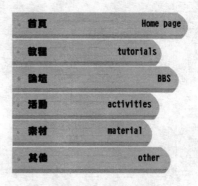

图 7-28 最终效果

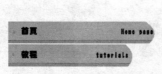

图 7-27 输入文字

7.4 小结

本章主要讲解了制作网站导航条的方法和技巧。由于导航条比较复杂，所以在制作时需要灵活运用各种工具。同时由于导航条一般都会包含链接，或者需要链接到数据库，所以在制作时还要注意导航条的可用性。

7.5 习题与思考

1. 网页的导航条一般分为哪几类？分别有什么特点？
2. 灵活应用选区工具制作各种形状。
3. "正片叠印"样式可以完成什么样的效果？
4. 试制作一个导航条。

第8章 制作网页按钮

网页按钮在页面中一般具有强调或者修饰作用。按钮的设计，可以使页面更加具有活力。网页按钮分为几种，一种是使用文本设计为主的按钮，一种是以图案设计为主的按钮，另外还有综合使用图案和文字的按钮。下面进行详细介绍。

1. 文字为主的按钮

以文字为主的按钮，主要用来完成一个明确的功能，如链接到一个新的页面。下面是一个使用文字为主的按钮的示例，其显示效果如图 8-1 所示。

图 8-1　文字按钮示例

2. 图案为主的按钮

以图案为主的按钮较为生动活泼，但是使用不妥可能造成理解困难，无法达到预期的目的。下面是一个使用图案为主的示例，其显示效果如图 8-2 所示。

3. 图文结合的按钮

在图文结合的按钮中，一般使用文字来指示按钮的作用，使用图案来美化和修饰，使其更具有说服力。下面是一个使用图文结合按钮的示例，其显示效果如图 8-3 所示。

图 8-2　图案按钮示例

图 8-3　图文结合按钮的示例

下面具体讲解网站按钮的制作方法。

8.1　制作文字为主的按钮

本例制作的是一个时尚、简约的文本按钮，制作方法比较简单，主要制作流程为制作背景效果、制作时尚渐变图案、制作文本等。

8.1.1　制作背景

制作背景效果，首先要绘制图形填充颜色，之后再调节图层样式参数，直到满意为止。具体步骤如下。

Step 01　新建一个 500 毫米*200 毫米的图像，定义分辨率为 72 像素/英寸。

Step 02　新建一个图层，选择"圆角矩形工具"（快捷键 U），选择圆角矩形图案样式，绘制图案。

Step 03　选择"魔棒工具"（快捷键 W），在刚才绘制的图像上单击，把它变成选区，之后选择"油漆桶工具"（快捷键 G），填充颜色为#f8e889，如图 8-4 所示。填充之后的效果如图 8-5 所示。

图 8-4　颜色拾取器　　　　　　　　　　图 8-5　填充后的效果

Step 04　双击图层，打开"图层样式"对话框，勾选"投影"复选框，设置混合模式为"正片叠底"，不透明度为 31%，角度为 135 度，距离为 9 像素，扩展为 0%，大小为 13 像素，如图 8-6 所示。勾选"内阴影"复选框，设置混合模式为"线性加深"，颜色参数为#ece6aa，不透明度为 76%，角度为 135%，距离为 5 像素，阻塞为 0%，大小为 5 像素，如图 8-7 所示。

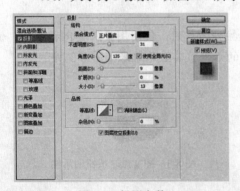
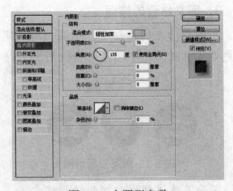

图 8-6　投影参数　　　　　　　　　　图 8-7　内阴影参数

8.1.2　制作时尚渐变图案

为了使背景更加美观，为其添加一个渐变图案效果，这里用到了钢笔工具直接绘制图案，变为选区之后填充颜色、调节图层模式等，具体步骤如下。

Step 01 新建图层，选择"钢笔工具"（快捷键 P），直接在图层上绘制图案，显示效果如图 8-8 所示。

Step 02 按<Ctrl+Enter>组合键，将图案变为选区，填充颜色#ccc97c，如图 8-9 所示。按<Ctrl+D>组合键取消选区。

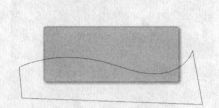

图 8-8　绘制的效果

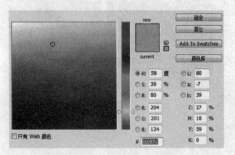

图 8-9　颜色拾取器

Step 03 按住<Ctrl>键单击圆角矩形图层，将其变为选区，如图 8-10 所示。然后回到用钢笔工具绘制图案的图层，按<Ctrl+Shift+I>组合键进行反选，如图 8-11 所示。之后按<Delete>键进行删除。

图 8-10　创建选区

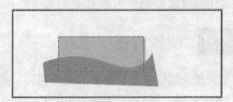

图 8-11　反选选区

Step 04 选择用钢笔工具绘制图案的图层，设置其模式为"线性减淡"，透明度为 50%，如图 8-12 所示。为其再添加一个渐变，单击"图层"面板中的"添加矢量蒙板"按钮，选择"渐变工具"（快捷键 G），渐变类型为 Photoshop 自带的从黑到白的渐变，在图层上进行绘制，直到满意为止。显示效果如图 8-13 所示。

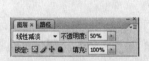

图 8-12　设置图层模式

图 8-13　显示效果

8.1.3　添加文本

添加文本的操作比较简单，主要是选择合适的字体，注意字与字之间的距离和对比即可，具体步骤如下。

Step 01 选择"横排文字工具"（快捷键 T），选择字体为微软雅黑，大小为 72 点，颜色为白色，然后输入文字。

Step 02 白色文字略显单调，选择后面的文字，将其颜色参数改为#ccc97c，如图 8-14 所示。显示效果如图 8-15 所示。

图 8-14　颜色拾取器

图 8-15　添加文字效果

8.2　制作图文结合的按钮

　　本例制作的是图文结合的按钮，构思灵感来源于生活中常见的小留言本。主要制作流程为绘制背景，制作图形及添加文本等。

8.2.1　制作背景

　　背景的制作方法和前面的例子相同，绘制好形状后为其填充颜色即可，具体步骤如下。

Step 01 新建一个 300 毫米*200 毫米的图像，定义分辨率为 72 像素/英寸。新建图层，选择"圆角矩形工具"（快捷键 U），绘制一个圆角矩形，按住<Shift>键可以绘制出正方形。

Step 02 按住<Ctrl>键单击图层，进入选区模式，选择"油漆桶工具"（快捷键 G），选择颜色参数为#c6ede8，进行填充，如图 8-16 所示。

Step 03 为其添加立体感。双击图层，打开"图层样式"对话框，勾选"投影"复选框，设置混合模式为"正片叠底"，不透明度为 31%，角度为 148 度，距离为 5 像素，扩展为 0%，大小为 9 像素，如图 8-17 所示。

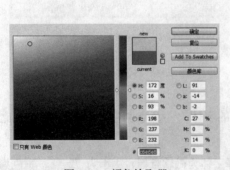

图 8-16　颜色拾取器

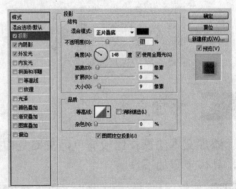

图 8-17　投影参数

Step 04 勾选"内阴影"复选框，设置混合模式为"正常"，颜色为白色，不透明度为57%，角度为148度，距离为7像素，阻塞为0%，大小为8像素，如图8-18所示。

Step 05 勾选"外发光"复选框，设置混合模式为"正常"，不透明度为57%，杂色为0%，颜色为白色，其他参数保持不变，如图8-19所示。

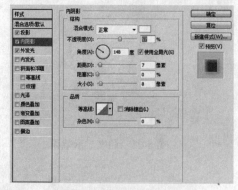

图 8-18　内阴影参数

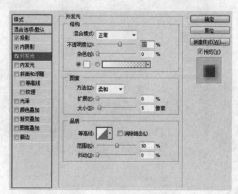

图 8-19　外发光参数

8.2.2　绘制图案

这里绘制的是一个类似动物脚印的图案，也是 Photoshop 自带的图案进行加工，然后调节图层样式，让其更有说服力。具体步骤如下。

Step 01 新建一个图层，选择"自定义形状工具"，找到类似动物脚印的图案进行绘制，如图 8-20 所示。

Step 02 同样的方法，按住<Ctrl>键单击图层，进入选区，再选择"油漆桶工具"（快捷键 G）进行填充，颜色参数为#5ca7ba，如图 8-21 所示。

图 8-20　自定义形状

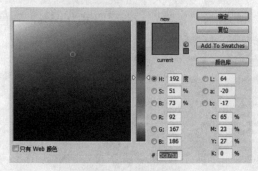

图 8-21　颜色拾取器

Step 03 双击图层，打开"图层样式"对话框，勾选"内阴影"复选框，设置混合模式为"正片叠底"，颜色为黑色，不透明度为24%，角度为148度，距离为5像素，阻塞为0%，大小为5像素，如图8-22所示。其显示效果如图8-23所示。

Step 04 在右上角添加一个小钉子图案。选择"自定义形状工具"，找到小钉子的形状，如图 8-24 所示。再新建一个图层，在其中进行绘制。用同样的方法，按住<Ctrl>

键单击图层，进入选区模式，选择"油漆桶工具"（颜色不变）进行填充，显示效果如图 8-25 所示。

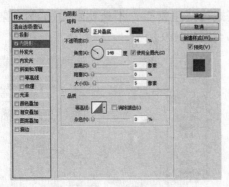

图 8-22　内阴影参数

图 8-23　图案显示效果 1

图 8-24　自定义图形

图 8-25　图案显示效果 2

Step 05 双击图层，打开"图层样式"对话框，勾选"投影"复选框，设置混合模式为"正片叠底"，颜色为黑色，不透明度为 19%，角度为 148 度，距离为 5 像素，扩展为 0%，大小为 5 像素，如图 8-26 所示。勾选"外发光"复选框，设置混合模式为"正常"，不透明度为 65%，杂色为 0%，颜色为白色，如图 8-27 示。

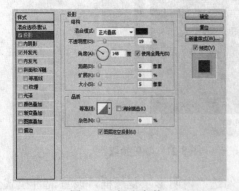

图 8-26　投影参数 1

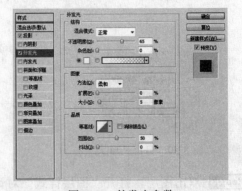

图 8-27　外发光参数

Step 06 新建一个图层，选择"钢笔工具"（快捷键 P），在右下角绘制图形，如图 8-28 所示。绘制完成后，按<Ctrl+Enter>组合键进入选区模式，选择"油漆桶工具"（快捷键 G）进行填充（颜色不变）。填充完成后，按<Ctrl+D>组合键退出选区。

Step 07 在"图层"面板中选中绘制了圆角矩形的图层，选择"魔棒工具"（快捷键 W），在空白处单击进入选区，然后回到用钢笔绘制图形的图层，按<Delete>键删除。按<Ctrl+D>组合键退出选区，最终效果如图 8-29 所示。

图 8-28　绘制的图形

图 8-29　最终效果

Step 08 双击图层，打开"图层样式"对话框，勾选"投影"复选框，设置混合模式为"正片叠底"，颜色为黑色，不透明度为 19%，角度为 148 度，距离为 4 像素，扩展为 0%，大小为 6 像素，如图 8-30 所示。

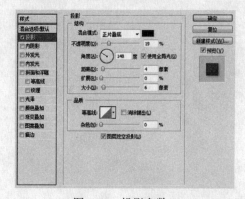

图 8-30　投影参数 2

8.2.3　添加文本

基本效果已制作完成，还需要添加文字说明，具体步骤如下。

选择"文字工具"（快捷键 T），选择字体为楷体，字体大小为 12 点，颜色不变。在其左下角添加文本，最终效果如图 8-31 所示。

图 8-31　最终效果

8.3　小结

　　按钮是网页中最常用也是最灵活的一部分，在每个网页中都使用了大量按钮，所以学会制作各种按钮对于美化网页非常重要。通常网页的按钮都尺寸非常小，所以在制作的时候要注意各种细节，让按钮图案显得更有质感。

8.4　习题与思考

　　1．网页的按钮一般分为哪几种，分别有什么特点？
　　2．如何利用图层样式制作立体效果？
　　3．试制作一个圆形的半透明按钮。

第9章 制作区域框和分隔线

网页中的区域框和分隔线，是指在页面中分隔各个区域的边缘部分。

9.1 制作区域框、分隔线和虚线

在网页中，经常会用到区域框、分隔线和虚线来区分页面中的各部分区域。其制作方法比较简单。下面分别讲解区域框、分隔线和虚线的制作方法。

9.1.1 制作区域框

区域框的制作方法是在 Photoshop CS5 中使用图层样式进行简单操作，相对比较简单，具体步骤如下。

Step 01 新建一个 300 毫米*200 毫米的图像，定义分辨率为 72 像素/英寸，背景色为白色。新建一个图层，选择"椭圆选框工具"（快捷键 M），绘制一个椭圆选区。

Step 02 选择"油漆桶工具"（快捷键 G），选择颜色参数为#f8e889，如图 9-1 所示，进行填充。

Step 03 双击图层，打开"图层样式"对话框，勾选"阴影"复选框，设置混合模式为"正片叠底"，不透明度为 21%，角度为 121 度，尽量为 6 像素，扩展为 0%，大小为 10 像素，如图 9-2 所示。勾选"描边"复选框，大小为 2 像素，颜色为#ccc97c，其他参数不变，如图 9-3 所示。显示效果如图 9-4 所示。

图 9-1 颜色拾取器

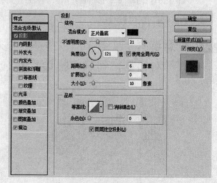

图 9-2 阴影参数

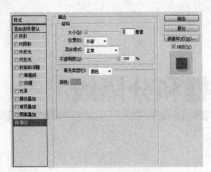

图 9-3　描边参数

图 9-4　显示效果

9.1.2　制作分隔线

制作分隔线的方法相对比较简单。如果制作的分割线为直线，就使用"单行选区工具"制作选区，并填充相应的颜色；如果分隔线较宽，则可以使用选框工具或者形状工具来制作；如果分隔线为不规则图形，可以使用"钢笔工具"制作。

9.1.3　制作虚线

在 Photoshop CS5 中，制作虚线有两种方法，可以使用"样式"面板中自带的样式来制作，也可以使用路径文字的方法制作。下面分别进行讲解。

1．使用样式制作虚线

使用样式制作虚线是比较常用的制作虚线的方法，具体步骤如下。

Step 01 新建一个 300 毫米*250 毫米的图像，定义分辨率为 72 像素/英寸，背景色为白色。新建一个图层，选择"圆角矩形工具"（快捷键 U），在上面绘制图形，为了便于查看，选择"魔棒工具"（快捷键 W），将绘制的圆角矩形图案变成选区。再选择"油漆桶工具"（快捷键 G），为其填充任意一种颜色。填充完成之后，按<Ctrl+D>组合键退出选区。

Step 02 单击菜单栏中的"窗口"|"样式"命令，调出"样式"面板，单击"样式"面板右上角的 　▼ 按钮，在弹出的菜单中选择"虚线笔划"命令，之后就会出现如图 9-5 所示的样式。

Step 03 任意选择一个样式，之后就可以看到图层上面的变化。双击图层，打开"图层样式"对话框，勾选"描边"复选框，设置描边参数，显示效果如图 9-6 所示。

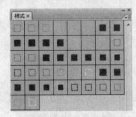

图 9-5　"样式"面板

图 9-6　显示效果 1

2．使用路径文字制作虚线

除了使用 Photoshop CS5 中自带的样式外，还可以使用路径文字的方法制作虚线，具体步骤如下。

Step 01 新建一个 300 毫米*200 毫米的图像，定义分辨率为 72 像素/英寸，背景色为白色。新建一个图层，选择"钢笔工具"，在图层上绘制路径，如图 9-7 所示。

Step 02 选择"文本工具"，选择合适的颜色，在路径的头或者尾位置单击，输入"一"，之后就可以看见符号会绕着其钢笔绘制的路径延伸，显示效果如图 9-8 示。

图 9-7　绘制路径

图 9-8　显示效果 2

使用路径文字制作的虚线会受到所选字体的限制，同时也会受字体大小的限制。

9.2　制作复杂边框

制作复杂边框，主要使用快速蒙板、图层样式、选区等工具，具体步骤如下。

Step 01 打开一张素材图片，这里选用的一张风景图片作为例子。单击工具箱底部的"以快速蒙板模式编辑"按钮 ▣（快捷键 Q）。选择"画笔工具"，选择笔刷为"粉笔 36 像素"，按<F5>键调出"笔刷"面板，选择其他动态选项，让两边更加柔和，再设置主直径为 149px，如图 9-9 所示。

Step 02 直接在图上中间部位涂抹几下，效果如图 9-10 所示。按<Q>键，退出快速蒙板编辑模式。

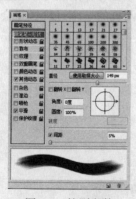

图 9-9　笔刷参数

图 9-10　显示效果

Step 03 选择"矩形选框工具"（快捷键 M），创建矩形选区。在选区内右击，在弹出的快捷菜单中选择"羽化"命令，打开"羽化选区"对话框，设置羽化半径为 8 像素，如图 9-11 所示。按<Ctrl+Shift+I>组合键，执行反选。单击菜单栏中的"滤镜"|"素描"|"半调图案"命令，打开"半调图案"窗口，设置大小为 2，对比度不变，如图 9-12 所示。单击菜单栏中的"滤镜"|"扭曲"|"玻璃"命令，打开"玻璃"窗口，设置扭曲度为 5，平衡度为 3，纹理为磨砂，缩放为 100%，如图 9-13 所示。

图 9-11　羽化参数　　　　　　　　　　　　　图 9-12　半调图案参数

Step 04 按<Delete>键删除多余部分，最终效果如图 9-14 所示。

图 9-13　玻璃参数　　　　　　　　　　　　　图 9-14　最终效果

9.3　小结

　　区域框和分隔线一般用来划分网页的各种区域，通过区域框和分隔线可以让整个网页看起来更有条理。学习区域框和分隔线的过程也是学习划分网页的一个过程。学会合理安排区域框和分隔线，也就学会了网页的布局。

9.4　习题与思考

1．如何在 Photoshop 中制作虚线效果？
2．怎样利用快速蒙板制作选区？
3．选择一个网站的首页，试分析各个区域是如何分隔的。

第10章 制作个人博客页面效果图

在了解了各种页面元素的基本制作方法后，本章将详细讲解使用 Photoshop CS5 制作网页效果图的方法。前面讲解的示例中，使用的素材很少。但是在实际制作中，素材的选择直接决定制作效果。在一个合理的思路之下，灵活地运用素材可以快速完成制作，并实现令人满意的效果。

10.1 大致构架

制作页面大概构架，必须先有大致构思。这里的构架是类似报纸形式的排版结构，在顶部有一个醒目的大标题，下面是树形结构的构图。首先制作构架的几个大色块，之后一步步细分，最终完成各种细节，具体步骤如下。

页面背景选择了简单的灰色，主要目的是突出主题内容。

Step 01 新建一个 600 毫米*900 毫米的图像，定义分辨率为 72 像素/英寸，选择灰色（#2f2f2f）进行填充（快捷键<Alt+Delete>），颜色参数如图 10-1 所示。

Step 02 新建一个图层，选择"圆角矩形工具"（快捷键 U），在顶部绘制一个圆角矩形。绘制完成后选择"魔棒工具"（快捷键 W），单击绘制的图形，让其变成选区，选择颜色参数为#c6ede8，如图 10-2 所示，进行填充。

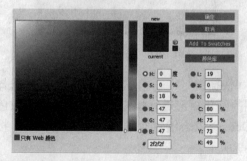

图 10-1　颜色拾取器 1

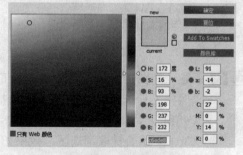

图 10-2　颜色拾取器 2

Step 03 双击图层，打开图层样式"图层样式"对话框，勾选"投影"和"渐变叠加"复选框。其中投影的混合模式为"正片叠底"，不透明度为 40%，角度为 120 度，距离为 9 像素，扩展为 0%，大小为 6 像素，如图 10-3 所示；渐变叠加的混合模式为"柔光"，不透明度为 68%，其他参数不变，如图 10-4 所示。

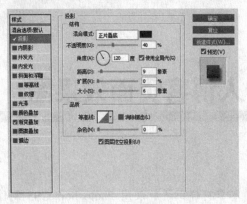

图 10-3　投影参数

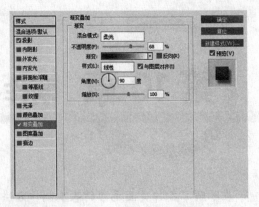

图 10-4　渐变叠加参数

Step 04 按住<Ctrl>键单击该图层，使其变为选区。再新建一个图层，按<D>键，切换为 Photoshop 默认的前景色为黑色、背景色为白色的模式 ■。按<Alt+Delete>组合键进行填充。填充完毕后，按<Ctrl+D>组合键取消选区。

Step 05 单击菜单栏中的"滤镜"|"渲染"|"镜头光晕"命令，打开"镜头光晕"对话框，选择镜头类型为"50-300 毫米变焦"，调节焦点的位置，亮度为 100%，如图 10-5 所示。之后更改图层模式为"叠加"，不透明度为 73%，填充为 90%，如图 10-6 所示，显示效果如图 10-7 所示。

图 10-6　图层模式

图 10-5　镜头光晕参数

图 10-7　镜头光晕效果

Step 06 新建一个图层，选择"圆角矩形工具"（快捷键 U），在其下部绘制图形。选择"魔棒工具"（快捷键 W），选择绘制的圆角矩形进行填充，填充颜色为纯白色（#ffffff），如图 10-8 所示。按<Alt+Delete>组合键进行填充。填充完毕后，按<Ctrl+D>组合键取消选区，效果如图 10-9 所示。

Step 07 新建一个图层，继续选择"圆角矩形工具"，在左下方绘制图形。用同样的方法，选择"魔棒工具"，选择绘制的图形进行填充，颜色为纯黑色。用同样的方法，再新建一个图层，在右侧也绘制图形，填充颜色为#e1e9dc，如图 10-10 所示。绘制完后的效果如图 10-11 所示。

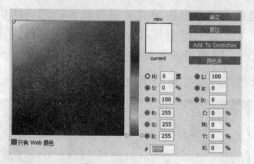

图 10-8　颜色拾取器 3

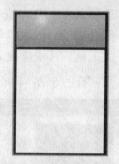

图 10-9　绘制下部图形

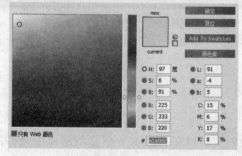

图 10-10　颜色拾取器 4

图 10-11　大致构架

10.2　制作时尚标题

为了突出网页的特点，就要设计视觉冲击力强的标题，让浏览者记忆深刻。接下来绘制醒目标题，这里的构思是以国外知名画家绘制的图片作为素材，把它们有序地拼成"2011"的形状。

制作标题的步骤也很简单，主要工作是前期选择素材，后面只需简单操作即可。这里使用了 13 张图片素材进行制作，具体步骤如下。

Step 01 打开素材图片，如图 10-12 所示。选择"移动工具"（快捷键 V），将素材图片直接拖动至文档中，如图 10-13 所示。

图 10-12　打开素材图片

图 10-13　拖入素材图片

Step 02 选择其中一张，按<Ctrl+T>组合键进入自由变换模式，进行简单的缩小和扩大，配合<Shift>键可以等比例缩小和扩大。调节好后按<Enter>键确认。可以选择"放大工具"（快捷键 Z）调节画面大小，以便于查看和操作，如图 10-14 所示。

Step 03 用同样的方法，构成"2011"的文字效果，如图 10-15 所示。

图 10-14　编辑图案

图 10-15　"2011"的文字效果

10.3　制作博客主头像

制作完标题后，下面制作博客主的头像效果。这里也选择一张素材图片来制作，方法很简单。

制作博客主头像，主要通过调节图层样式即可达到很好的效果，具体步骤如下。

Step 01 打开选择好的素材图片，选择"移动工具"（快捷键 V），将其拖至博客网站文件中，按<Ctrl+T>组合键，进行简单的调节，将其放置到合适的位置。

Step 02 双击图层，打开"图层样式"对话框，勾选"内阴影"和"渐变叠加"复选框。其中，内阴影的混合模式为正片叠底，不透明度为 57%，角度为 120 度，距离为 19 像素，阻塞为 0%，大小为 35 像素，其他参数不变，如图 10-16 所示；渐变叠加的混合模式为"叠加"，不透明度为 10%，其他参数不变，如图 10-17 所示。

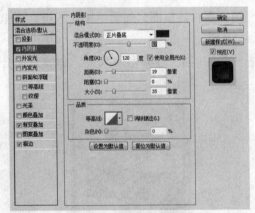

图 10-16　内阴影参数

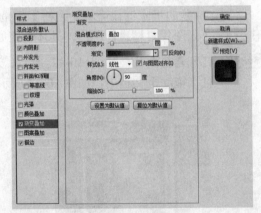

图 10-17　渐变叠加参数

Step 03 勾选"描边"复选框，描边的大小为 10 像素，颜色为黑色，如图 10-18 所示。显示效果如图 10-19 所示。

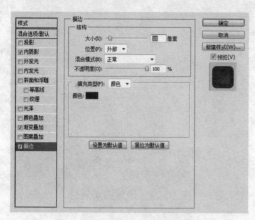

图 10-18　描边参数

图 10-19　博客主头像显示效果

10.4　制作导航菜单

下面制作博客导航菜单栏，选择一种另类的制作方法，用比较简单轻松的形式绘制，使用的也是选区工具、钢笔绘制、图层样式和图层属性等效果工具，具体步骤如下。

Step 01　新建一个图层，选择"矩形选框工具"（快捷键 M），在博客主图像上绘制一个矩形选区，填充纯黑色（快捷键<Ctrl+Delete>），然后按<Ctrl+D>组合键取消选区。显示效果如图 10-20 所示。

Step 02　选择"钢笔工具"（快捷键 P），在其后面绘制如图 10-21 所示的图形，然后按<Ctrl+Enter>组合键转换为选区，按<Delete>键将其删除。

图 10-20　绘制矩形效果

图 10-21　钢笔工具绘制的图案

Step 03　双击图层，打开"图层样式"对话框，勾选"投影"复选框，其中混合模式为"正常"，角度为 100 度，距离为 4 像素，扩展为 0%，大小为 9 像素，然后在"高级混合"选项区设置"填充不透明度"为 50%，参数如图 10-22 所示。在"图层"面板中设置填充为 50%，如图 10-23 所示。

Step 04　选择"文本工具"（快捷键 T），设置字体为文鼎 CS 行楷，大小为 30 点，颜色为白色，其他参数如图 10-24 所示，然后输入文字。显示效果如图 10-25 所示。

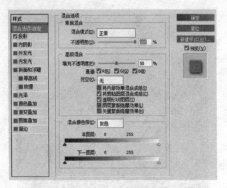

图 10-22　投影参数

图 10-23　设置图层属性

图 10-24　设置文字属性

图 10-25　导航条的显示效果

10.5　制作搜索栏和分隔符

制作博客搜索栏主要是为了便于浏览者查找内容，分隔符用于使网页更加合理有效，使用的也是选区工具、图层属性、图层样式等工具，具体步骤如下。

Step 01　新建一个图层，选择"圆角矩形工具"（快捷键 U），在博客主人头像下方绘制图形。再选择"魔棒工具"（快捷键 W），对绘制的图形填充纯白色，然后按 <Ctrl+D> 组合键取消选区。其效果如图 10-26 所示。

Step 02　双击图层，打开"图层样式"对话框，勾选"内阴影"、"外发光"和"内发光"复选框。其中，内阴影的混合模式为"正片叠底"，不透明度为 56%，角度为 120 度，距离为 14 像素，阻塞为 0%，大小为 16 像素，如图 10-27 所示；外发光和内发光保留默认参数。

图 10-26　绘制的圆角矩形

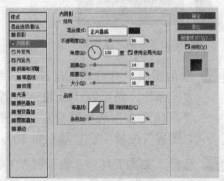

图 10-27　内阴影参数

Step 03 在"图层"面板中设置填充为 80%，如图 10-28 所示。显示效果如图 10-29 所示。

图 10-28 设置图层属性

图 10-29 搜索栏的效果

Step 04 选择"圆形选区工具"（快捷键 M），按住<Shift>键，在搜索栏的后面绘制正圆形。填充颜色为#bf2929，如图 10-30 所示。按<Ctrl+D>组合键取消选区。选择"移动工具"（快捷键 V），按住<Alt>键拖曳，复制出 3 个图案。按<Ctrl+T>组合键，调节其大小和位置。显示效果如图 10-31 所示。

图 10-30 颜色拾取器

图 10-31 绘制的圆形

Step 05 选择"文本工具"，设置字体为楷体，字体大小为 32 点，颜色为红色，如图 10-32 所示，输入文字。返回红色圆的图层，为其添加描边效果。双击图层，打开"图层样式"对话框，勾选"描边"复选框，设置大小为 3 像素，其他参数不变，如图 10-33 所示。

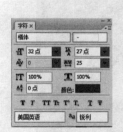

图 10-32 设置文本属性

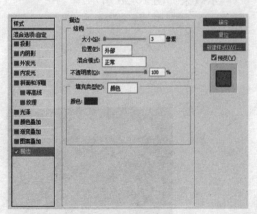

图 10-33 描边参数

Step 06 在搜索栏下面添加分隔符，直接用选区工具制作，然后填充较亮的颜色。新建一个图层，选择"矩形选框工具"（快捷键 M），在适当的位置绘制选区，填充颜色为灰色（#e1e1e1），如图 10-34 所示。显示效果如图 10-35 所示。

图 10-34　颜色拾取器

图 10-35　分隔符效果

10.6　制作分栏文本内容和日志

　　基本制作工作已完成，接下来需要添加分栏内容和日志。方法也很简单，直接选择
"文本工具"，选择好合适的字体进行绘制即可，具体步骤如下。

Step 01 选择"文本工具"（快捷键 T），选择字体"文鼎 CS 行楷"，字体大小为 18
点，颜色为纯白色。字体大小可以根据实际情况自行调节。输入文本内容后的显
示效果如图 10-36 所示。

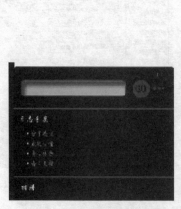

图 10-36　文本效果 1

Step 02 看上去有些单调，下面添加几张图片使效果更丰富。打开素材，选择"移动工
具"（快捷键 V），拖入其中进行调节。按<Ctrl+T>组合键，进行大小和位置的
细微调节，再继续添加文字，效果如图 10-37 所示。

Step 03 同理，为右侧添加日志文本。选择"文本工具"（字体不变），根据画面的比例调节字体大小。再加入几张素材图片，按<Ctrl+T>组合键调节大小和位置，效果如图 10-38 所示。

图 10-37　文本效果 2

图 10-38　文本效果 3

Step 04 最后查看整体效果，如果有必要则继续修改。最终效果如图 10-39 所示。

图 10-39　最终效果

10.7　小结

本章主要讲解了一个博客网站首页效果图的制作过程。通过本章内容的学习，读者可以了解网页效果图制作的完整流程，将之前学过的各种内容融会贯通，并能够将各种理论内容应用于实践。

10.8　习题与思考

1. 简述网站首页效果图的制作流程。
2. 如何划分整个页面的区域？
3. 试完成一个站点首页的制作。

第3篇

Dreamweaver CS5 使用精解

第11章 Dreamweaver CS5 基础

本章详细讲解 Dreamweaver CS5 的基础知识，包括 Dreamweaver CS5 的界面、面板和菜单的简单介绍。熟练掌握软件的各种常用操作，会让整个网页设计工作更加得心应手，其中很多设置可以让操作变得更加简便。

11.1　Dreamweaver CS5 界面介绍

安装了 Dreamweaver CS5 软件后，双击快捷方式图标（或者从 Windows 的"开始"菜单中选择相应选项），运行 Dreamweaver CS5 程序。程序运行后的初始界面效果如图 11-1 所示。

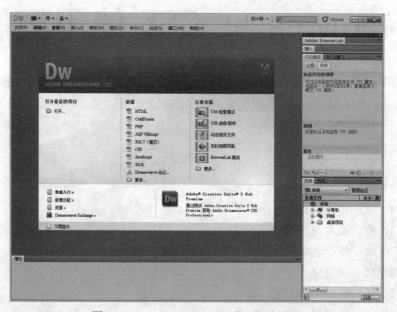

图 11-1　Dreamweaver CS5 默认初始界面

如图 11-1 所示的界面并不是 Dreamweaver CS5 的操作界面，如果要新建页面或者修改原有页面，要进行进一步操作。

如果要新建一个文件，可以单击菜单栏中的"文件"|"新建文件"命令。如果要打开最近的文件，可以在如图 11-1 所示界面的左侧列表中选择文件，还可以通过右侧的本地站点文件打开。通过上述方法，进入 Dreamweaver CS5 的编辑界面，如图 11-2 所示。

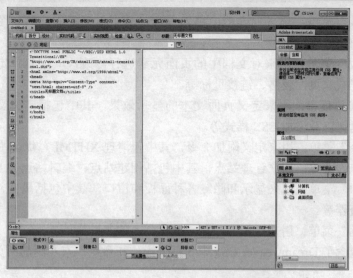

图 11-2 Dreamweaver CS5 的编辑界面

在如图 11-2 所示界面中，包含了 Dreamweaver CS5 的所有菜单和操作面板（其中一些操作面板需要展开才能完全显示）。下面对各种菜单和操作面板进行简单介绍。

11.1.1 标题栏

标题栏很简单，主要用来显示正在编辑页面的所在位置和名称。通过标题栏可以执行"最小化"、"最大化"、"关闭"操作。其显示效果如图 11-3 所示。

图 11-3 标题栏的显示效果

11.1.2 菜单栏

菜单栏中包含了 Dreamweaver CS5 中的大部分命令，包含"文件"、"编辑"、"查看"、"插入"、"修改"、"格式"、"命令"、"站点"、"窗口"、"帮助" 10 个菜单项。菜单栏的显示效果如图 11-4 所示。

图 11-4 菜单栏的显示效果

其中每个菜单项的作用如下。

- "文件"菜单：进行文件相关的操作，其中包括创建文件、保存文件、导入和导出文件等。
- "编辑"菜单：用来编辑文档的内容，其中包括撤销、重作、复制、粘贴、查找、替换等。
- "查看"菜单：用来更改文档窗口的相关显示效果，包括切换"设计"和"代码"视图、显示标尺、显示网络线等。

- "插入"菜单：用来向文档中插入内容，其中包括插入标签、图像、媒体、表单、超级链接等。
- "修改"菜单：用来对文档中的页面元素进行修改，其中包括定义页面属性、CSS 样式、页面表格、链接目标等。
- "格式"菜单：用来定义页面文本的显示效果，其中包括定义文本的缩进、凸出、对齐以及添加 CSS 样式等。
- "命令"菜单：用来定义附加命令，其中包清理 XHTML、优化图像等。
- "站点"菜单：用来管理站点，其中包括创建站点、编辑站点、上传、存回等。
- "窗口"菜单：用来显示和隐藏各种面板和窗口，其中包括属性、CSS 样式、标签检查器等。
- "帮助"菜单：用来显示 Dreamweaver CS5 的帮助文档。

菜单栏中包含了 Dreamweaver CS5 中大部分操作和命令，在实际的网页制作中会经常用到。

11.1.3　文档窗口

文档窗口用来显示当前文档。在文档窗口中可以使用 3 种方式显示文档内容，分别是"设计"视图、"代码"视图、"拆分"视图。

1．"设计"视图

"设计"视图用来进行可视化编辑，实现所见即所得的页面编辑。页面在"设计"视图中的显示效果和在浏览器中的显示效果基本相同（根据所使用的浏览器不同，显示效果会略有差异）。页面在"设计"视图中的显示效果如图 11-5 所示。

图 11-5　"设计"视图的显示效果

2．"代码"视图

"代码"视图用来显示页面内容的 HTML（或 XHTML）代码。在"代码"视图中，可以通过直接编写代码来制作页面。页面在"代码"视图中的显示效果如图 11-6 所示。

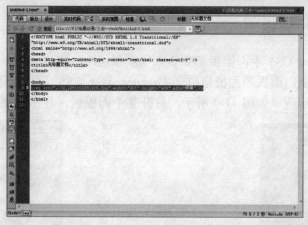

图 11-6 "代码"视图的显示效果

3."拆分"视图

在"拆分"视图中，页面效果和页面代码分开显示。在显示效果窗格中选择部分内容，则相应地在代码窗口选择了部分代码，选中的部分将会反色显示。页面在"拆分"视图中的显示效果如图 11-7 所示。

图 11-7 "拆分"视图的显示效果

在文档窗口，可以通过窗口顶部的按钮定义文档窗口的缩放、最小化和关闭。

11.1.4 "属性"面板

"属性"面板用来定义页面元素或内容的相应属性。选择的元素或者内容不同，"属性"面板中显示的属性也有所区别。选择图像内容后，"属性"面板的显示效果如图 11-8 所示。

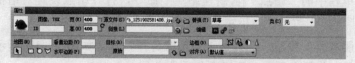

图 11-8 "属性"面板的显示效果

127

11.1.5 面板和面板组

在 Dreamweaver CS5 中，面板都整合到了面板组中，可以通过单击面板的标题来显示和隐藏相应的面板。面板和面板组位于 Dreamweaver CS5 工作界面的右侧。当面板关闭时，面板组的显示效果如图 11-9 所示；打开某个面板后，显示效果如图 11-10 所示。

图 11-9　面板组的显示效果

图 11-10　打开面板的显示效果

11.2　管理站点

一般在制作网页之前需要在本地计算机中创建本地的测试站点。测试完成之后，再上传到 Internet 服务器上。在 Dreamweaver CS5 中，可以方便地构建和管理站点。下面讲解具体的操作方法。

11.2.1 新建站点

在新建站点之前，首先要在磁盘中新建一个站点。新建文件时，可以直接在磁盘中建立，也可以在"文件"面板中建立。

建立站点文件后，就可以新建站点了，具体步骤如下。

Step 01 单击菜单栏中的"站点"|"新建站点"命令，打开站点设置对话框，定义站点名称，如图 11-11 所示。这里定义站点的名称为"示例站点"。

Step 02 单击"服务器"按钮，选择是否使用服务器技术，如图 11-12 所示。由于本书中讲解的是制作静态页面，所以不使用服务器。

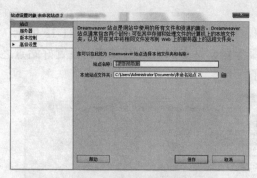

图 11-11 定义站点名称

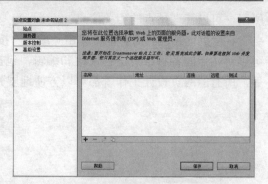

图 11-12 定义使用的服务器

Step 03 单击"版本控制"按钮，选择版本，如图 11-13 所示。

Step 04 单击"高级设置"按钮，选择本地位置，如图 11-14 所示，定义站点链接的相关设置。

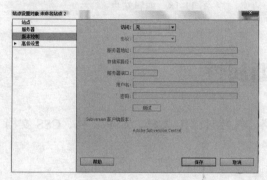

图 11-13 选择版本

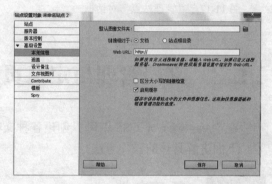

图 11-14 定义连接远程服务器

Step 05 单击"保存"按钮，完成新建站点。新建站点完成后，右侧的"文件"面板中会显示刚才新建的站点，如图 11-15 所示。站点建立之后，还可以使用"资源"面板来显示站点中的资源，如图 11-16 所示。

图 11-15 "文件"面板

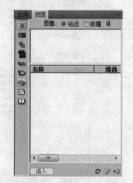

图 11-16 "资源"面板

11.2.2 管理和编辑站点

单击菜单栏中的"站点"|"管理站点"命令，打开"管理站点"对话框，如图 11-17

所示，可以管理站点的相关信息。

在"管理站点"对话框中单击"编辑"按钮，打开站点设置对话框，如图 11-18 所示，可以对站点的各种信息进行修改和编辑，包括服务器、站点的基本设置等。设置好站点之后，所有的网页设计工作就都可以方便地展开了。

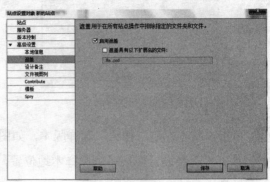

图 11-17　"管理站点"对话框　　　　　　　　　　图 11-18　编辑站点

11.3　文档管理与定义页面属性

在 Dreamweaver CS5 中可以创建各种文档，包括 HTML 文档、ASP 文档、CSS 文档等。下面讲解具体的操作方法。

11.3.1　新建文档

单击菜单栏中的"文件"|"新建"命令，打开"新建文档"对话框，如图 11-19 所示。

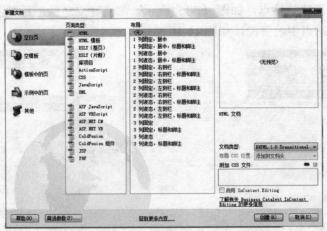

图 11-19　"新建文档"对话框

"新建文档"对话框中包含 5 种页面文档选项，含义分别如下。

- 空白页：没有使用任何模板的页面。
- 空模板：用作模板的页面。

- 模板中的页：基于模板的页面。
- 示例中的页：含有示例布局和样式等的页面。
- 其他。

下面以"空白页"为例，讲解新建文档的方法。选择"空白页"后，还可以选择页面的类型。本书中主要讲解静态页面的制作方法，新建页面时可以选择 HTML 类型（可以选择 HTML 的详细文档类型）。在"布局"列表中可以为页面选择预定的布局。选择某种布局后，在右侧预览区可以看到布局的显示效果如图 11-20 所示。

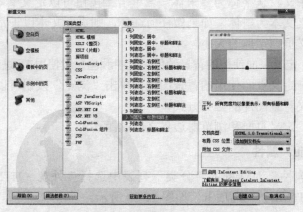

图 11-20　选择页面类型以及布局

单击"创建"按钮，创建一个新的文档，在文档窗口中的显示效果如图 11-21 所示。

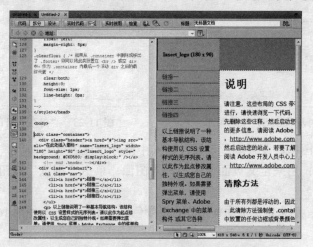

图 11-21　使用预定布局创建的页面

关于创建和使用模板页面的方法，将在后面章节中进行讲解。

11.3.2　定义页面属性

新建文档之后，可以通过定义页面属性的方法，定义页面的显示效果。单击菜单栏中的"修改"|"页面属性"命令，可以打开"页面属性"对话框。在"页面属性"对话框中，可以定义页面的外观、链接、标题、标题/编码、跟踪图像等。下面讲解部分选项中

参数的含义。

1. 外观（CSS）属性

在"页面属性"对话框的"分类"列表中选择"外观（CSS）"选项，显示"外观"选项卡，如图 11-22 所示。

这里可以定义页面文本、背景、显示位置等属性，其中部分选项的意义如下。

- 页面字体：定义页面中文本使用的字体，如果没有选择字体，则使用默认的字体。一般中文默认字体为"宋体"。单击 **B** 按钮可以定义文本为粗体，单击 *I* 按钮可以定义文本为斜体。如未做任何选择，则页面文本以正常方式显示。
- 大小：定义页面字体的大小。
- 背景颜色：定义页面使用的背景颜色。其中颜色一般使用 16 进制的颜色值。
- 背景图像：定义页面使用的背景图像。单击"浏览"按钮可以选择背景图片。
- 重复：定义背景图片的排列方式。
- 边距属性：定义页面和浏览器边界之间的距离。

2. 外观（HTML）属性

- 在"页面属性"对话框的"分类"列表中选择"外观（HTML）"选项，显示"外观（HTML）"选项卡，如图 11-23 所示。

图 11-22　"外观（CSS）"选项卡　　　　图 11-23　"外观（HTML）"选项卡

这里定义背景图像、背景颜色等属性，其中部分选项的意义如下。

- 背景图像：用来定义页面使用的背景图像。单击"浏览"按钮，可选择背景图片所在位置。
- 背景颜色：用来定义页面使用的背景颜色。其中颜色一般使用 16 进制的颜色值。

3. 链接属性

在"页面属性"对话框的"分类"列表中选择"链接（CSS）"选项，显示"链接（CSS）"选项卡，如图 11-24 所示。

这里定义页面链接内容的样式，其中部分选项意义如下。

- 链接字体：定义页面中链接文本使用的字体，如未定义链接的字体，则链接文本将使用普通文本字体。

图 11-24　"链接（CSS）"选项卡

- 大小：定义页面中链接文本字体的大小。
- 链接颜色：定义页面中链接文本的颜色。
- 变换图像链接：定义鼠标指针经过时，链接文本的颜色。
- 已访问链接：定义访问后，链接文本的颜色。
- 活动链接：定义激活后，链接文本的颜色。
- 下划线样式：定义页面中链接文本是否显示下划线。

4．标题属性

在"页面属性"对话框的"分类"列表中选择"标题（CSS）"选项，显示"标题（CSS）"选项卡，如图 11-25 所示。

这里可以定义页面中各种标题的显示样式，对应的页面 HTML 代码为<h1>、<h2>、<h3>、<h4>、<h5>、<h6>等 6 个标题标签。

5．标题/编码属性

在"页面属性"对话框的"分类"列表中选择"标题/编码"选项，显示"标题/编码"选项卡，如图 11-26 所示。

图 11-25　"标题（CSS）"选项卡

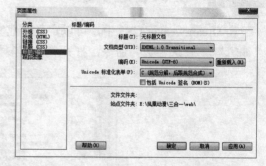

图 11-26　"标题/编码"选项卡

这里可以定义页面的标题（页面标题一般显示在浏览器的标题栏中），其中主要选项的意义如下。

- 标题：定义页面的标题。
- 文档类型：定义页面文档类型的版本。
- 编码：定义页面中字符的编码（设置正确的编码，可以确保页面在浏览器中正常显示）。

11.3.3　保存和显示文档

单击菜单栏中的"文件"|"另存为"命令，打开"另存为"对话框，如图 11-27 所示。

在"另存为"对话框中，可以定义文档的名称，也可以选择保存文档的类型。单击"保存类型"下拉列表，从中选择需要保存的文档类型。

保存后的文档，可以在浏览器中预览。单击菜单栏中的"文件"|"在浏览器中预览"命令，可以打开浏览器选择下拉菜单，在下拉菜单中显示的是操作系统中当前安装的浏览器。

选择 IE 浏览器后，页面的显示效果如图 11-28 所示。

图 11-27　"另存为"对话框

图 11-28　页面在浏览器中的显示效果

除了使用以上的方法预览页面以外，也可以使用快捷键<F12>预览页面。

11.3.4　定义首选参数

在 Dreamweaver CS5 中，可以定义新建文档和显示文档的首选参数。单击菜单栏中的"编辑"|"首选参数"命令，打开"首选参数"对话框，如图 11-29 所示。

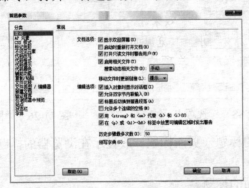

图 11-29　"首选参数"对话框

在"首选参数"对话框中，可以定义文档的标记颜色、新建文档参数、布局模式等，其中，"验证程序"和"在浏览器中预览"选项卡如图 11-30 和图 11-31 所示。

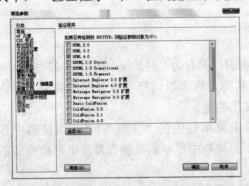

图 11-30　"验证程序"选项卡

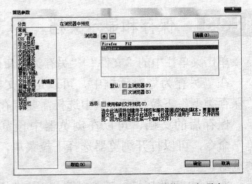

图 11-31　"在浏览器中预览"选项卡

11.4 小结

本章主要讲解了 Dreamweaver CS5 的基础知识，包括界面和各个分栏的简介，以及各种基本操作等知识。通过本章的学习，读者可以对 Dreamweaver CS5 软件有一个初步了解，这些面板、分栏以及操作的在后面章节中会经常用到，所以需要熟练掌握。

11.5 习题与思考

1. Dreamweaver 有哪几种视图模式？（　　　）

A. "代码"视图　　　　B. "设计"视图　　　　C. "拆分"视图　　　　D. "普通"视图

2. 在 Dreamweaver 中可以创建哪些网页？（　　　）

A. HTML 页面　　　　B. CSS 页面　　　　C. 动画页面　　　　D. 库项目

3. 在 Dreamweaver 中定义页面属性时，可以定义哪些内容？（　　　）

A. 外观（CSS）属性　　　　　　　　　　B. 链接属性

C. 标题属性　　　　　　　　　　　　　　D. 图像属性

4. 在页面属性中外观（CSS）属性都可以定义_____、_____、_____、_____、_____、_____等效果。

5. 使用快捷键_____可以预览页面。

6. 在菜单栏的"编辑"菜单项中可以完成_____、_____、_____、_____、_____、_____等操作。

7. Dreamweaver CS5 中的常用面板有哪些？

第12章 使用表格

表格是用来在页面中显示表格式数据的元素，很多网页设计人员使用表格进行页面布局。本章详细讲解使用表格进行页面布局的方法。

12.1 表格的基础知识

一般表格是由很多行或列组成的，其中每个格子称为"单元格"。表格的显示由边框、内边距和单元格边距构成。按照表格的组成，内容元素中定义的样式将覆盖外部元素中定义的样式。

在文档窗口中，边框为 0 的表格一般会以双虚线的形式显示，如图 12-1 所示。在浏览器中，边框为 0 的表格不会显示边线，效果如图 12-2 所示。

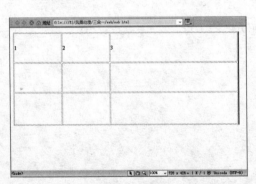

图 12-1　边框为 0 的表格在文档窗口中的显示效果

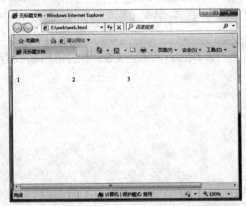

图 12-2　边框为 0 的表格在浏览器中的显示效果

另外，表格之间可以互相嵌套。

12.2 创建表格

单击菜单栏中的"插入"|"表格"命令，打开"表格"对话框，如图 12-3 所示。其中主要参数的意义如下。

- 行数和列：定义表格行和列的数目。
- 表格宽度：定义表格的宽度。如果使用百分比宽度，则显示的宽度将参照父元素的宽度。
- 边框粗细：定义表格边框的宽度。
- 单元格边距：定义单元格内容与边框之间的距离。
- 单元格间距：定义单元格之间的距离。
- 标题：定义表格的表头，可以选择如图12-3所示的3种形式。
- 辅助功能：在辅助功能中，可以定义表格的标题、标题的对齐方式以及标题的注释。

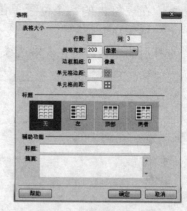

图 12-3   "表格"对话框

在以上各参数中，"辅助功能"中的"摘要"内容一般不显示。页眉单元格中的文本内容一般以粗体显示。例如，定义如图12-4所示的参数，表格的显示效果如图12-5所示。

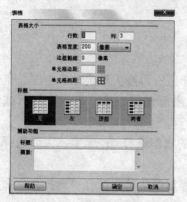

图 12-4   "表格"对话框

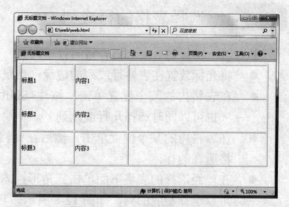

图 12-5   插入表格的显示效果

12.3   选择表格

选取表格是对表格进行进一步操作的基础，包括选择整个表格、选择行或列、选择单元格。下面分别讲解具体操作方法。

12.3.1   选择整个表格

执行以下操作之一来选择整个表格。
- 单击表格的边框。
- 在表格内的任意位置单击，然后在文档窗口的底部选择<table>元素，如图 12-6 所示。
- 拖曳鼠标，从表格的起始位置拖曳到结束位置。

- 在表格内的某个位置单击，然后单击菜单栏中的"修改"|"表格"|"选择表格"命令。

选择后的表格，将在表格边缘显示黑色的选择线，如图 12-7 所示。

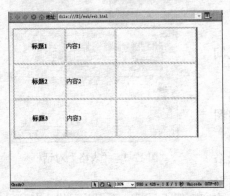

图 12-6　文档窗口中显示的标签

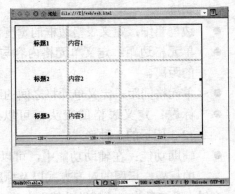

图 12-7　选择表格后的显示效果

12.3.2　选择表格的行或列

执行以下操作之一来选择表格的行或列。

- 将光标放置在表格行或列的边缘，当鼠标指针显示为箭头形状时单击。
- 在表格内的某个位置单击，按住<Shift>键单击所选的表格，可以选择行或者列（也可以同时选择几行或几列）。
- 在表格内的某个位置单击，然后在文档窗口的底部选择<tr>元素，可以选择单元格所在的行。
- 在已经选择的表格下面单击三角形标志，在弹出的菜单中选择"选择列"命令，可以选择相应的列，如图 12-8 所示。

选择表格的行或列后，表格的显示效果如图 12-9 所示。

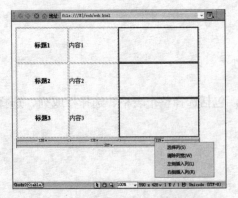

图 12-8　通过三角按钮选择列

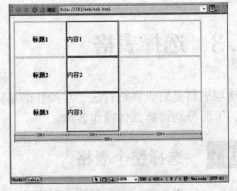

图 12-9　选择列后的效果

12.3.3　选择单元格

执行以下操作之一来选择表格的单元格。

- 直接在目标单元格中单击，选择单个单元格。
- 按住<Ctrl>键，单击要选择的单元格，可以选择不相邻的多个单元格。
- 在表格中的某个位置单击，然后在文档窗口的底部选择<td>元素。

选择表格的单元格后，显示效果如图 12-10 所示。

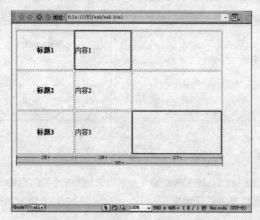

图 12-10　选择单元格后的显示效果

12.4　定义表格属性

表格属性包括表格的整体属性、行或列的属性和单元格的属性。

12.4.1　表格的整体属性

选择表格后，在"属性"面板中会显示相应的属性。根据选择的内容不同，"属性"面板的参数也有所区别。选择整个表格时，"属性"面板的显示效果如图 12-11 所示。

图 12-11　表格"属性"面板

其中主要参数的意义如下。

- 行和列：用来更改表格行或列的数目。
- 填充：定义表格内容和表格边线之间的距离。
- 间距：定义表格单元格之间的距离。
- 对齐：定义表格内容的水平对齐方式。
- 类：定义表格使用的类（主要用来定义元素使用的 CSS 样式）。
- 边框：定义边框的宽度。

下面通过示例讲解填充属性和间距属性的显示效果。

1. 填充属性

定义表格的填充属性后，表格单元格的内容与单元格的边线之间将分隔开一定距离。如果内容不能充满整个表格，则内容将与相应的边框分隔开一定距离。表格定义填充属性前后的显示效果如图 12-12 和图 12-13 所示。

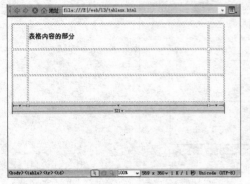

图 12-12　定义填充属性前的显示效果

图 12-13　定义填充属性后的显示效果

2. 间距属性

定义表格的间距属性后，表格单元格之间将分隔开一定距离。表格定义填充属性前后的显示效果如图 12-14 和图 12-15 所示。

图 12-14　定义间距属性前的显示效果

图 12-15　定义间距属性后的显示效果

12.4.2　表格的行、列或单元格属性

选择表格行、列或单元格后，"属性"面板的显示效果如图 12-16 所示。

图 12-16　表格行、列或单元格的"属性"面板

其中部分参数的意义如下。

- 格式：使用预先定义好的标题、段落等格式。
- 类：定义表格元素使用的 CSS 样式。

- **B** 和 **I**：定义相应表格内容的字体为加粗或倾斜。
- 水平和垂直：定义表格内容的对齐方式。
- 宽和高：定义单元格的宽度和高度。
- 不换行：强制表格内的文本同行显示。

下面通过示例讲解部分属性的显示效果。

1．水平和垂直属性

水平属性包含 4 个可选项，分别是默认、左对齐、居中对齐、右对齐。垂直属性包含 5 个可选项，分别是默认、顶端、居中、底部、基线。其中，水平属性的默认值是左对齐，垂直属性的默认值是居中对齐。表格定义水平和垂直属性前后的显示效果如图 12-17 和图 12-18 所示。

图 12-17　对齐属性默认值的显示效果　　　　图 12-18　定义对齐属性后的显示效果

2．不换行属性

定义不换行属性后，即使对单元格定义了宽度，单元格内的文本依然会单行显示。表格中定义不换行属性前后的显示效果如图 12-19 和图 12-20 所示。

图 12-19　定义不换行属性前的显示效果　　　　图 12-20　定义不换行属性后的显示效果

12.5　处理表格内部元素

处理表格内部元素是指对表格中的行、列或者单元格进行处理，包括添加或删除行和列、拆分和合并单元格、处理表格的元素等。

12.5.1　添加或删除行和列

添加或删除行和列是控制表格显示效果的最基本操作，通过这两个操作可以更改表格整体的显示效果。

1．添加行和列

选择单元格，执行下列操作之一，添加行或列。

- 单击菜单栏中的"修改"|"表格"|"插入行"或者"修改"|"表格"|"插入列"命令，插入行或列。此时将在所选单元格的上面添加一行，列将添加在所选单元格的左侧。单击菜单栏中的"修改"|"表格"|"插入行或列"命令，可以打开"插入行或列"的对话框，选择插入多行或多列。

- 右击，在弹出的快捷菜单中选择"插入行"、"插入列"、"插入行或列"命令，添加行或列。

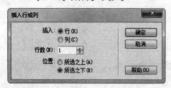

图 12-21　"插入行或列"对话框

- 在选择的列下面单击三角形标志，在弹出的菜单中选择"左侧插入列"或"右侧插入列"命令，可以添加列。

以上三种方法均可以打开"插入行或列"对话框如图 12-21 所示。

2．删除行和列

执行下列操作之一，删除行或列。

- 单击要删除的行或列中的一个单元格，单击菜单栏中的"修改"|"表格"|"删除行"或者"修改"|"表格"|"删除列"命令，删除所选的行或列。

- 选择要删除的行或列中的一个单元格，右击，在弹出的快捷菜单中选择"删除行"或者"删除列"命令，删除所选的行或列。

- 选择行或列，也可以同时选择多行或多列，按<Delete>键，删除所选的行或列。

3．使用"属性"面板添加或删除行或列

可以通过更改"属性"面板中的"行"或"列"参数来添加或删除行或列。更改参数后，将在表格的右侧添加或删除列；在表格的底部添加或删除行。

12.5.2　合并和拆分单元格

合并和拆分单元格可以对表格进行更精细的划分，通过这两个操作，可以使表格中数据的显示方式更加多样化。

1．合并单元格的条件

合并单元格的意义就是将几个单元格合并成一个，所以所选的单元格必须能够相邻成行或者列，或者能够排列在一起成一个完整的矩形。如果几个单元格排列得不规则，或不相邻，则不能执行合并单元格操作。

2．合并单元格

选择可以合并的单元格，执行下列操作之一，即可进行合并单元格。

- 单击菜单栏中的"修改"|"表格"|"合并单元格"命令，合并所选的单元格。
- 右击，在弹出的快捷菜单中选择"合并单元格"命令，合并所选的单元格。
- 单击"属性"面板中的"合并所选单元格，使用跨度"按钮 ，合并所选的单元格。

单元格合并后，其中的内容也会合并。下面是合并前后的单元格，其显示效果分别如图 12-22 和图 12-23 所示。

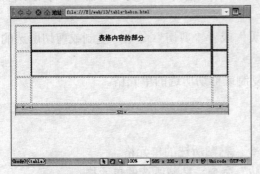 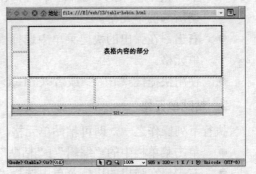

图 12-22　单元格合并前的显示效果　　　　图 12-23　单元格合并后的显示效果

3．拆分单元格

单击要拆分的单元格，执行下列操作之一，即可拆分单元格。

- 单击菜单栏中的"修改"|"表格"|"拆分单元格"命令，在打开的"拆分单元格"对话框中定义参数，拆分单元格。
- 右击，在弹出的快捷菜单中选择"拆分单元格"选项，在打开的"拆分单元格"对话框中定义参数，拆分单元格。
- 单击"属性"面板中的"拆分单元格为行或列"按钮 ，拆分所选的单元格。

图 12-24　"拆分单元格"对话框

以上三种方法均可以打开"拆分单元格"对话框如图 12-24 所示。在该对话框中可以定义拆分的行或列的数目。拆分前后的单元格，其显示效果分别如图 12-25 和图 12-26 所示。

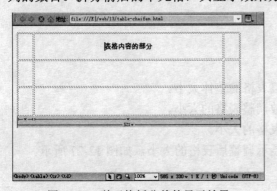 

图 12-25　单元格拆分前的显示效果　　　　图 12-26　单元格拆分后的显示效果

12.5.3　处理表格元素

处理表格元素包括复制或剪切表格、粘贴单元格、删除单元格等。通过相应的操作，可以方便地制作更多的表格和重复的表格内容。

1．复制或剪切表格

与合并单元格类似，只有相邻的、排列方式为矩形的单元格才能够复制和剪切。

选择可以复制或剪切的单元格，执行下列操作之一，即可复制或剪切单元格。

- 单击菜单栏中的"编辑"｜"拷贝"命令或者"编辑"｜"剪切"命令，复制或剪切所选的单元格。
- 右击，在弹出的快捷菜单中选择"拷贝"或者"剪切"命令，复制或剪切所选的单元格。
- 使用快捷键<Ctrl+C>或者<Ctrl+X>，复制或剪切所选的单元格。

2．粘贴单元格

执行下列操作之一，即可粘贴单元格。

- 单击菜单栏中的"编辑"｜"粘贴"命令，粘贴所选的单元格。
- 右击，在弹出的快捷菜单中选择"粘贴"命令，粘贴所选的单元格。
- 使用快捷键<Ctrl+V>，粘贴所选的单元格。

如果要将复制的表格粘贴到表格中，被粘贴处的单元格必须和所复制的表格结构相同，否则无法粘贴。如果在表格之外粘贴，则会新建一个和所复制结构相同的表格。

3．删除单元格

在 Dreamweaver 中，没有直接删除单元格的命令。选择单元格，按<Delete>键可以删除表格中的内容，但不能删除单元格。

12.6　调整表格的大小

调整表格的大小包括调整表格的整体大小、调整表格行或列的大小和调整单元格大小三个部分。

12.6.1　调整表格的整体大小

选择表格，执行下列操作之一，即可调整表格的整体大小。

- 在表格的"属性"面板中，更改参数调整表格的大小。
- 使用鼠标拖动表格边缘的选框调整表格的大小。

在拖动选框调整表格大小时，会以虚线显示调整后表格的大小，如图 12-27 所示。

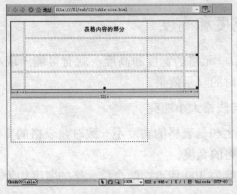

图 12-27　拖动选框调整表格大小的显示效果

在调整表格整体大小时，如果没有定义表格内单元格的大小，则单元格会按照拖放的比例更改大小。如果只有某个单元格定义了大小，当调整表格大小时，只要表格的大小不小于单元格，则该单元格大小不变。如果每个单元格都定义了大小，则调整时，每个单元格按照定义的比例调整各自的大小。

12.6.2　调整表格行或列的大小

选择表格中要调整的行或列，执行下列操作之一，即可调整表格行或列的大小。

● 在表格"属性"面板中，通过更改参数调整表格行或列的大小。

● 使用鼠标拖动表格边缘的选框调整表格行或列的大小。

根据所要调整的行或列的位置不同，以及所要调整的效果不同，具体的调整方法也有所区别。下面进行详细讲解。

1．保持表格大小不变

保持表格宽度不变，可以通过拖动表格单元格的边线来更改列或行的大小，同时其他行或列也会相应地受到影响。

2．只更改一列或行的大小

按住<Shift>键，同时拖动选定行或列的边线，则可以只更改选定的行或列，此时，整体表格的大小将会受到影响。

12.6.3　清除宽度和高度

在调整表格大小时，如果要重新定义表格的宽度或高度，可以清除已经定义的宽度和高度。选择表格，执行下列操作之一，即可清除表格的宽度或高度。

● 单击菜单栏中的"修改"|"表格"|"清除单元格宽度"或者"修改"|"表格"|"清除单元格高度"命令。

● 在"属性"面板中，单击"清除列宽"按钮 🔲 清除单元格宽度，单击"清除行高"按钮 🔟 按钮清除单元格高度。

● 单击表格底部的三角形，在弹出的菜单中选择"清除所有宽度"或者"清除所有高度"命令。

12.6.4　冲突的宽度和高度

如果同时定义了表格/单元格的宽度和高度，就有可能出现高度和宽度冲突的情况。下面讲解高度和宽度冲突时的显示效果。

1．单元格大小之和与表格大小冲突

当定义的单元格宽度之和与表格的宽度不一致时，表格的宽度会保持不变，而单元格的宽度是按照比例分配表格的宽度。

例如，定义表格的宽度为 300 像素，两个单元格的宽度均为 200 像素，最终表格的显示效果如图 12-28 所示。

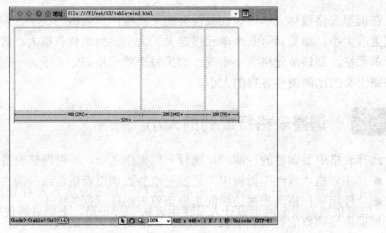

图 12-28　表格的显示效果

在图 12-28 中，表格底部显示的数字为定义的表格和单元格的宽度，括号内的数字是单元格实际的显示宽度。可以看到，虽然单元格的宽度之和大于表格的宽度，但表格的宽度并没有改变。

当定义的单元格高度之和与表格的高度不一致时，表格的高度会保持和单元格的高度之和一致。

2．单元格宽度或高度冲突

在表格中，同行的单元格，要保持相同的高度。如果两个单元格定义的高度不同，则最后的高度将使用高度较大的单元格的高度。

同列的单元格，要保持相同的宽度。如果两个单元格定义的宽度不同，则最后的宽度将使用宽度较大的单元格的宽度。

12.7　嵌套的表格

在表格中需要添加嵌套表格的地方单击，然后单击菜单栏中的"插入记录"|"表格"命令，即可插入嵌套的表格。嵌套表格的显示效果如图 12-29 所示。

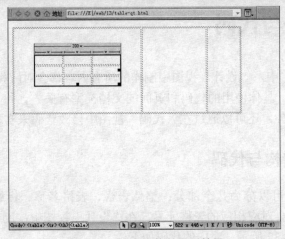

图 12-29　嵌套表格的显示效果

　　嵌套表格的大小要受到包含它的单元格的影响。即使为嵌套表格定义了大于单元格的大小，表格依然不能超过所定义的单元格的大小。

12.8　使用表格布局

　　使用表格对网页进行布局，并不是推荐的布局方法（推荐使用 CSS 样式进行布局），但是依然有很多网页设计人员使用表格进行布局。下面讲解使用表格布局的方法。

　　在 Dreamweaver 中，表格有两种显示模式：标准模式和扩展模式。在这两种模式下，表格的显示效果会有所区别。

　　单击菜单栏中的"查看"|"表格模式"命令，在"表格模式"下拉菜单中可以进行两种模式之间的切换。表格在标准模式下的显示效果如图 12-30 所示。在标准模式下，表格的显示效果和在浏览器中的显示效果比较接近。表格在扩展模式下的显示效果如图 12-31 所示。在扩展模式下，可以方便地了解表格的嵌套关系。

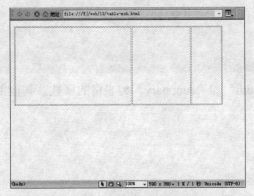

图 12-30　标准模式的显示效果

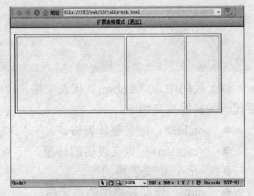

图 12-31　扩展模式的显示效果

　　表格的标准模式和扩展模式并没有本质的差别，只是在显示效果上有所不同。

12.9　表格与代码

在 Dreamweaver 中，"设计"视图中制作的所有内容都会对应相应的 XHTML 代码（或者 HTML 代码，具体使用的代码和页面的文档类型有关）。除了在"设计"视图中更改表格的各种属性外，还可以通过在"代码"视图中修改代码来实现对表格的编辑。

12.9.1　表格结构与代码

如前所述，表格可以分为几个部分：整体表格、表格名称、标题、行或列、单元格等。不同的表格部分会对应相应的表格元素。在"设计"视图中，制作一个两行两列的表格，显示效果如图 12-32 所示，对应的代码如下。

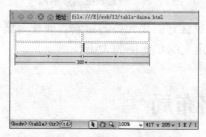

图 12-32　两行两列的表格

```
<table width="300" summary="摘要">
  <caption>
    表格标题
  </caption>
  <tr>
    <td> </td>
    <td> </td>
  </tr>
  <tr>
    <td> </td>
    <td> </td>
  </tr>
</table>
```

以上代码中，" "代表空格，"width"和"summary"为表格的属性。其他主要代码元素的意义如下。

- <table>：定义整体表格。
- <caption>：定义表格的标题。
- <tr>：定义表格的行。
- <td>：定义表格中的单元格。

在代码中，每个表格元素都要有相应的结束元素。结束元素一般是在元素标记 "<"后添加符号"/"。如果定义单元格为表格头（对应"属性"面板中的"标题"选项），则要使用<th>元素。

12.9.2 表格属性与代码

在"设计"视图中，表格"属性"面板中的每个属性（如宽度、边框等）都对应相应的代码。在"设计"视图中制作一个表格，其显示效果如图 12-33 所示。这个表格对应的代码如下。

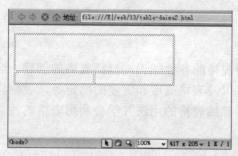

图 12-33 "设计"视图中的表格

```
<table width="300" border="0">
 <tr>
  <th height="67" colspan="2" scope="row"> </th>
 </tr>
 <tr>
  <th scope="row"> </th>
  <td> </td>
 </tr>
</table>
```

以上代码中，包含了表格中的大部分属性。在 XHTML 中，元素的属性都写在元素的起始标记中，属性格式如下。

属性="属性值"

表格中常用属性的意义如下。
- width：定义表格或者单元格的宽度，值为长度。
- height：定义表格、行或者单元格的高度，值为长度。
- border：定义表格或者单元格边框的宽度，值为长度。
- bordercolor：定义表格、行或者单元格边框的颜色，值为颜色。
- bgcolor：定义表格、行或者单元格的背景颜色，值为颜色。
- cellpadding：定义单元格的填充属性，值为长度。
- cellspacing：定义单元格的间距属性，值为长度。
- background 属性：定义表格、行或者单元格使用的背景图像，值为路径。
- align：定义表格、行或者单元格的水平对齐属性，值为"left"、"center"或"right"。
- valign：定义表格、行或者单元格的垂直对齐属性，值为"top"、"middle"、"bottom"或"baseline"。
- colspan：合并列属性，值为数字。

● rowspan：合并行属性，值为数字。
● summary：定义表格的摘要，其内容在页面中不显示。
编辑表格的所有操作都可以通过更改代码中的相应属性值来完成。

12.10　小结

本章主要讲解了使用表格的各种知识，包括表格的创建、选择等。比较重要的是调整表格的大小、拆分表格以及表格高度和宽度的确定等。表格作为显示数据的元素，在网页中会经常用到，需要熟练表格的用法并学会利用表格的特点对网页内容的显示进行调整。

12.11　习题与思考

1. 以下哪种方式可以选择表格？（　　　）

A．单击表格的边框

B．在表格内的任意位置单击，然后在文档窗口的底部选择<table>元素

C．使用鼠标，将表格的起始位置拖曳到结束位置

D．在表格内的某个位置单击

2. 表格含有下列哪些属性？（　　　）

A．行和列属性　　　　　B．填充属性　　　　　C．间距属性　　　　　D．对齐属性

3. 在 Dreamweaver 中，对单元格可以进行哪些操作？（　　　）

A．合并单元格　　　　　　　　　　　　B．删除一列

C．调整单元格大小　　　　　　　　　　D．分离某个单元格

4. 创建表格的时候，可以选择表格的_____、_____、_____、_____、_____、_____等效果。

5. 通过表格的填充属性可以让表格_____。

6. 表格行的宽度由_____决定。

7. 当表格单元格定义的宽度之和大于表格宽度的时候，表格的宽度由谁决定？

8. 删除某一行之后，这行表格会不会消失？

9. 表格有哪几种模式？各自有什么特点？

第13章 文本与图像

文本与图像是网页用来传递信息的主要方式。合理使用文本和图像，可以使页面信息更加简洁和有条理。下面讲解添加文本、图像以及对文本和图像进行编辑的方法。

13.1 插入文本

在 Dreamweaver 中插入文本的方法有直接输入文本、复制/粘贴文本、从其他文档中导入文本等。下面详细讲解插入文本的方法。

13.1.1 设置复制/粘贴参数

在 Dreamweaver 中，可以通过定义首选参数的方法，定义复制/粘贴文本效果。

单击菜单栏中的"编辑"|"首选参数"命令，打开"首选参数"对话框，在左侧"分类"列表框中选择"复制/粘贴"选项，显示"复制/粘贴"选项卡，如图 13-1 所示。

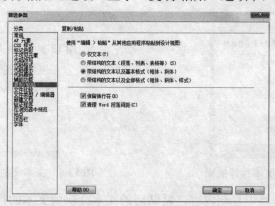

图 13-1　定义复制/粘贴参数

在"复制/粘贴"选项卡中选择要使用的格式，然后单击"确定"按钮，完成"首选参数"的定义。

> **注意**　该首选参数只是定义从其他程序中复制文本到 Dreamweaver 的"设计"视图中的参数。

13.1.2　输入或复制/粘贴文本

在网页中添加文本内容时，可以采取直接输入的方法，此时要注意 Dreamweaver 中对输入特殊符号（如换行符、空格等）的处理方式。除了直接输入文本外，大多数情况下都是由其他文件（如 Word 文档、其他网页）中复制到页面中。粘贴后的文本通常会改变原来文档中的显示效果。其中具体内容如下。

1．输入换行符和空格

在页面的"设计"视图中直接输入文本，当文本超过父元素宽度时会自动换行。如果使用<Enter>键换行，换行后的文本会分隔开一段距离。两种换行的显示效果如图 13-2 所示。

如果要取消换行后文本内容之间的间隔，可以使用快捷键<Shift+Enter>进行换行。在 Dreamweaver 中无法直接输入连续的空格。如果要输入连续的空格，可使用<Shift+Ctrl+空格>组合键。

2．复制/粘贴文本

复制/粘贴文本根据复制文本所在的程序不同，最终效果也会有所区别。下面分别进行讲解。

（1）从记事本等文本文档中复制内容，粘贴后的文本会保留换行格式，但是会忽略文本文档中的空格以及加粗等样式。下面是一个复制/粘贴文本文档内容的示例。文本文档中的内容如图 13-3 所示，粘贴后的显示效果如图 13-4 所示。

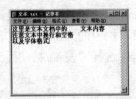

图 13-3　文本文档的显示效果

图 13-2　两种文本换行效果

图 13-4　文本文档粘贴后的显示效果

（2）从 Word 文档中复制内容，粘贴后的文本会保留文本的样式、空格，但是会更改 Word 文档中的换行。下面是一个复制/粘贴 Word 文档内容的示例。Word 文档中的内容如图 13-5 所示，粘贴后的显示效果如图 13-6 所示。

（3）从网页中复制内容，粘贴后的文本会保留相关的元素、空格、换行等。下面是一个复制/粘贴网页内容的示例。网页内容的显示效果如图 13-7 所示，粘贴后的显示效果如图 13-8 所示。

图 13-5 Word 文档的显示效果

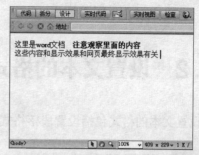

图 13-6 Word 文档粘贴后的显示效果

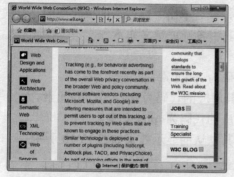

图 13-7 网页的显示效果

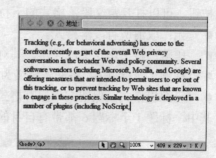

图 13-8 网页内容粘贴后的显示效果

13.1.3 导入 Word 或者 Excel 文本

执行以下操作之一，可导入 Word 或者 Excel 文本。

Step 01 单击菜单栏中的"文件"|"导入"|"Word 文档"或者"文件"|"导入"|"Excel 文档"命令，打开"导入文档"对话框，如图 13-9 所示。

Step 02 选择 Word 文档，在"格式化"下拉列表中选择插入内容的格式，其中每个选项的含义如下。

● 仅文本：将插入的文档改为纯文本格式，取消文本自身的格式。

图 13-9 "导入 Word 文档"对话框

● 带结构的文本：插入时保留文本的段落、列表、表格等结构，但不保留文本定义的基本格式，如加粗、倾斜等。

- 文本、结构、基本格式：保留段落、列表、表格等结构，同时将基本格式，如加粗、倾斜等，转换成基本的 XHTML 代码。
- 文本、结构、全部格式：保留文本结构，将格式转换基本的 XHTML 代码，同时添加相应的 CSS 样式。

13.2　设置文本的格式

设置文本的格式包括设置段落格式、标题、对齐、缩进、修饰以及列表等。

13.2.1　设置段落格式

单击菜单栏中的"文本"|"段落格式"命令，或者单击"属性"面板底部的"格式"下拉按钮，可以打开定义段落格式的下拉菜单。其中各选项意义如下。

- 无：取消所有段落格式。
- 段落：将文本定义成段落，其对应的代码为<p>元素。
- 标题 1 至标题 6：将文本定义为标题，其对应的代码为<h1>至<h6>元素。
- 已编辑格式：保留文本原有格式，其对应的代码为<pre>元素。

其中，标题 1 至标题 6 都带有自身的格式，其默认的显示效果如图 13-10 所示。

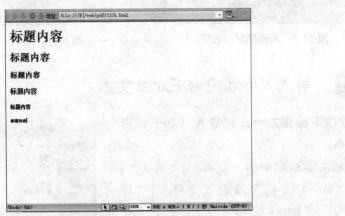

图 13-10　标题 1 至标题 6 的显示效果

13.2.2　对齐和缩进文本

对齐和缩进文本是排版中常用的操作。合理地对齐和缩进文本，可以使文本的显示更加合理和清晰，便于浏览者阅读。

1．对齐文本

执行以下操作之一，即可对齐文本。

- 选择文本内容，单击菜单栏中的"文本"|"对齐"命令，在文本对齐下拉菜单中选择相应的对齐选项。

- 在文本所在的父元素中定义"水平"属性。
- 使用"属性"面板中的对齐按钮 ▤ ▤ ▤ ▤ 对齐文本。4 个按钮从左至右分别为"左对齐"、"居中对齐"、"右对齐"、"两端对齐"。

其中，网页中并不支持"两端对齐"，如果定义了"两端对齐"，则会使用默认的"左对齐"方式对齐文本。

2. 缩进文本

选择文本，使用"属性"面板中的"文本缩进"按钮 ▤ 定义文本的缩进。缩进文本的显示效果如图 13-11 所示。

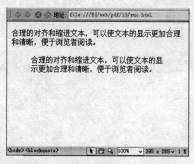

图 13-11　缩进文本的显示效果

13.2.3　使用水平分隔线

单击菜单栏中的"插入记录"|"HTML"|"水平线"命令，制作水平分隔线，其显示效果如图 13-12 所示。

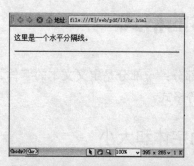

图 13-12　水平分隔线的显示效果

选择水平分隔线，可以显示水平分隔线的"属性"面板，如图 13-13 所示。

图 13-13　水平分隔线的"属性"面板

在水平分隔线的"属性"面板中，可以定义水平线的宽度、高度、对齐和阴影等效果。其中，"阴影"复选框用于定义水平线是否带有阴影效果。使用阴影效果时，水平线的颜色会加深。

13.3 定义列表

图 13-14 项目列表的显示效果

在 Dreamweaver 中，可以定义三种列表：项目列表、编号列表定义列表。下面详细讲解定义列表的方法。

单击菜单栏中的"格式"|"列表"命令，在下拉菜单中选择相应的选项定义列表。其中，项目列表的显示效果如图 13-14 所示，编号列表的显示效果如图 13-15 所示，定义列表的显示效果如图 13-16 所示。

图 13-15 编号列表的显示效果

图 13-16 定义列表的显示效果

如果要进一步更改列表的显示效果，要使用 CSS 样式进行定义。关于 CSS 样式的使用，将在后面章节中详细讲解。

13.4 定义文本的格式

定义文本的格式包括两部分：一部分是定义文本的字体、大小、颜色等属性；另一部分是定义文本的加粗、倾斜等格式。

13.4.1 定义文本的字体和大小

执行以下操作之一，可选择"字体"选项。

- 单击菜单栏中的"格式"|"字体"命令，打开"字体"下拉菜单，选择文本使用的字体。
- 在"属性"面板中单击"字体"下拉按钮，可以打开"字体"下拉菜单。

在"字体"下拉菜单中，显示了当前可以使用的字体。如果要使用其他字体，可以选择"编辑字体列表"选项，打开"编辑字体列表"对话框，将可以使用的字体添加到列表之中，如图 13-17 所示。在"编辑字体列表"对话框中，选择可用

图 13-17 "编辑字体列表"对话框

字体,单击⟨⟨按钮添加字体;也可以选择字体列表中的字体,单击⟩⟩按钮移除字体。

在"属性"面板中,选择"大小"下拉列表中的选项,可以设置字体大小。除了使用菜单中可以选择的字体大小外,也可以在选框中直接输入数字定义字体大小。

13.4.2 定义文本的颜色

执行以下操作之一,可以更改文本的颜色。

- 单击菜单栏中的"文本"|"颜色"命令,打开"颜色"对话框,如图 13-18 所示,可以选择字体使用的颜色。
- 在"属性"面板中,单击色块按钮,可以打开字体颜色菜单,直接选择字体颜色即可。

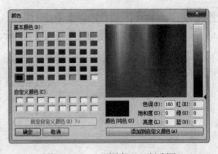

图 13-18 "颜色"对话框

13.4.3 定义文本的格式

执行以下操作之一,可以更改文本的格式。

- 选择文本内容,单击"属性"面板中的"粗体" **B** 按钮可以定义文本为粗体,单击"斜体"按钮 *I* 可以定义文本为斜体,如图 13-19 所示。

图 13-19 "属性"面板

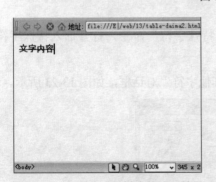

图 13-20 "删除线"样式的显示效果

- 单击菜单栏中的"文本"|"样式"命令,在"样式"下拉菜单中可以定义文本使用的样式。除粗体和斜体外,还可以定义下划线、删除线等格式。

为文本定义"删除线"样式,显示效果如图 13-20 所示。

13.5 插入日期和字符

在 Dreamweaver 中,可以方便地在页面中插入日期和特殊字符。

13.5.1　插入日期

在页面中插入日期的方法如下。

Step 01 单击菜单栏中的"插入记录"|"日期"命令,打开"插入日期"对话框,如图 13-21 所示。

Step 02 在"插入日期"对话框中,可以定义插入的日期中是否显示星期等格式。插入日期的显示效果如图 13-22 所示。

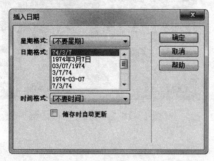

图 13-21　"插入日期"对话框　　　　　图 13-22　插入日期的显示效果

> **注意**　插入的日期为本地计算机上的系统时间。

13.5.2　插入特殊字符

在页面中插入特殊字符的方法如下。

Step 01 单击菜单栏中的"插入记录"|"HTML"|"特殊字符"命令,打开插入特殊字符下拉菜单,选择相应的选项。

Step 02 如果选择"其他字符"选项,则打开"插入其他字符"对话框,如图 13-23 所示。

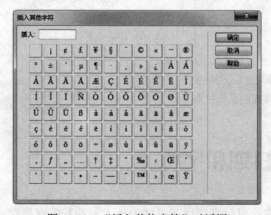

图 13-23　"插入其他字符"对话框

13.6　使用图像

使用图像包括插入图像、插入图像占位符、定义图像的属性、定义背景图像等内容。

13.6.1　插入图像

在页面中插入图像的方法如下。

Step 01 执行以下操作之一，可插入图像。
- 单击菜单栏中的"插入记录"|"图像"命令。
- 将图像从外部拖曳到文档中。
- 从"文件"窗口拖曳到文档中。

执行以上操作之一后，打开"选择图像源文件"对话框，如图 13-24 所示。

Step 02 在"选择图像源文件"对话框中，选择要插入的图像，单击"确定"按钮，可以将图像插入到文挡中。如果图像文件位于建立的站点之外，会弹出提示框，如图 13-25 所示。

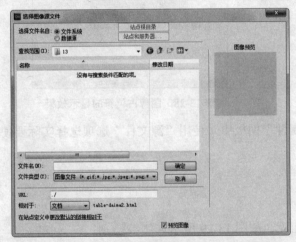

图 13-24　"选择图像源文件"对话框

图 13-25　插入图像提示框

Step 03 单击"是"按钮，可以将文件保存在站点的相应位置；单击"否"按钮，则图像位置不变；单击"取消"按钮，取消图像的插入。

Step 04 单击"是"按钮，并保存文件后，打开"图像标签辅助功能属性"对话框，如图 13-26 所示，可以定义替换文本和详细说明（替换文本和详细说明都不会在页面中显示）。单击"确定"按钮，完成图像的插入。

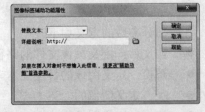

图 13-26　"图像标签辅助功能属性"对话框

13.6.2　插入图像占位符

图像占位符是用来代替实际图片的符号。单击菜单栏中的"插入记录"|"图像对象"|"图像占位符"命令，打开"图像占位符"对话框，如图 13-27 所示。其中各选项的意义如下。

- 名称：显示在占位符上的文本。
- 宽度和高度：定义占位符的大小。
- 颜色：定义占位符的颜色。
- 替换文本：用来代替图像的文本。

定义占位符的名称为"mc"，并设置好占位符的大小、颜色和替换文本。定义好占位符后的显示效果如图 13-28 所示。

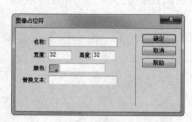

图 13-27　"图像占位符"对话框

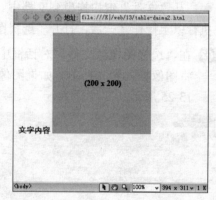

图 13-28　图像占位符的显示效果

定义好图像占位符后，在图像的"属性"面板中，使用"源文件"选项选择实际要使用的图像替换图像占位符。

13.6.3　定义图像的属性

选择图像，会显示图像的"属性"面板，如图 13-29 所示。

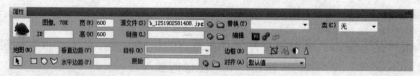

图 13-29　图像"属性"面板

其中部分参数的意义如下。

- 源文件：定义图像文件的路径。
- 替换：定义图像的替换文本。
- 类：定义图像的 CSS 样式。
- 边框：定义图像的边框。
- 对齐：定义图像的对齐方式。
- 垂直边距、水平边距：定义图像和父元素边框之间的距离。

图像的其他属性将在后面章节中讲解。下面讲解对齐属性和垂直、水平边距属性。

1. 对齐属性

单击"对齐"下拉按钮，打开对齐选项下拉菜单，其中各选项意义如下。

- 默认值：默认值和使用的浏览器有关，一般为基线对齐。
- 基线：图像底部与文本内容的基线对齐。
- 顶端：图像顶部与同行中最高的顶端对齐。
- 居中：图像的中部与当前行的基线对齐。
- 底部：图像的底部与同行内容的底部对齐。
- 文本上方：图像顶部与文本行的顶部对齐。
- 绝对居中：图像的中部与文本行的中部对齐。
- 绝对底部：图像的底部与文本行的底部对齐。
- 左对齐：图像放置在左侧。
- 右对齐：图像放置在右侧。

如果图像定义为左对齐或右对齐，然后在图像后面输入文本，则文本内容将会环绕在图像的右侧和底部。其显示效果如图 13-30 所示。

2. 垂直、水平边距属性

设置垂直、水平边距属性，图像会和周围的内容分隔开一定的距离，如图 13-31 所示。

图 13-30　对齐属性的显示效果　　　　　图 13-31　边距属性的显示效果

13.6.4　定义背景图像

在前面的章节中，使用背景图像有两种情况：一种是在页面属性中使用了背景图像；另一种是在表格中使用了背景图像。下面讲解定义背景图像的方法。

1. 定义页面的背景

单击菜单栏中的"修改"|"页面属性"命令，打开"页面属性"对话框，选择"外观"选项，如图 13-32 所示。可以定义使用的背景图像，还可以定义图像的重复方式。可以选择的重复方式及含义如下。

- 不重复：背景图像显示在页面的左上角。
- 重复：背景图像以页面左上角为基准，重复排列。
- 横向重复：背景图像以页面左上角为基准，横向重复排列。
- 纵向重复：背景图像以页面左上角为基准，纵向重复排列。

图 13-32　"页面属性"对话框

在页面背景中，定义重复属性为"横向重复"时，页面的显示效果如图 13-33 所示。

2．定义表格的背景图像

和页面的背景图像不同，表格的背景图像不能定义重复属性，默认会以重复方式排列。下面是在表格中定义背景图像的示例，其显示效果如图 13-34 所示。

图 13-33　背景图像重复的显示效果

图 13-34　表格背景的显示效果

　在表格中，背景的显示要依赖表格定义的大小。

13.7　小结

本章主要讲解了文本和图像元素，这两种元素是网页中最常用的元素，也是网页内容的重点。其中，文本的显示方式是本章的难点，学会合理使用文本，可以让网页的显示更加合理，同时也可以让信息的传达更容易。图像元素相对文字比较简单，也是网页设计中一个非常重要的部分，所以也需要重点掌握。

13.8　习题与思考

1．从 Word 文档中复制到 Dreamweaver 中的文字，会（　　　）。

A．保持原有的文字大小和样式

B．取消所有的原有样式

C．受到原有文档的影响，但是不会完全按照原有文档显示

D．随机显示文字

2．如果想保留文字原有的换行等格式，应该使用哪个元素？（　　）

A．<p>　　　　　　　B．<h>　　　　　　　C．<pre>　　　　　　D．<table>

3．文字的格式包括哪几个方面？（　　）

A．文字的字体和大小　　　　　　　　B．文字的颜色

C．文字的格式　　　　　　　　　　　D．文字的背景

4．图像包括哪几个方面的属性？（　　）

A．对齐属性　　　　B．边距属性　　　　C．边框属性　　　　D．类属性

5．文本段落的格式包括_____、_____。

6．列表分为_____、_____、_____3 类。

7．执行_____命令可以插入日期。

8．图像占位符的作用是什么？

9．水平分隔线有宽度和高度吗？

10．将图像定义为背景和直接插入图像的差别是什么？

第14章 使用表单

表单的作用是获取用户输入的信息，或者响应用户相应的操作。用户可以在表单中添加文本、文件以及使用按钮提交信息等。

14.1 创建表单

创建表单的方法如下。

Step 01 在"设计"视图中选择要添加表单的位置。

Step 02 单击菜单栏中的"插入"｜"表单"｜"表单"命令，打开"表单"栏，添加表单。

Step 03 在表单"属性"面板中定义相关参数，如图 14-1 所示。其中主要参数的意义如下。

图 14-1 表单"属性"面板

- 表单 ID：定义表单的名称。
- 动作：指定处理表单使用的程序或者文件。
- 目标：指定表单返回数据的显示窗口。和超级链接一样，目标有 4 个参数，分别为"_blank"、"_parent"、"_self"、"_top"。
- 类：用来定义表单使用的 CSS 样式。
- 方法：定义表单数据传输的方式，分为"GET"和"POST"。使用"GET"方法，可以将传输的数据附加在 URL 的后面。其显示效果为"http://localhost/us/form.html?text=abcd"。使用"POST"方法，可以隐藏传输的数据。

图 14-2 表单的显示效果

- 编码类型：用来定义提交数据时的编码类型。

定义完表单之后，"设计"视图中的显示效果如图 14-2 所示。

Step 04 单击菜单栏中的"插入"|"表单"命令，在子菜单中选择"文本域"、"复选框"等表单对象。添加文本和表单内容后，页面的显示效果如图 14-3 所示。

表单内容在浏览器中的显示效果和在 Dreamweaver 的"设计"视图中的显示效果略有不同。其在浏览器中的显示效果如图 14-4 所示。

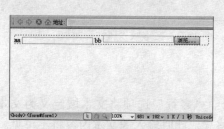

图 14-3　表单对象的显示效果

图 14-4　表单在浏览器中的显示效果

从图·14-4 可以看出，表单的红色虚线框在浏览器中并不显示。

14.2　创建表单对象并定义相关属性

表单对象包括"文本域"、"按钮"、"单选按钮"、"复选框"、"文件域"、"隐藏域"、"图像域"、"列表/菜单域"、"文本区域"等。

14.2.1　创建文本域

文本域用来添加文本、数字、字母等内容，具体制作方法如下。

Step 01 在"设计"视图中的表单元素中选择插入表单对象的位置。

Step 02 单击菜单栏中的"插入"|"表单"|"文本域"命令，打开"输入标签辅助功能属性"对话框，如图 14-5 所示。其中主要参数的意义如下。

- ID：定义表单对象的唯一标识。
- 标签：定义表单对象中显示的文本。
- 样式：定义表单对象中的样式。
- 位置：定义表单对象的显示位置。
- 访问键：定义选择表单对象的快捷键。
- Tab 键索引：定义使用<Tab>键选择表单对象的顺序。

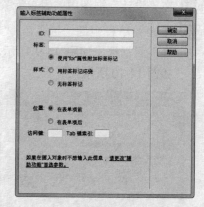

图 14-5　"输入标签辅助功能属性"对话框

创建的文本域显示效果如图 14-6 所示。

Step 03 在文本域"属性"面板中定义相关参数，如图 14-7 所示。其中主要参数的意义如下。

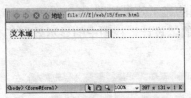

图 14-6 文本域的显示效果

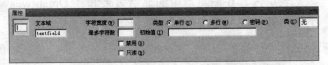

图 14-7 文本域"属性"面板

- 文本域：定义文本域的唯一标识。
- 字符宽度：定义文本域的宽度。
- 类型："单行"选项定义文本单行显示；"多行"选项将文本域定义为文本区域；"密码"选项定义输入文本为密码格式，此时输入的文本内容将不可见。
- 类：定义文本域的 CSS 样式。

图 14-8 文本域在浏览器中的显示效果

- 最多字符数：定义文本域中显示输入字符的数目。如果最多字符数大于字符宽度，输入的文本将滚动显示。
- 初始值：定义文本域最初显示的值。

在文本域"属性"面板中，无法定义单行文本域的高度（关于进一步定义表单的显示效果，将在后面章节中讲解）。定义文本域的属性后，文本域在浏览器中的显示效果如图 14-8 所示。

14.2.2 创建按钮

按钮用来提交表单中的数据、重设表单等操作，具体制作方法如下。

Step 01 在"设计"视图中的表单元素中选择插入表单对象的位置。

Step 02 单击菜单栏中的"插入"|"表单"|"按钮"命令，打开"输入标签辅助功能属性"对话框，如图 14-9 所示，定义表单对象的辅助功能。创建后的按钮显示效果如图 14-10 所示。

图 14-9 "输入标签辅助功能属性"对话框

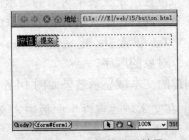

图 14-10 按钮的显示效果

Step 03 在按钮"属性"面板中定义相关参数，如图 14-11 所示。其中主要参数的意义如下。

- 按钮名称：定义按钮的唯一标识。
- 值：定义按钮上显示的文字。
- 动作：定义按钮的类别。"提交表单"表示提交表单中的输入数据；"无"表示使用其他脚本等定义按钮的行为；"重设表单"表示清空表单中输入的数据。
- 类：定义文本域的 CSS 样式。

在按钮"属性"面板中无法定义按钮的高度和宽度。定义按钮的属性后，按钮在浏览器中的显示效果如图 14-12 所示。

图 14-11 按钮"属性"面板

图 14-12 按钮在浏览器中的显示效果

14.2.3 单选按钮

单选按钮用来在一组可选项中选择一个选项，具体制作方法如下。

Step 01 在"设计"视图中的表单元素中选择插入表单对象的位置。

Step 02 单击菜单栏中的"插入"|"表单"|"单选按钮"或者"插入"|"表单"|"单选按钮组"命令。选择创建单选按钮时，打开"输入标签辅助功能属性"对话框，如图 14-13 所示。其中，"ID"选项定义按钮的唯一标识，"标签"选项定义单选按钮显示的文本。

在"输入标签辅助功能属性"对话框中定义表单对象的辅助功能。创建后的单选按钮的显示效果如图 14-14 所示。

图 14-13 "输入标签辅助功能属性"对话框

图 14-14 单选按钮显示效果

Step 03 在单选按钮"属性"面板中定义相关参数，如图 14-15 所示。其中主要参数的意义如下。

- 单选按钮：定义单选按钮的唯一标识。
- 选定值：定义单选按钮的值。
- 初始状态：定义单选按钮在操作之前的状态。"已勾选"表示定义单选按钮初始状态为已选定；"未选中"表示定义单选按钮初始状态为未选定。
- 类：定义单选按钮的 CSS 样式。

在单选按钮"属性"面板中无法定义单选按钮的高度和宽度等。定义单选按钮的属性后，单选按钮在浏览器中的显示效果如图 14-16 所示。

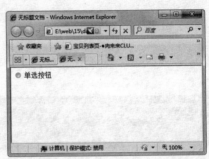

图 14-15　单选按钮"属性"面板　　　图 14-16　单选按钮在浏览器中的显示效果

14.2.4　复选框

复选框用来在一组可选项中选择多个选项，具体制作方法如下。

Step 01 在"设计"视图中的表单元素中选择插入表单对象的位置。

Step 02 单击菜单栏中的"插入"|"表单"|"复选框"命令，打开"输入标签辅助功能属性"对话框，定义表单对象的辅助功能。创建后的复选框显示效果如图 14-17 所示。

Step 03 在复选框"属性"面板中定义相关参数，如图 14-18 所示。

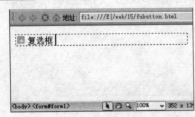

图 14-17　复选框的显示效果　　　　图 14-18　复选框"属性"面板

复选框"属性"面板中，主要参数的意义如下。

- 复选框名称：定义复选框的唯一标识。
- 选定值：定义复选框的值。
- 初始状态：定义复选框在操作之前的状态。"已勾选"表示定义复选框初始状态为已选定；"未选中"表示定义复选框初始状态为未选定。

● 类：定义复选框的 CSS 样式。

在复选框"属性"面板中无法定义复选框的高度和宽度等。定义复选框的属性后，复选框在浏览器中的显示效果如图 14-19 所示。

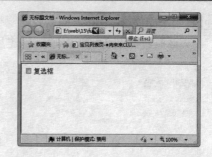

图 14-19 复选框在浏览器中的显示效果

14.2.5 文件域

文件域用来选择计算机上的文件并上传到服务器中，具体制作方法如下。

Step 01 在"设计"视图的表单元素中选择插入表单对象的位置。

Step 02 单击菜单栏中的"插入"|"表单"|"文件域"命令，打开"输入标签辅助功能属性"对话框，定义表单对象的辅助功能。创建后的文件域显示效果如图 14-20 所示。

Step 03 在文件域"属性"面板中定义相关参数，如图 14-21 所示。其中主要参数意义如下。

图 14-20 文件域的显示效果

图 14-21 文件域"属性"面板

● 文件域名称：定义文件域的唯一标识。

图 14-22 文件域在浏览器中的显示效果

● 字符宽度：定义文件域的宽度。

● 最多字符数：定义文件域中显示输入字符的数目。如果最多字符数大于字符宽度，输入的文本将滚动显示。

● 类：定义文件域的 CSS 样式。

在文件域"属性"面板中无法定义文件域的高度等。定义文件域的属性后，文件域在浏览器中的显示效果如图 14-22 所示。

14.2.6 图像域

在图像域中，用图像作为按钮的图标，完成和按钮类似的功能，具体制作方法如下。

Step 01 在"设计"视图中的表单元素中选择插入表单对象的位置。

Step 02 单击菜单栏中的"插入"|"表单"|"图像域"命令，打开"选择图像源文件"对话框，如图 14-23 所示。创建后的图像域显示效果如图 14-24 所示。

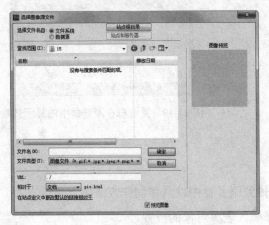

图 14-23 "选择图像源文件"对话框

图 14-24 图像域的显示效果

Step 03 在图像域"属性"面板中定义相关参数，如图 14-25 所示。其中主要参数意义如下。

- 图像区域：定义图像域的唯一标识。
- 源文件：定义图像域使用的图像文件。
- 对齐：定义图像域的对齐方式，其可选的属性有"默认值"、"顶端"、"居中"、"底部"、"左对齐"、"右对齐"。
- 类：定义文件域的 CSS 样式。
- 替换：定义代替图像的文本。
- 编辑图像：用来选择相应软件编辑图像（在 Dreamweaver CS 中，使用的是 Photoshop）。

在图像域"属性"面板中无法定义图像域的高度、宽度等。定义图像域的属性后，图像域在浏览器中的显示效果如图 14-26 所示。

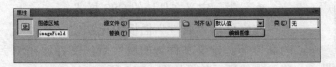

图 14-25 图像域"属性"面板

图 14-26 图像域在浏览器中的显示效果

14.2.7 列表/菜单

列表/菜单用来提供用户可选择的列表，用户可以在列表中选择一个或若干个选项，具体制作方法如下。

Step 01 在"设计"视图中的表单元素中选择插入表单对象的位置。

Step 02 单击菜单栏中的"插入"|"表单"|"选择（列表/菜单）"命令，打开"输入标签辅助功能属性"对话框，定义表单对象的辅助功能。创建后的列表/菜单显示效果如图14-27所示。

Step 03 在列表/菜单"属性"面板中定义相关参数，如图14-28所示。如果选择类型为"列表"，则此时可以使用"高度"和"选定范围"选项。

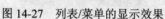

图14-27 列表/菜单的显示效果

图14-28 列表/菜单"属性"面板

列表/菜单"属性"面板中的主要参数意义如下。

● 选择：定义列表/菜单的唯一标识。
● 类型：定义是列表还是菜单。
● 高度：如果选择类型为"列表"，使用"高度"选项，定义列表显示的高度。
● 列表值：定义列表的内容，单击该按钮后打开"列表值"对话框，如图14-29所示。
● 选定范围：定义列表选项能否多选。
● 初始化时选定：定义初始化时选定的列表值。
● 类：定义文件域的CSS样式。

在列表/菜单"属性"面板中，无法定义列表/菜单的高度、宽度等。定义列表/菜单的属性后，列表/菜单在浏览器中的显示效果如图14-30所示。

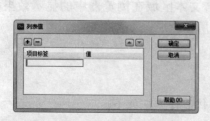

图14-29 "列表值"对话框

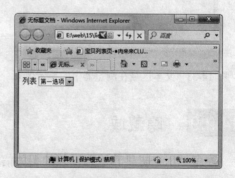

图14-30 列表/菜单在浏览器中的显示效果

14.2.8 文本区域

文本区域用来提供用户输入文本内容的区域，具体制作方法如下。

Step 01 在"设计"视图中的表单元素中选择插入表单对象的位置。

Step 02 单击菜单栏中的"插入"|"表单"|"文本区域"命令，打开"输入标签辅助功能属性"对话框，定义表单对象的辅助功能。创建后的文本区域显示效果如图 14-31 所示。

Step 03 在文本区域"属性"面板中定义相关参数，如图 14-32 所示。其中主要参数意义如下。

图 14-31　文本区域的显示效果

图 14-32　文本区域"属性"面板

- 文本域：定义文本区域的唯一标识。
- 字符宽度：定义文本区域的显示宽度。
- 类型：如果选择类型为"单行"或"密码"，则与"文本域"表单对象相同。
- 行数：定义文本区域的高度。
- 换行：定义文本区域中的内容是否换行。选择"默认"或"无"选项时，文本内容不换行，当输入的内容大于文本区域定义的宽度时，文本滚动显示。选择"虚拟"选项时，文本自动换行，当提交内容时忽略换行。选择"虚拟"选项时，文本自动换行，当提交内容时，换行显示效果也一起提交。
- 初始值：定义首次载入页面时文本区域中显示的文本。
- 类：定义文本区域的 CSS 样式。

图 14-33　文本区域在浏览器中的显示效果

在文本区域"属性"面板中，无法定义文本区域的背景等属性。定义文本区域的属性后，文本区域在浏览器中的显示效果如图 14-33 所示。

14.2.9　隐藏域

隐藏域用来提供其输入以外的相关信息，其具体制作方法如下。

Step 01 在"设计"视图中的表单元素中选择插入表单对象的位置。

Step 02 单击菜单栏中的"插入"|"表单"|"隐藏域"命令，打开"输入标签辅助功能属性"对话框，定义表单对象的辅助功能。创建后的隐藏域显示效果如图 14-34 所示。

Step 03 在隐藏域"属性"面板中定义相关参数，如图 14-35 所示。其中主要参数意义如下。

- 隐藏区域：定义隐藏域的唯一标识。
- 值：定义隐藏域的值。

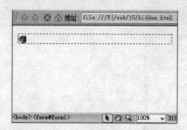

图 14-34 隐藏域的显示效果 　　　　　图 14-35 隐藏域"属性"面板

 隐藏域在浏览器中不显示。

14.2.10 跳转菜单

跳转菜单实现跳转到某个页面的功能，具体制作方法如下。

Step 01 在"设计"视图中的表单元素中选择插入表单对象的位置。

Step 02 单击菜单栏中的"插入"|"表单"|"跳转菜单"命令，打开"插入跳转菜单"对话框，如图 14-36 所示。创建后的跳转菜单显示效果如图 14-37 所示。

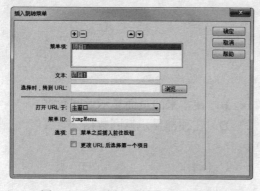

图 14-36 "插入跳转菜单"对话框

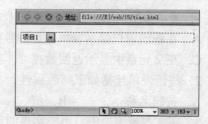

图 14-37 跳转菜单的显示效果

Step 03 在"插入跳转菜单"对话框中定义跳转菜单的参数，其中主要参数的意义如下。

● 菜单项：显示跳转菜单的选项。

● 文本：定义跳转菜单的文本。

● 选择时，转到 URL：定义选择相应跳转菜单的路径。

● 打开 URL 于：定义链接打开的位置。

● 菜单：定义菜单的唯一标识。

● 选项：勾选"菜单之后插入前往按钮"复选框，可以在菜单之后添加一个文本为"前往"的按钮；勾选"更改 URL 后选择第一个项目"复选框，可以定义使用菜单的提示。

跳转菜单在浏览器中的显示效果如图 14-38 所示。

图 14-38　跳转菜单在浏览器中的显示效果

14.3　小结

本章主要讲解了表单元素以及各种表单的显示效果和应用。表单元素是网页交互的常用元素，在网页设计中具有重要作用。熟悉各种表单的作用，知道在什么情况下使用何种表单，是一个网页制作者的必备技能。

14.4　习题与思考

1. 表单参数"_self"的含义是（　　　）。

A. 在新的窗口显示表单的返回数据　　　　B. 在本来的页面显示返回数据

C. 在父元素中显示返回数据　　　　　　　D. 在顶部显示返回数据

2. 按钮表单包括如下哪种属性？（　　）

A. 按钮名称　　　　　B. 值　　　　　　　C. 动作　　　　　　　D. 类

3. 在文本域表单中，不能实现的属性是（　　　）。

A. 表单文字的显示位置　　　　　　　　　B. 表单的样式

C. 表单的高度　　　　　　　　　　　　　D. 表单的访问快捷键

4. 如果想在一组选项中选择多个选项则使用_____。

5. 在文件域表单中可以定义_____、_____、_____、_____等属性。

6. 表单分为哪几类？

7. 隐藏菜单有什么作用？

8. 文本域和文本区域表单的差别是什么？

第15章 超链接

超链接是网页中重要的部分。互联网中的页面和内容，都是通过超链接联系在一起的。在网页中，可以在文本、图像等很多内容上创建超链接。本节讲解超链接的相关知识和使用方法。

15.1 链接和路径

在讲解使用 Dreamweaver 制作超链接之前，首先讲解关于超链接的概念、路径的基础知识、相对路径和绝对路径等内容。

15.1.1 超链接的概念

超链接（hyperlink）是使用锚点（从一个文本到另一个文本的链接点）来实现的网络资源之间的链接。通常通过页面中一个"源"端（也可以叫尾锚点）指向"目标"端（也可以叫头锚点）。通过超链接既可以连接同一个页面的各个部分，也可以连接任何可访问的网络资源，包括图片、视频、程序、文档等。

下面是一个使用含有超链接的文本打开新的页面的示例，其显示效果如图 15-1 所示。

图 15-1　使用超链接打开新页面的显示效果

以上效果是在新的页面中打开超链接的内容。关于其他打开页面的方法，将在后面章节中详细讲解。

15.1.2　路径

路径（URL）用来定义一个文件、内容或者媒体等的地址。这个地址可以是相对链接，也可以是一个网络中的绝对地址。下面分别进行讲解。

1．文档相对路径

文档相对路径，用来指定链接内容相对于当前文档的地址。这个地址可以链接同一文件夹中的内容，也可以链接其他文件夹中的内容。文档路径的写法如下。

```
Index.html          /* 链接文件和链接内容在同一个文件夹中 */
../pic.jpg          /* 链接文件在链接内容上一个文件夹中 */
images/pic.jpg      /* 链接文件在链接内容下一个文件夹中 */
```

在文档相对路径中，链接符号的意义如下。

- ../：定义父层文件夹，每个"../"代表一个父层。
- /：定义下一层文件夹，每个"/"代表下一个层。

文档相对路径是以本地文件为基础的路径，要依赖文件夹和文件的结构。在 Dreamweaver 中，如果使用了文档相对路径制作了链接，当更改站点目录之后，相应的链接也要更改才能正常使用。

2．站点根目录相对路径

站点根目录相对路径，是建立从站点根目录到文档所在位置的路径。站点根目录相对路径的写法如下。

```
/images/pic.jpg
```

站点根目录相对路径要使用"/"开头，其意义是站点根文件夹。以上示例的路径表示站点根文件夹中 images 文件夹中的文件 pic.jpg。使用站点根目录相对路径的好处在于，即使转移了部分文件，而文件的链接依然可以使用。例如，文档中使用了 images 文件夹中的某个图像文件，当移动文档到其他目录后，由于 images 文件夹的位置没有变化，所以链接依然有效。

3．绝对路径

绝对路径用来指定内容的绝对地址。互联网上的内容必须有一个唯一的地址作为标识，否则会引起资源使用的混乱。绝对路径就是这样的一个标识。在绝对路径中，一般要使用 HTTP 协议和域名等内容（根据路径的性质不同，写法也存在差异）。绝对路径的写法如下。

```
http://www.w3c.org/imagees/
```

如果要链接互联网中的资源，就必须使用绝对路径实现。

15.2 创建超链接

在一个文档中可以创建各种不同功能的链接，包括链接到其他文档、链接到文档内某个部分、链接电子邮件等。

15.2.1 创建到其他文档的链接

制作链接到其他文档的超链接，有以下两种方法。

● 使用"属性"面板中的"链接"选项定义超链接。

● 使用"超链接"命令定义超链接。

下面分别介绍两种方法的具体步骤。

1．指定链接的路径

在制作之前，首先讲解指定链接路径的方法。单击菜单栏中的"站点"|"站点管理"命令，打开"管理站点"对话框，双击站点名称，打开站点设置对话框，在卷展栏中选择"高级设置"|"本地信息"选项，打开"本地信息"选项卡，如图 15-2 所示。

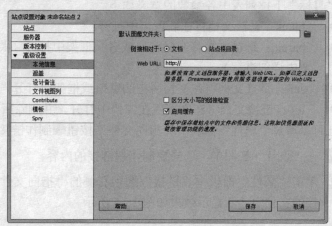

图 15-2 "本地信息"选项卡

在"链接相对于"选项区中，可以选择"文档"或者"站点根目录"单选按钮，定义创建的链接属性。

2．使用"属性"面板制作链接

Step 01 在"设计"视图中，选择要创建超链接的内容。如果是文本，可以通过拖曳鼠标选择；如果是图像文件，可以单击选定。

Step 02 单击"属性"面板中"链接"选项右侧的"浏览文件"按钮，打开"选择文件"对话框，如图 15-3 所示。选择文件后将在"URL"文本框中显示链接的路径。

Step 03 单击"确定"按钮，在"属性"面板中选择链接参数，如图 15-4 所示。

图 15-3 "选择文件"对话框

图 15-4 在"属性"面板中选择链接参数

"目标"下拉列表中各参数的意义如下。

- _blank：链接文档将在新窗口中打开。
- _parent：链接文档将在父窗口或者父框架中打开（关于框架的知识，将在后面章节中详细讲解）。
- _self：链接文档将在文档所在的窗口或框架中打开。
- _top：链接文档将在文档所在窗口中打开，并删除所有框架。

还可以通过"属性"面板中"指向文件"按钮 制作链接，具体步骤如下。

Step 01 在"设计"视图中，选择要制作超链接的内容。

Step 02 单击"属性"面板中"链接"选项右侧的"指向文件"按钮 ，拖曳光标到到链接的文件中。其显示效果如图 15-5 所示。

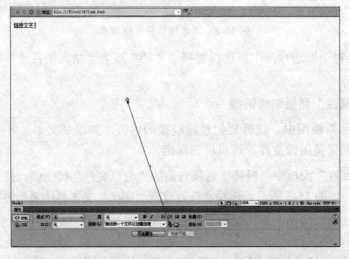

图 15-5 使用"指向文件"按钮链接文档窗口中的文件

以上操作要同时打开若干个文档。此外，也可以通过将链接拖曳到"文件"面板中相应的文件上制作链接，如图 15-6 所示。

图 15-6　使用"指向文件"按钮链接"文件"面板中的文件

>
> 说明　按住<Shift>键拖曳鼠标，可以直接创建链接到相应文件的超链接。

Step 03 在"属性"面板中选择链接参数。

当内容定义超链接之后，显示效果会和普通的页面内容有所区别。普通的文本内容和页面定义的文本颜色有关，如图 15-7 所示。在"页面属性"对话框中，可以定义页面链接的显示效果。如果没有定义任何参数，页面文本链接一般显示为蓝色，同时会显示下划线，如图 15-8 所示。

图 15-7　普通文本的显示效果

图 15-8　链接文本的显示效果

15.2.2　创建文档内部的链接

创建文档内部的链接，首先要定义命名锚记，然后再将链接定义到命名锚记上。下面讲解具体的制作方法。

1. 制作命名锚记

Step 01 在"设计"视图中单击，选择插入命名锚记的位置。

Step 02 单击菜单栏中的"插入记录"|"命名锚记"命令，打开"命名锚记"对话框，如图 15-9 所示，输入锚记的名称。

Step 02 单击"确定"按钮，创建命名锚记。制作命名锚记后的显示效果如图 15-10 所示。

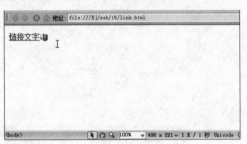

图 15-9　"命名锚记"对话框　　　　图 15-10　制作命名锚记后的显示效果

2. 链接命名锚记

Step 01 在"设计"视图中，选择要制作链接的内容。

Step 02 执行以下操作之一，链接命名锚记。

- 单击"属性"面板中"链接"选项右侧的"指向文件"按钮，拖曳光标到要链接的命名锚记上。释放鼠标后，其显示效果如图 15-11 所示。

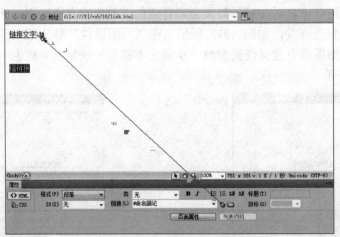

图 15-11　命名锚记的显示效果

- 在"属性"面板中的"链接"文本框中直接添加命名锚记地址，其格式为"#命名锚记名称"。

链接命名锚记在页面中的作用是，方便在很长的页面中跳转内容。当单击链接内容后，相应的锚记内容将显示在浏览器的最上端。使用链接命名锚记前后的显示效果如图 15-12 和图 15-13 所示。

图 15-12　使用链接命名锚记前的显示效果

图 15-13　使用链接命名锚记后的显示效果

15.2.3　创建电子邮件链接

电子邮件链接是指链接到一个浏览器关联的邮件程序（如 Outlook），打开相关的邮件发送界面。其创建方法如下。

Step 01 在"设计"视图中，选择要制作链接的内容，或者选择创建电子邮件链接的位置。

Step 02 单击菜单栏中的"插入记录"|"电子邮件链接"命令，打开"电子邮件链接"对话框，如图 15-14 所示。在"电子邮件链接"对话框中，添加链接的文本和电子邮件地址。

Step 03 单击"确定"按钮，创建电子邮件链接。打开电子邮件链接的显示效果如图 15-15 所示。

图 15-15　电子邮件链接的显示效果

图 15-14　"电子邮件链接"对话框

15.3　创建图像链接

创建图像链接包括：为图像定义链接、制作热点链接、使用导航条等内容。

15.3.1　创建图像链接

创建图像链接的具体步骤如下。

Step 01　在"设计"视图中，选择要制作链接的图像。

Step 02　执行以下操作之一，创建图像链接。

- 单击"属性"面板中"链接"选项右侧的"浏览文件"按钮，打开"选择文件"对话框，选择链接的文档。
- 单击"指向文件"按钮，拖曳鼠标指向链接文档，即可制作链接。

为图像创建链接后，图像将显示 2 像素的蓝色边框。其显示效果如图 15-16 所示。

图 15-16　图像链接的显示效果

15.3.2　创建图像热点链接

创建图像热点链接，是指在图像上创建若干区域（热点），然后在每个区域上创建链接。创建图像热点链接的具体步骤如下。

Step 01　选择相应的热点工具。其中"属性"面板中相关选项的意义如下。

- 地图：定义热点的名称。

 热点名称必须唯一。

- 工具：用来修改热点区域。
- 工具：用来创建矩形热点。
- 工具：用来创建椭圆形热点。
- 工具：用来创建多边形热点。

拖曳鼠标，制作热点区域。其显示效果如图 15-17 所示。

Step 02　定义完热点之后，在"属性"面板中定义热点链接的参数，如图 15-18 所示。

图 15-17　图像热点的显示效果

图 15-18　图像热点的属性

其中各参数的意义如下。

- 链接：定义热点链接的文档或位置。
- 目标：定义打开链接窗口的位置。
- 替换：用于代替链接的文本。
- 地图：定义链接热点的名称。

Step **03** 定义完热点之后，可以使用"调整工具" 对热点的大小、位置等进行调整。

说明｜可以在一个图像上制作多个热点，链接到不同区域。

15.4　链接管理

链接管理是指当文件位置更改（或者文件名称更改）时，使用 Dreamweaver 自动更新链接。

15.4.1　定义更新链接的首选参数和缓存

定义更新链接的首选参数，可以定义移动文件时是否更新链接。为站点创建缓存文件，可以存储本地的所有链接信息，便于链接的更新。下面分别进行讲解。

1. 定义更新链接的首选参数

单击菜单栏中的"编辑" | "首选参数"命令，打开"首选参数"对话框，在"分类"列表中选择"常规"选项，打开"常规"选项卡，如图 15-19 所示。

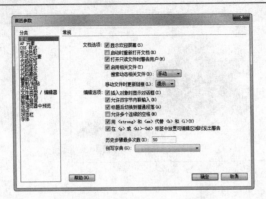

图 15-19　"首选参数"对话框

使用"移动文件时更新链接"选项，可以定义移动文件时相应的操作，其中 3 个可选参数的意义分别如下。

- 总是：当移动文件（或者更改文件名称）时，自动更新和文件相关的链接。
- 从不：当移动文件（或者更改文件名称）时，不更新链接。
- 提示：当移动文件（或者更改文件名称）时，弹出提示框，询问是否更新链接。

2．定义缓存

单击菜单栏中的"站点"|"管理站点"命令，打开"管理站点"对话框，单击"编辑"按钮，打开站点设置对话框，在左侧卷展栏中选择"高级设置"|"本地信息"选项，如图 15-20 所示，可以定义"启用缓存"和使用"区分大小写的链接检查"。

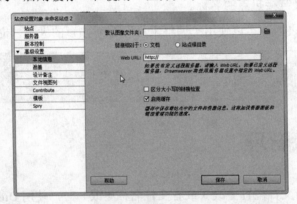

图 15-20　"本地信息"设置

15.4.2　修改和删除链接

在制作或者使用网页时，当某些链接内容过期或存在异常时，就要修改和移除链接，具体步骤如下。

1．修改链接

执行下列操作之一，修改链接。

- 选择要修改的链接内容，单击菜单栏中的"修改"|"更改链接"命令，打开"选择文件"对话框，如图 15-21 所示，修改链接的文档。

图 15-21 "选择文件"对话框

- 选择要修改的链接内容，右击，在弹出的快捷菜单中选择"更改链接"命令，在打开的"选择文件"对话框中修改链接。
- 选择要修改的链接内容，在"属性"面板的"链接"选项中直接更改链接的路径。
- 选择要修改的链接内容，在"属性"面板中，使用"指向文件"按钮 和"浏览文件" 修改链接。

2. 移除链接

执行下列操作之一，移除链接。

- 选择要修改的链接内容，单击菜单栏中的"修改"|"移除链接"命令。
- 选择要修改的链接内容，右击，在弹出的快捷菜单中选择"移除链接"命令。
- 选择要修改的链接内容，在"属性"面板的"链接"选项中直接删除链接的路径。

15.4.3 检查链接

检查链接分为 3 部分：检查当前文档链接、检查文件夹链接和检查站点链接。通过检查链接，可以方便地找出站点中存在的异常链接。

1. 检查文档链接

检查文档链接的方法如下。

单击菜单栏中的"文件"|"检查页"|"链接"命令，打开"链接检查器"面板，如图 15-22 所示。

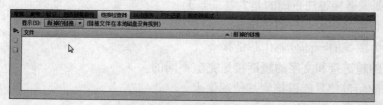

图 15-22 "链接检查器"面板

在"链接检查器"面板中显示文档中断掉的链接，还可以通过"显示"下拉列表选择显示"外部链接"。检查的结果会显示在"链接检查器"面板的结果框中。

2. 检查文件夹链接

检查文件夹链接的方法如下。

Step 01 在"文件"面板中，选择要检查的站点文件夹。

Step 02 执行下列操作之一，检查文件夹链接。

- 右击，在弹出的快捷菜单中选择"检查链接"|"选择文件/文件夹"命令。
- 单击菜单栏中的"文件"|"检查页"|"链接"命令。

3. 检查站点链接

检查站点链接的方法如下。

Step 01 在"文件"面板中，选择要检查的站点。

Step 02 执行下列操作之一，检查站点链接。

- 右击，在弹出的快捷菜单中选择"检查链接"|"整个本地站点"命令。
- 单击菜单栏中的"站点"|"检查站点范围内的链接"命令。

15.5 小结

本章主要讲解了超链接元素及其显示效果。超链接元素是网页之间联系的纽带，是网页中必不可少的元素，所以必须熟练掌握和超链接相关的各种属性和参数，这样才能够完成网页之间的跳转以及和 Internet 上相应资源的交互。

15.6 习题与思考

1. 超链接的路径有哪几种？（   ）

A. 文档相对路径　　　　　　　　B. 站点根目录相对路径

C. 随机路径　　　　　　　　　　D. 绝对路径

2. 在新窗口打开链接的参数是哪个？（   ）

A. _blank　　　　　　B. _parent　　　　　　C. _self　　　　　　D. _top

3. 关于图像链接说法正确的是？（   ）

A. 可以直接为图像制作超链接

B. 可以为图像的一部分制作超链接

C. 图像的超链接和文字的超链接是完全不同的

D. 图像的超链接只能链接到其他图像上

4. 如果想创建电子邮件链接，可以使用_____命令。

5. 链接的检查功能可以检查_____、_____、_____等链接。

6. 如何创建文档内部的链接？

7. 创建图像热点链接的方法是什么？

第16章 使用 Div 元素

Div 元素用来在页面中定义一个区域，使用 CSS 样式控制 Div 元素的表现效果。在 Div 元素中，可以包含文本、图像、表格以及其他各种页面内容。在 Dreamweaver CS5 中可以插入两种 Div 元素，即 Div 标签和 AP Div。

16.1 插入 Div 标签

Div 标签本身没有任何表现属性。如果要使 Div 标签显示某种效果，或者显示在某个位置，就要为 Div 标签定义 CSS 样式。插入 Div 标签的方法如下。

Step 01 在"设计"视图中，选择要添加 Div 标签的位置。

Step 02 单击菜单栏中的"插入记录"|"布局对象"|"Div 标签"命令，打开"插入 Div 标签"对话框，如图 16-1 所示。

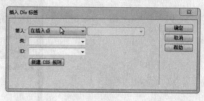

图 16-1 "插入 Div 标签"对话框

在"插入 Div 标签"对话框中，可以定义插入 Div 标签的参数，主要参数的意义如下。

- 插入：选择插入 Div 标签的位置。选择"在插入点"选项，定义在光标的当前位置插入 Div 标签；选择"在开始标签后"选项，定义在页面的初始位置插入 Div 标签（在"代码"视图中的\<body\>元素之后）；选择"在结束标签前"选项，定义在页面的结束位置插入 Div 标签（在"代码"视图中的\</body\>元素之前）。

- 类：定义 Div 标签使用的类。在类中可以定义 Div 标签的 CSS 样式。

- ID：定义 Div 标签的唯一标志，方便为 Div 标签定义行为。也可以在 ID 中定义 CSS 样式，但是与在类中定义的 CSS 样式有所区别（具体内容将在后面章节中讲解）。

- 新建 CSS 样式：为 Div 标签定义新的 CSS 样式。

Step 03 在"插入 Div 标签"对话框中，未定义类和 ID，直接单击"确定"按钮，插入 Div 标签。Div 标签在"设计"视图的显示效果如图 16-2 所示，其中 Div 标签的文本内容是自动添加的。

图 16-2　Div 标签的显示效果

在"设计"视图中，Div 标签以虚线框显示。在未定义任何 CSS 样式时，Div 标签的高度与内容的高度一致。Div 标签的宽度默认为"100%"。在浏览器中，Div 标签在没有定义任何 CSS 样式和行为时将以独立的区域显示，没有任何表现效果。

Div 标签的"属性"面板中可以定义的参数很少，如图 16-3 所示。

图 16-3　Div 标签"属性"面板

在 Div 标签的"属性"面板中，只能定义标签使用的类，并通过类指定标签使用的 CSS 样式。通过 CSS 样式，可以定义 Div 标签的边框、背景、补白、边界等各种表现属性。定义 CSS 样式后的 Div 标签，在浏览器中的显示效果如图 16-4 所示。

图 16-4　Div 标签定义 CSS 样式后的显示效果

16.2　编辑 Div 标签

插入 Div 标签后，可以对 Div 标签进行各种操作，包括选择、剪切、复制和粘贴等。

1. 选择 Div 标签

执行下列操作之一，选择 Div 标签。

● 单击 Div 标签的虚线边框。
● 在 Div 标签的内部单击，单击"设计"视图文档窗口底部的<div>标签。

选中 Div 标签后，默认会在标签上显示蓝色边框，其中标签的内容也呈选中状态，如图 16-5 所示。

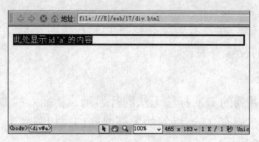

图 16-5　选择 Div 标签

2．剪切和复制 Div 标签

剪切和复制 Div 标签的步骤如下。

Step 01 在"设计"视图中选择 Div 标签。

Step 02 执行以下操作之一，剪切或复制 Div 标签。

- 单击菜单栏中的"编辑"|"剪切"或者"编辑"|"拷贝"命令，剪切或者复制选择的 Div 标签。
- 按<Ctrl+X>或<Ctrl+C>组合键，剪切或者复制选择的 Div 标签。
- 右击，在弹出的快捷菜单中选择"剪切"或"拷贝"命令。

3．粘贴 Div 标签

粘贴 Div 标签的步骤如下。

Step 01 在"设计"视图中选择粘贴 Div 标签的位置。

Step 02 执行以下操作之一，粘贴 Div 标签。

- 单击菜单栏中的"编辑"|"粘贴"命令，粘贴 Div 标签。
- 按<Ctrl+V>组合键，粘贴 Div 标签。
- 右击，在弹出的快捷菜单中选择"粘贴"命令。

可以将 Div 标签粘贴到页面的任意位置。如果将 Div 标签粘贴到其他 Div 标签之中，则可以制作出嵌套的 Div 标签。

4．删除 Div 标签

删除 Div 标签的步骤如下。

Step 01 在"设计"视图中选择要删除的 Div 标签。

Step 02 执行以下操作之一，删除 Div 标签。

- 单击菜单栏中的"编辑"|"清除"命令，删除 Div 标签。
- 按<Delete>键，删除 Div 标签。
- 右击，在弹出的快捷菜单中选择"删除标签"命令，删除 Div 标签。

> **注意**　在使用"清除"命令或者<Delete>键删除 Div 标签时，标签中的内容也同时删除；使用右键快捷菜单删除 Div 标签，将保留标签内容。

16.3　相邻和嵌套的 Div 标签

Div 标签和表格类似，在没有定义任何样式和行为时，默认换行显示。其中嵌套的 Div 标签的显示和插入的位置有关。

1. 相邻的 Div 标签

默认情况下，两个并列的 Div 标签无法同行显示。新插入的 Div 标签，根据插入时定义的参数不同，将显示在原有 Div 标签的顶部或底部。相邻两个 Div 标签之间的距离为 0。其显示效果如图 16-6 所示。

2 嵌套的 Div 标签

执行以下操作之一，可以制作嵌套的 Div 标签。

- 复制 Div 标签，并粘贴到相应的 Div 标签之中。
- 在 Div 标签中插入新的 Div 标签。

嵌套的 Div 标签在"设计"视图的显示效果如图 16-7 所示。

图 16-6　相邻 Div 标签的显示效果　　　　图 16-7　嵌套 Div 标签的显示效果

可以看出，在"设计"视图中很难分辨标签内容和标签的嵌套关系。在文档窗口中选择"代码"视图，可以看到文档内容的代码如下。

```
<body>
 <div id="div1">此处显示新 Div 标签的内容1
  <div id="div2">此处显示新 Div 标签的内容2</div>
 </div>
</body>
```

在"代码"视图中，可以清楚地看到 ID 为"div1"的标签嵌套了 ID 为"div2"的标签。

16.4　AP Div 简介

AP Div 是使用了 CSS 样式中的绝对定位属性的 Div 标签。在 Dreamweaver CS5 中，可以通过鼠标拖曳的方式，在文档的任意位置制作 AP Div。制作的 AP Div 之间可以互相重叠。但是默认情况下，所有的 AP Div 之间并没有嵌套关系。如果要使 AP Div 之间可以互相嵌套，就要在"首选参数"对话框中更改相应的设置。在 AP Div 中，可以定义标签宽度、高度以及位置等属性。在 Dreamweaver 中可以使用 AP Div 进行布局。在布局的时候，还可以定义图层是否可以重叠等。在 Dreamweaver 中，可以在 AP Div 和表格之间进行互换。

　　AP Div 和 Div 标签之间并没有本质的区别，其对应的 HTML 代码都是<div>元素。只是在 AP Div 中，使用 CSS 样式定义了元素的大小和位置等属性。下面通过示例演示 AP Div 和 Div 标签之间的关系。首先新建两个页面，分别制作 AP Div 和 Div 标签。Div 标签在"设计"视图中的显示效果如图 16-8 所示。AP Div 在"设计"视图中的显示效果如图 16-9 所示。

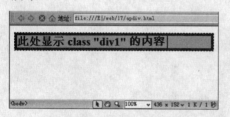

图 16-8　Div 标签的显示效果

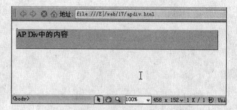

图 16-9　AP Div 的显示效果

　　Div 标签在"代码"视图中对应的代码如下。

```
<!DOCTYPE html PUBLIC "-//W3C//DTD XHTML 1.0 Transitional//EN"
 "http://www.w3.org/TR/xhtml1/DTD/xhtml1-transitional.dtd">
<html xmlns="http://www.w3.org/1999/xhtml">
 <head>
  <meta http-equiv="Content-Type" content="text/html; charset=utf-8" />
  <title>无标题文档</title>
  <style type="text/css">                    /* 样式内容开始 */
   <!--
    .div1 {
      font-size: 24px;
      font-weight: bold;
      background-color: #CCCCCC;
      border: 5px solid #333333;
    }
   -->
  </style>                                    /* 样式内容结束 */
 </head>

 <body>
  <div class="div1">此处显示 class "div1" 的内容</div>
 </body>
</html>
```

　　AP Div 在"代码"视图中对应的代码如下。

```
<!DOCTYPE html PUBLIC "-//W3C//DTD XHTML 1.0 Transitional//EN"
 "http://www.w3.org/TR/xhtml1/DTD/xhtml1-transitional.dtd">
<html xmlns="http://www.w3.org/1999/xhtml">
```

```
<head>
  <meta http-equiv="Content-Type" content="text/html; charset=utf-8" />
  <title>无标题文档</title>
  <style type="text/css">                          /* 样式内容开始 */
    <!--
      #apDiv1 {
        position:absolute;
        left:10px;
        top:18px;
        width:430px;
        height:39px;
        z-index:1;
        background-color: #CCCCCC;
      }
    -->
  </style>                                        /* 样式内容结束 */
</head>

<body>
  <div id="apDiv1">AP Div 中的内容</div>
</body>
</html>
```

> 说明　在"代码"视图中，<style>元素包含的部分为 CSS 样式内容，<body>元素所包含的内容为页面内容部分。

从代码中可以看出，在 AP Div 中，使用 ID 属性定义标签的 CSS 样式。同时在 CSS 样式中定义了属性"position:absolute;"，其意义为绝对定位（关于绝对定位属性的意义，将在后面章节中详细讲解）。所以只要在插入的 Div 标签中定义和 AP Div 中类似的 CSS 属性，就可以将 Div 标签转化为 AP Div。

16.5　定义 AP Div 的首选参数

在讲解使用 AP Div 之前，首先要定义 AP Div 显示的首选参数，包括 AP Div 的显示属性、大小、背景等。当使用相关命令插入 AP Div 时，新建的 AP Div 将以首选参数中定义的属性显示。定义 AP Div 首选参数的具体步骤如下。

Step 01 单击菜单栏中的"编辑"|"首选参数"命令，打开"首选参数"对话框。

Step 02 在"分类"列表中选择"AP 元素"选项，打开"AP 元素"选项卡，如图 16-10 所示。

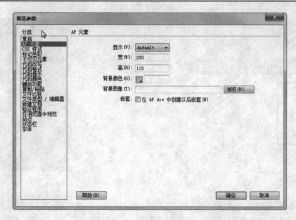

图 16-10　"首选参数"对话框

其中主要参数的意义如下。

- 显示：定义 AP Div 的显示属性，包含 4 个参数，分别为 default、inherit、visible、hidden。
  - default：默认显示，根据不同浏览器的设置显示元素。
  - inherit：继承元素的父元素中定义的显示属性。
  - visible：定义元素显示属性为显示。
  - hidden：定义元素显示属性为隐藏。
- 宽和高：定义 AP Div 的宽度和高度。
- 背景颜色：定义 AP Div 使用的背景颜色。
- 背景图像：定义 AP Div 使用的背景图像。
- 嵌套：定义在 AP Div 中添加的新的 AP Div 是否为嵌套元素。

Step 03 单击"确定"按钮，完成首选参数的定义。

16.6　插入 AP Div

可以通过菜单中的命令插入 AP Div，也可以通过"插入"面板中相应的按钮，通过拖曳鼠标添加 AP Div，具体步骤如下。

Step 01 在"设计"视图中，选择要添加 AP Div 的位置（如果使用"插入"面板中相应的按钮制作 AP Div，则可以省略这一步）。

Step 02 单击菜单栏中的"插入记录"|"布局对象"|"AP Div"命令，可以插入一个 AP Div。其在"设计"视图的显示效果如图 16-11 所示。

从图 16-11 和图 16-12 可以看出，使用"插入记录"菜单中的命令插入的 AP Div，默认的显示效果和"首选参数"对话框中定义的显示效果一致。而使用"插入"栏中的插入 AP Div 按钮，可以随意调整插入 AP Div 的大小。

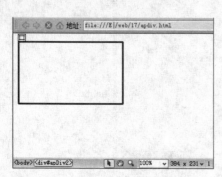

图 16-11　使用插入命令添加 AP Div

图 16-12　使用"插入"面板添加 AP Div

16.7　定义 AP Div 的属性

在插入 AP Div 后，可以通过在 AP Div "属性"面板中定义相应的参数来设置 AP Div 的显示效果。当选择单个 AP Div 和同时选择多个 AP Div 时，"属性"面板的显示参数也会有所区别。

16.7.1　单个 AP Div 的属性

Step 01 执行下列操作之一，选择 AP Div。

- 单击 AP Div 的虚线边框。
- 在 AP Div 的内部单击，单击"设计"视图文档窗口底部的<div>标签。

Step 02 打开 AP Div 的"属性"面板，如图 16-13 所示。

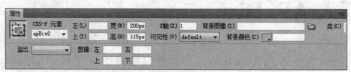

图 16-13　AP Div 的"属性"面板

在 AP Div 的"属性"面板中可以定义 AP Div 的各种表现属性，其中部分参数的意义如下。

- CSS-P 元素：定义元素的 ID，唯一标识 AP Div。
- 左：定义 AP Div 相对父元素左侧的距离。
- 上：定义 AP Div 相对父元素上侧的距离。

> **注意**　在定义左、右的距离时，添加的参数一定要定义相应的单位，通常使用的单位是像素。

- 宽和高：定义 AP Div 使用的宽度和高度。
- Z 轴：定义 AP Div 的显示层次。
- 背景图像：定义在 AP Div 中使用的背景图像。
- 类：定义 AP Div 使用的类，用来关联相关的 CSS 样式。
- 可见性：定义 AP Div 的显示属性（其中各参数的意义见 16.5 节）。
- 背景颜色：定义在 AP Div 中使用的背景颜色。
- 溢出：定义当内容超出 AP Div 大小时的显示效果，有 4 个可选参数，分别是 visible、hidden、scroll、auto。
  - visible：定义溢出的内容部分为可见。
  - hidden：定义溢出的内容部分为隐藏。
  - scroll：定义在标签中显示滚条。
  - auto：定义当内容溢出时，显示滚条。
- 剪辑：定义 AP Div 中的可见区域。使用"上"、"下"、"左"、"右"4 个参数定义可见区域的大小。

在 AP Div 中定义相关属性后，在"设计"视图中的页面显示效果如图 16-14 所示，在浏览器中的显示效果如图 16-15 所示。

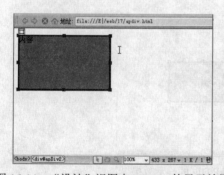

图 16-14 "设计"视图中 AP Div 的显示效果

图 16-15 浏览器中 AP Div 的显示效果

从图 16-14 和图 16-15 可以看出，文档在 Dreamweaver 的"设计"视图和浏览器中的显示效果并不相同。所以在制作页面时，要经常在浏览器中测试页面的显示效果。

16.7.2 多个 AP Div 的属性

Step 01 按住<Shift>键单击 AP Div 的边框，选择多个 AP Div。

Step 02 打开多个 AP Div 的"属性"面板，如图 16-16 所示。

图 16-16 多个 AP Div 的"属性"面板

在多个 AP Div 的"属性"面板中，部分参数的意义如下。

- 格式：为 AP Div 中的内容添加格式标签，可选参数包括无、段落、标题 1、标题 2、标题 3、标题 4、标题 5、标题 6 或者预先格式化的格式。如果选择的 AP Div 中含有嵌套的标签，则格式添加到最内层的标签中。
- 样式：统一定义多个 AP Div 的样式，在下拉列表中可以选择文档中已经定义的类。
- **B** 和 *I*：统一定义文本内容为加粗和斜体。
- ▉▉▉▉：统一定义文本内容的对齐方式。
- 左、上：统一定义 AP Div 相对于各自父元素左边界和上边界的距离。
- 宽、高：统一定义 AP Div 的宽度和高度。
- 显示：统一定义 AP Div 的显示属性（其中各个参数的意义见 16.5 节）。
- 背景图像：统一定义 AP Div 使用的背景图像。
- 背景颜色：统一定义 AP Div 使用的背景颜色。
- 标签：指定定义 AP Div 所使用的标签，可以选择的标签有 DIV 和 SPAN（关于 SPAN 标签，将在后面章节中讲解）。

在多个 AP Div 中定义相关属性后，在"设计"视图中的页面显示效果如图 16-17 所示，在浏览器中的显示效果如图 16-18 所示。

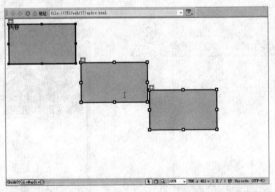

图 16-17　"设计"视图中 AP Div 的显示效果

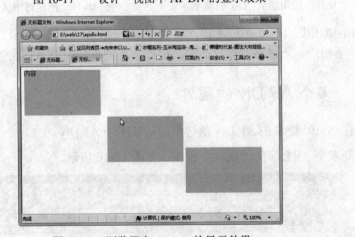

图 16-18　浏览器中 AP Div 的显示效果

16.8 使用"AP 元素"面板

使用"AP 元素"面板，可以方便地对 AP Div 进行操作，如选择 AP Div、定义 AP Div 的可见性等。

单击菜单栏中的"窗口"|"AP 元素"命令，打开"AP 元素"面板，如图 16-19 所示。

在"AP 元素"面板中，部分参数的意义如下。

- 防止重叠：定义 AP Div 之间互相不重叠。
- ：用来定义 AP Div 的可见性。
- ID：显示 AP Div 的 ID 属性。
- Z：定义 AP Div 的显示层次。

在"AP 元素"面板中，可以进行 AP Div 的相关操作。

1. 选择 AP Div

在"AP 元素"面板中，单击相应的 AP Div，可以选择 AP Div。在"AP 元素"面板中的显示效果如图 16-20 所示。

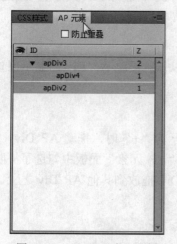

图 16-19 "AP 元素"面板

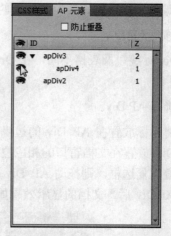

图 16-20 在"AP 元素"面板中选择 AP Div

2. 定义 AP Div 的可见性

在"AP 元素"面板中，如果可见性中显示 图标，则 AP Div 可见。单击 图标，当图标变为 时，则 AP Div 不可见，如图 16-21 所示。

3. 定义 AP Div 的层次

在"AP 元素"面板中，单击 Z 选项，更改 Z 轴显示层次的数字，可以更改 AP Div 的显示顺序，如图 16-22 所示。

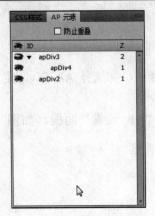

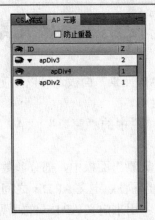

图 16-21　定义 AP Div 可见性　　　　图 16-22　在 "AP 元素" 面板中更改 AP Div 的层次

16.9　编辑 AP Div

编辑 AP Div，包括移动 AP Div、更改 AP Div 的大小、删除 AP Div 等。通过对 AP Div 进行编辑，可以更好地控制元素的显示效果和位置。

1. 移动 AP Div

和 Div 标签以及表格不同，在 Dreamweaver 中可以任意更改 AP Div 的显示位置，具体步骤如下。

Step 01 选择 AP Div。

Step 02 将光标放置在 AP Div 的边缘，当鼠标指针显示为 "+" 时，拖动 AP Div，将 AP Div 放置在文档窗口的相应位置。如果此时在 "AP 元素" 面板中勾选了 "防止重叠" 复选框，则拖动 AP Div 时，无法将 AP Div 拖放到其他 AP Div 之上。拖放 AP Div 后，文档的显示效果如图 16-23 所示。

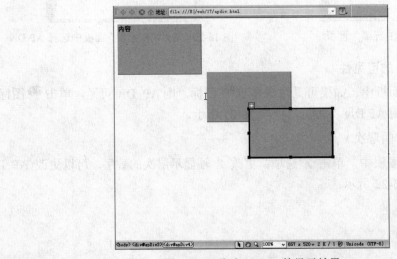

图 16-23　移动 AP Div 的显示效果

2. 更改 AP Div 的大小

更改 AP Div 的大小，具体步骤如下。

Step 01 选择 AP Div。

Step 02 执行下列操作之一，更改 AP Div 的大小。

● 将光标放置在 AP Div 的边缘，拖动 AP Div 的边框，将 AP Div 拖放到适当的大小。

● 在"属性"面板中更改 AP Div 的宽度和高度参数。

> **注意** 以上两个操作的效果并不相同，使用拖动的方法更改 AP Div 的大小，可以向上、下、左、右 4 个方向拖动。而在"属性"面板中更改 AP Div 的大小，会以左上角为基准。

3. 删除 AP Div

删除 AP Div 的具体步骤如下。

Step 01 选择 AP Div。

Step 02 执行以下操作之一，删除 AP Div。

● 单击菜单栏中的"编辑"|"清除"命令，删除 AP Div。

● 按<Delete>键，删除 AP Div。

● 右击，在弹出的快捷菜单中选择"删除标签"命令，删除 AP Div。

> **注意** 在使用菜单命令或者<Delete>键删除 Div 标签时，标签中的内容也同时删除。使用右键快捷菜单命令删除 Div 标签时，将保留标签内容。

删除 AP Div 后，AP Div 中定义的 CSS 样式并未删除。

16.10 定义 AP Div 的层次

在 Dreamweaver 中，可以定义 AP Div 的显示层次。当 AP Div 互相重叠时，会根据 AP Div 的显示层次显示 AP Div。具体定义步骤如下。

Step 01 选择 AP Div。

Step 02 执行下列操作之一，更改 AP Div 的显示层次。

● 在"属性"面板中，更改 AP Div 的"Z 轴"参数。

● 在"AP 元素"面板中，更改 AP Div 的 Z 属性值。

在如图 16-24 所示的文档中，背景为浅灰色（#cccccc）、灰色（#999999）和深灰色（#666666）的 3 个 AP Div，定义的显示层次分别为 1、2 和 3。

现更改 3 个 AP Div 的顺序为 3、2 和 1，其显示效果如图 16-25 所示。

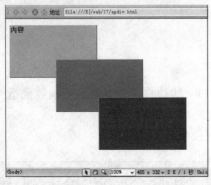

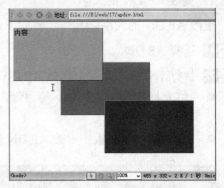

图 16-24　重叠的 AP Div

图 16-25　更改 AP Div 显示层次后的效果

16.11　AP Div 和表格之间的转换

在 Dreamweaver 中，可以将 AP Div 转换为表格，也可以将表格转换为 AP Div。下面分别讲解转换方法。

16.11.1　将 AP Div 转换为表格

将 AP Div 转换为表格，要符合相应的条件。因为表格之间不能互相重叠，所以首先要确保 AP Div 之间不重叠。另外，由于兼容性的原因，在 Dreamweaver CS5 中，要保证转换的 AP Div 中没有嵌套的 AP Div。

执行以下操作，将 AP Div 转换为表格。

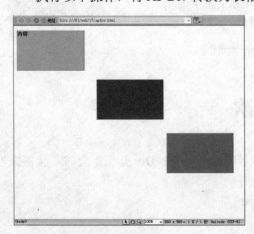

图 16-26　转换前的 AP Div

Step 01　要转换的 AP Div 的显示效果如图 16-26 所示。

Step 02　单击菜单栏中的"修改"|"转换"|"将 AP Div 转换为表格"命令，打开"将 AP Div 转换为表格"对话框，如图 16-27 所示，定义转换的参数。其中部分参数的意义如下。

- 最精确：将 AP Div 转换为单元格，并在单元格之间添加相应的单元格。
- 最小：合并空白单元：将会使用最少的空白单元格完成转换，但有可能更改转换的效果。
- 使用透明 GIFs：使用透明 GIF 图片

填充最后一行（目的是保证在不同的浏览器中显示相同的列宽）。

- 置于页面中央：定义转换后的表格居中显示。
- 布局工具：用来辅助页面布局。

Step 03 单击"确定"按钮，完成转换。

　　在"将 AP Div 转换为表格"对话框中，选择"最精确"单选按钮，勾选"使用透明 GIFs"复选框。选择"扩展"模式，可以看到转换后表格的结构如图 16-28 所示。

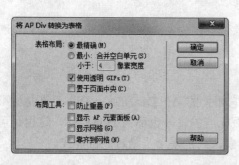

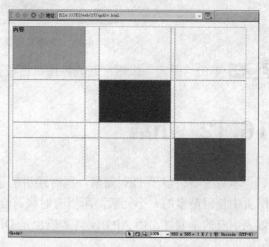

图 16-27　"将 AP Div 转换为表格"对话框　　　　图 16-28　转换后表格的结构

　　从图 16-28 可以看出，转换后的表格添加了很多空白的单元格。

16.11.2　将表格转换为 AP Div

　　将表格转换为 AP Div，可以执行以下操作。

Step 01 单击菜单栏中的"修改"|"转换"|"将表格转换为 AP Div"命令，其中要转换表格的显示效果如图 16-29 所示。

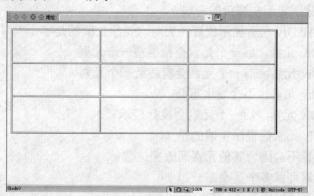

图 16-29　表格的显示效果

Step 02 打开"将表格转换为 AP Div"对话框，如图 16-30 所示，定义转换的参数。其中部分参数的意义如下。

● 防止重叠：定义转换后的层不会重叠。
● 显示 AP 元素面板：转换后显示层面板。
● 显示网络：转换后显示辅助网络。
● 靠齐到网络：定义转换后的表格靠齐到网络。

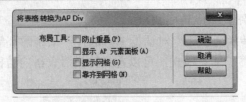

图 16-30　"将表格转换为 AP Div"对话框

Step 03　单击"确定"按钮，完成转换。在转换的过程中，空的单元格会被删除。

16.12　小结

本章主要讲解了 Div 元素，同时还讲解了和它相关的 AP Div 元素。Div 元素是标准网页中使用最多的一个元素，所以有时候符合网页标准的设计也称为 Div+CSS，这也足可以表明它的重要性，而 AP Div 其本质也是 Div 元素，只是采用了绝对定位样式。

16.13　习题与思考

1. 相邻的两个 Div 元素会怎样显示？（　　）

A．两个元素并排显示

B．两个元素换行显示

C．两个元素重叠显示

D．两个元素分别显示在窗口的两端

2. 关于两个 AP Div 元素显示位置冲突时，说法正确的是哪个？（　　）

A．两个 AP Div 元素，后一个元素会覆盖前一个元素

B．两个 AP Div 元素，前一个元素会覆盖后一个元素

C．两个 AP Div 元素，不会发生重叠

D．两个 AP Div 元素，后一个元素会换行显示

3. 关于 AP Div 元素的说法正确的是（　　）。

A．AP Div 元素不会因为其他元素而改变位置

B．AP Div 元素可以多个重叠在一起

C．AP Div 元素可以嵌套在一起

D．AP Div 元素可以定义显示的顺序

4. AP Div 元素可以进行_____、_____、_____等操作。

5. Div 元素和表格之间可以通过_____命令进行转换。

6. 在"AP 元素"面板中可以进行哪些操作？

第17章 使用样式表

使用样式表，不但可以定义文本等内容的格式，同时也可以对页面进行布局。在 W3C 发布的 Web 标准中，推荐使用 CSS 进行布局代替传统的表格布局。

17.1 样式表简介

本节主要讲解样式表的基础知识，其中包括样式表的概念、样式表的作用以及 Web 标准的基础知识。

17.1.1 样式表的概念

CSS（级联样式表）是 Cascading Style Sheet 的缩写，通常也简称为样式表。CSS 是由 W3C 组织制定的用于控制网页样式的一种标记性语言，包括 CSS1 和 CSS2 两个部分。其中，CSS2 是 1998 年 5 月发布的，包含了 CSS1 的内容，也是现在通用的标准。

在文档中，样式表可以定义在当前文档的头部，也可以使用链接的外部 CSS 样式。文档头部的样式，要定义在<style>元素之中。

下面是一个使用样式表的示例，文档在设计视图中的显示效果如图 17-1 所示。

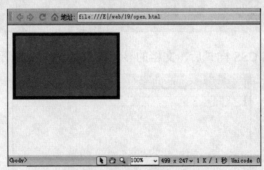

图 17-1　定义 CSS 样式的显示效果

选择"代码"视图，可以看到文档的代码如下。

```
<!DOCTYPE html PUBLIC "-//W3C//DTD XHTML 1.0 Transitional//EN"
 "http://www.w3.org/TR/xhtml1/DTD/xhtml1-transitional.dtd">
<html xmlns="http://www.w3.org/1999/xhtml">
 <head>
```

```
<meta http-equiv="Content-Type" content="text/html; charset=utf-8" />
<title>无标题文档</title>
<style type="text/css">
  #apDiv1 {
    position:absolute;
    width:200px;
    height:115px;
    z-index:1;
    background-color: #999999;
    border:#000 5px solid;
  }
</style>
</head>

<body>
  <div id="apDiv1" ></div>
</body>
</html>
```

其中，"<style type="text/css">"和"</style>"之间的部分为样式表内容。

样式表的基本格式如下。

选择符{属性名称:属性值;}

其中各个部分的意义如下。

- 选择符分为类选择符、类型选择符、高级选择符（其中包括 ID 选择符和伪类）。关于选择符的知识将在后面章节中详细讲解。
- 属性名称：定义 CSS 属性的名称。
- 属性值：定义 CSS 属性使用的值。

> **注意**　在 CSS 中，属性的名称和值都是指定的，不能自定义。在 Dreamweaver 中，可以使用可视化的操作定义各种属性和属性值。

取消文档中定义的 CSS 样式后，文档的显示效果如图 17-2 所示。

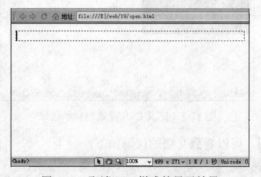

图 17-2　取消 CSS 样式的显示效果

在 Dreamweaver 中，一般使用可视化的操作添加和修改样式表的内容。如果对 CSS

知识有了深入的了解，就可以在"代码"视图中直接添加和修改 CSS 样式。

17.1.2　样式表的作用

样式表的主要作用是定义元素的显示效果，包括定义元素的大小、边框、边界、补白、背景等。同时样式表还可以定义元素内部文本的显示效果，包括文本字体、字体的大小、字体的样式、行高、缩进等。此外，使用样式表还可以定义元素的显示位置、浮动效果以及链接内容的显示效果等。使用样式表可以完成文档中所有内容的布局和修饰效果。

17.1.3　W3C 推荐的页面布局

Web 标准可以分为 3 方面：结构标准语言（主要包括 XHTML 和 XML）、表现标准语言（主要包括 CSS）、行为标准（主要包括 DOM、ECMAScript）等。

1．结构标准语言

结构标准语言包括两个部分：XML、XHTML。其具体区别如下。

（1）XML 是 The Extensible Markup Language 的简写，是一种扩展式标识语言。XML 设计的目的是对 HTML 的补充，它具有强大的扩展性，可以用于网络数据的转换和描述。同时 XML 具有很多优点，如简洁有效、易学易用、具有开放的国际化标准、高效可扩充。

（2）XHTML 是 The Extensible HyperText Markup Language 的缩写，即可扩展标识语言。XHTML 是基于 XML 的标识语言，是在 HTML 4.01 的基础上，用 XML 的规则对其进行扩展建立起来的，是 HTML 向 XML 的过渡。

2．表现标准语言

CSS 标准建立的目的是以 CSS 进行网页布局，控制网页的表现。CSS 标准布局与 XHTML 结构语言相结合，可以实现表现与结构相分离，提高网站的使用性和可维护性。

3．行为标准

行为标准也包括两个部分：DOM、ECMAScript。其具体区别如下。

（1）DOM（文档对象模型）是 Document Object Model 的缩写。W3C 建立的 W3C DOM 是实现网页与 Script（或程序语言）沟通的桥梁，其实现了访问页面中标准组件的一种标准方法。

（2）ECMAScript 是 ECMA（European Computer Manufacturers Association）制定的标准脚本语言。在 Web 标准推荐使用的布局中，首先在页面文档中要使用结构良好的 XHTML 语言作为文档的结构语言，然后要使用 CSS 对页面中的内容进行布局。

17.2　新建 CSS 样式

在 Dreamweaver 中新建 CSS 样式时，可以选择 CSS 的类型。其中每种类型的作用和注意事项都不相同，下面分别进行讲解。

17.2.1　新建 CSS 样式

在 Dreamweaver 中新建 CSS 样式的操作步骤如下。

Step 01　选择要添加样式的元素或内容（如果添加公用的样式，可以不选择任何内容）。

Step 02　执行下列操作之一，添加 CSS 样式。

- 单击菜单栏中的"格式"|"CSS 样式"|"新建"命令。
- 单击内容或者元素"属性"面板中的"CSS"按钮，然后单击"编辑规则"按钮。
- 右击，在弹出的快捷菜单中选择"CSS 样式"|"新建"命令。
- 单击菜单栏中的"窗口"|"CSS 样式"命令，打开"CSS 样式"面板，单击面板底部的"新建 CSS 规则"按钮。

执行以上操作之一后，打开"新建 CSS 规则"对话框，如图 17-3 所示。

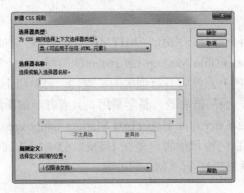

图 17-3　"新建 CSS 规则"对话框

Step 03　在"新建 CSS 规则"对话框中，定义新建 CSS 样式的参数，其中部分参数的意义如下。

- 选择器类型：为 CSS 规则选择上下文选择器类型。"类"表示定义文档中使用的类。定义的类可以应用于页面中的任何元素。"ID"表示定义页面相应 ID 元素使用的样式。ID 类型的样式，在页面中不能重复使用。"标签"是只在文档中使用的 HTML 元素，如<table>、<div>等。使用标签类型，可以重新定义标签的显示效果。定义了标签的 CSS 样式后，页面中所有相同的标签都将使用该属性。在复合内容中还可以定义链接内容使用的样式。
- 选择或输入选择器名称：定义各种类型选择符的名称。
- 规则定义：选择样式定义的位置。选择"新建样式表文件"，将样式定义在新的样式表文件之中。选择"仅限该文档"，将样式定义在当前页面的头部。

Step 04　如果在"新建 CSS 规则"对话框的"规则定义"下拉列表中选择"新建样式表文件"选项，则会打开如图 17-4 所示的"将样式表文件另存为"对话框，选择保存样式表的位置，然后单击"确定"按钮，打开"CSS 规则定义"对话框，如图 17-5 所示。如果选择"仅限该文档"选项，则单击"确定"按钮后直接打开"CSS 规则定义"对话框。

图 17-4　"将样式表文件另存为"对话框

图 17-5　"CSS 规则定义"对话框

Step 05 定义好 CSS 规则之后，单击"确定"按钮，将 CSS 样式添加到文档中。

17.2.2　使用类

在 Dreamweaver 中，"类"类型样式可以使用在多个内容上。

Step 01 在页面中单击，并新建 CSS 样式，打开"新建 CSS 规则"对话框。

Step 02 设定选择器类型为"类"，添加名称 "main"，选择规则定义为"仅限该文档"，如图 17-6 所示。

Step 03 在"新建 CSS 规则"对话框中，定义新建 CSS 样式的参数。定义背景颜色为灰色（#999999），边框为 5 像素、深灰色（#333333）的实线，高度为 100 像素。

Step 04 在文档窗口中选择要定义 CSS 样式的元素。在"属性"面板中，打开"类"下拉列表，显示了内容或元素可以使用的类，如图 17-7 所示。

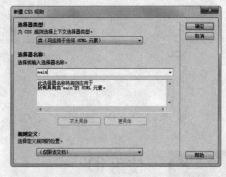

图 17-6　"新建 CSS 规则"对话框

Step 05 选择"main"选项，将 main 中定义的 CSS 样式应用于所选元素。

应用 main 样式后，页面的显示效果如图 17-8 所示。

图 17-7　"类"下拉列表

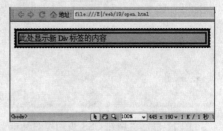

图 17-8　应用 CSS 样式后的效果

17.2.3　使用标签

在 Dreamweaver 中，"标签"类型样式可以应用在所有相同标签内容上。

Step 01 在页面中单击，并新建 CSS 样式，打开"新建 CSS 规则"对话框。

Step 02 设定选择器类型为"标签"，在"选择器名称"下拉列表中选择"div"，如图 17-9 所示。

Step 03 单击"确定"按钮，打开"CSS 规则定义"对话框，定义背景颜色为浅灰色（#cccccc），边框为 5 像素、深灰色（#333333）的实线，宽度为 100%，高度为 100 像素。

Step 04 在文档窗口中新建"Div 标签"，所有新建的 Div 标签都将使用新建的标签样式，如图 17-10 所示。

图 17-9　"新建 CSS 规则"对话框

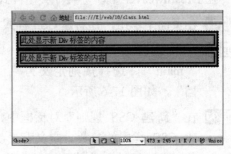

图 17-10　应用标签样式的效果

17.2.4　使用 ID

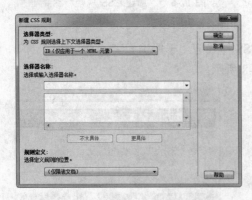

图 17-11　"新建 CSS 规则"对话框

在 Dreamweaver 中，"ID"类型样式，在文档中是唯一标识的标签内容，同时会为相应标签添加唯一标识的 ID。

Step 01 在页面中单击，并新建 CSS 样式，打开"新建 CSS 规则"对话框。

Step 02 设定选择器类型为"ID"，输入选择器名称"#main"，选择规则定义为"仅限该文档"选项，如图 17-11 所示。

在定义"ID"类型时，一定要在名称前添加符号"#"。

Step 03 单击"确定"按钮，打开"CSS 规则定义"对话框，定义新建 CSS 样式的参数。定义背景颜色为灰色（#999999），边框为 5 像素、深灰色（#333333）的实线，高度为 100 像素。

Step 04 在文档窗口选择要定义 CSS 样式的元素。在"属性"面板中单击"类"下拉列表，显示了文档中定义的所有"ID"样式，选择"main"选项，如图 17-12 所示，将 main 中定义的 CSS 样式应用于所选元素，。

图 17-12　选择"main"选项

17.2.5　使用复合内容

在 Dreamweaver 中，"复合内容"类型样式，基于选择的内容，能够实现自动确定 CSS 路径。

Step 01 在页面中单击，并新建 CSS 样式，打开"新建 CSS 规则"对话框。

Step 02 设定选择器类型为"复合内容"，输入选择器名称"#main"，选择规则定义为"仅限该文档"选项，如图 17-13 所示。

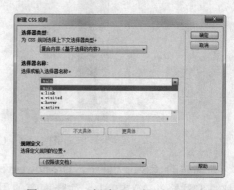

图 17-13　"新建 CSS 规则"对话框

在定义"复合内容"类型时，一定要在名称前添加符号"#"。

在"新建 CSS 规则"对话框中，单击"选择器名称"选项中的下拉按钮，打开高级选项的下拉菜单，如图 17-13 所示。

其中 4 个参数对应链接的 4 种样式，意义分别如下。
- a:link：定义链接内容原始状态的样式。
- a:visited：定义链接内容访问后的样式。
- a:hover：定义鼠标指针悬停在链接内容上的样式。
- a:active：定义链接激活的样式。

关于链接内容样式的定义，将在后面章节中详细讲解。

17.3　新建 CSS 样式文件和附加样式

在 Dreamweaver 中，可以新建独立的 CSS 样式文件，并通过附加样式的方法应用文档外独立的样式文件。

17.3.1　新建 CSS 样式文件

在 Dreamweaver 中，新建 CSS 样式文件的操作步骤如下。

Step 01 单击菜单栏中的"文件"|"新建"命令，打开"新建文档"对话框，在"页面类型"列表中选择"CSS"。

Step 02 单击"确定"按钮，新建 CSS 文件。CSS 文件的显示效果如图 17-14 所示。

图 17-14　CSS 文件的显示效果

在新建的 CSS 文件中，Dreamweaver 会自动添加两句代码，指定样式文件使用的编码格式和注释。在 CSS 中，注释内容使用如下格式。

```
/* 注释内容 */
```

在 CSS 文件中使用注释，可以使代码更加方便阅读。

> **注意**　CSS 文件没有"设计"和"拆分"视图。

Step 03 执行下列操作之一，打开"新建 CSS 规则"对话框。

- 单击菜单栏中的"文本"|"CSS 样式"|"新建"命令。
- 右击，在弹出的快捷菜单中选择"CSS 样式"|"新建"命令。
- 单击菜单栏中的"窗口"|"CSS 样式"命令，打开"CSS 样式"面板，单击面板底部的"新建 CSS 规则"按钮 。

Step 04 在"新建 CSS 规则"对话框中，定义新建 CSS 样式的类型为"类"，名称为"main"。

Step 05 则单击"确定"按钮，打开"div 的 CSS 规则定义"对话框，定义如图 17-15 所示的 CSS 规则。

Step 06 单击"确定"按钮，完成 CSS 规则的定义，此时文档窗口显示的代码如图 17-16 所示。

图 17-15　定义 CSS 规则

图 17-16　CSS 文件的显示效果

在"CSS 规则定义"对话框中添加的所有规则，都对应相应的样式代码。

Step 07 单击菜单栏中的"文件"|"保存"或者"文件"|"另存为"命令，在打开的"另存为"对话框中选择文件保存的位置，并重新命名文件。CSS 文件的扩展名为".css"。

Step 08 单击"确定"按钮，保存 CSS 文件。

17.3.2　使用附加样式

在 Dreamweaver 中，可以通过附加样式的方法，使用文档以外的 CSS 样式文件，具体步骤如下。

Step 01 执行下列操作之一，打开"链接外部样式表"对话框。

- 单击菜单栏中的"文本"|"CSS 样式"|"附加样式表"命令。
- 右击，在弹出的快捷菜单中选择"CSS 样式"|"附加样式表"命令。

打开的"链接外部样式表"对话框如图 17-17 所示，其中部分参数的意义如下。

- 文件/URL：选择使用的 CSS 样式文件，或者直接输入 CSS 样式文件的绝对路径或相对路径。

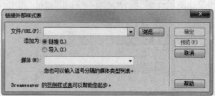

图 17-17　"链接外部样式表"对话框

- 添加为：选择链接 CSS 样式文件的方法。"链接"选项，使用<link>元素链接样式文件；"导入"选项，使用 @import 方法链接样式文件。两种链接方法的具体区别如下。

选择"链接"选项，对应的页面代码如下。

```
<link href="css.css" rel="stylesheet" type="text/css" />
```

选择"导入"选项，对应的页面代码如下。

```
<style type="text/css">
  <!--
    @import url("css.css");
  -->
</style>
```

使用"导入"选项，可以在样式文件中导入其他的样式。@import 只能在<style>文件或者 CSS 文件中使用。

Step 02 单击"确定"按钮，完成附加样式。

Step 03 选择要添加样式的元素或内容。

Step 04 在元素的"属性"面板中，在"类"下拉列表中可以看到外部附加的样式文件中的样式，如图 17-18 所示。

图 17-18　　"类"下拉列表中的可选样式

17.4　使用"CSS 样式"面板

在 Dreamweaver 中，可以使用"CSS 样式"面板查看和编辑 CSS 样式。通过"CSS 样式"面板编辑样式更加方便、直观。

1. 打开"CSS 样式"面板

单击菜单栏中的"窗口"|"CSS 样式"命令，打开"CSS 样式"面板。在"CSS 样式"面板中，有"全部"和"当前"两种模式。"全部"模式下的显示效果如图 17-19 所示，"当前"模式下的显示效果如图 17-20 所示。

图 17-19　　"全部"模式下的"CSS 样式"面板

图 17-20　　"当前"模式下的"CSS 样式"面板

2．使用"全部"模式

在"全部"模式下，如图 17-19 所示，"CSS 样式"面板分为两个部分。上面是"所有规则"栏，下面是"属性"栏。

在"所有规则"栏中，显示了页面以及链接文件中定义的所有 CSS 规则。

Step 01 选择"所有规则"栏中的某个规则。

Step 02 执行下列操作之一，更改 CSS 规则。

- 右击，在弹出的快捷菜单中选择"编辑"命令，在打开的"CSS 规则定义"对话框中重新定义 CSS 规则。
- 右击，在弹出的快捷菜单中选择"重命名类"命令，打开"重命名类"对话框，如图 17-21 所示，可以重新命名原来定义的类。

此时"属性"面板会显示选择符中定义的相关样式，如图 17-22 所示。在"属性"面板中单击"属性值"选项，可以直接更改属性值。单击"添加属性"文本，可以打开属性下拉菜单，如图 17-23 所示，选择相应的属性值即可。

图 17-21 "重命名类"对话框

图 17-22 "属性"栏

图 17-23 选择添加的属性

3．使用"当前"模式

在"当前"模式下，如图 17-20 所示，"CSS 样式"面板分为 3 个部分。上面是"所选内容的摘要"栏，中间是"规则"栏，下面是"属性"栏。

- "所选内容的摘要"栏：显示相应元素或内容中定义的相关样式。
- "规则"栏：显示内容的相关信息。
- "属性"栏：显示内容中定义的相关属性。

在"规则"栏中，显示了所选元素或内容中定义的 CSS 规则。

Step 01 选择某个规则。

Step 02 执行下列操作之一，更改 CSS 规则。

- 右击，在弹出的快捷菜单中选择"编辑"命令，在打开的"CSS 规则定义"对话框中重新定义 CSS 规则。
- 双击，在打开的"CSS 规则定义"对话框中重新定义 CSS 规则。

- 在"属性"面板中，单击"属性值"选项，可以直接更改属性值。单击"添加属性"文本，可以打开属性下拉菜单，选择相应的属性值即可。

4．使用"属性"面板

"属性"面板的底部包含更改面板显示和操作的按钮，部分按钮的作用如下。

- ：将以类别的格式显示所有可选的 CSS 属性，其显示效果如图 17-24 所示。
- ：将以列表的格式显示所有可选的 CSS 属性，其显示效果如图 17-25 所示。

图 17-24　以类别格式显示可选 CSS 属性

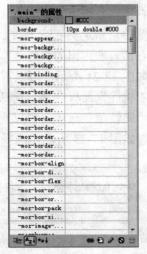

图 17-25　以列表格式显示可选 CSS 属性

- ：只显示当前定义的 CSS 属性。
- ：链接外部附加的样式。
- ：添加新的样式。
- ：编辑样式。
- ：删除样式。

使用"属性"面板底部的快捷按钮，可以方便地显示和管理样式。

17.5　设置 CSS 属性

图 17-26　未定义任何样式的显示效果

在 Dreamweaver 中，可以定义的 CSS 属性很多，包括类型、背景、区块、方框、边框、列表、定位、扩展 8 个类别。下面通过示例讲解每种类别中各个属性使用的属性值和效果。示例中使用的元素和内容，在未定义任何样式时显示效果如图 17-26 所示。

17.5.1　类型属性

在"CSS 规则定义"对话框中，选择"分类"列表中的"类型"选项，打开"类型"选项卡。在"类型"选项卡中，可以定义元素 3 个部分的显示效果，分别为字体的相关属性、段落的相关属性、文本的样式。

1．定义字体的相关属性

字体的相关属性包括字体的选择、字体的颜色、字体的大小、字体的显示方式、字体的样式等。

Step 01 在页面中单击，选择插入元素的位置。

Step 02 单击菜单栏中的"插入记录"|"布局对象"|"Div 标签"命令，插入 Div 标签。

Step 03 在 Div 标签中单击，添加文本内容。

Step 04 选择 Div 标签，右击，在弹出的快捷菜单中选择"CSS 样式"|"新建"命令，打开"新建 CSS 规则"对话框，定义相应的参数，如图 17-27 所示。

Step 05 单击"确定"按钮，打开"CSS 规则定义"对话框，定义相应的参数，如图 17-28 所示。

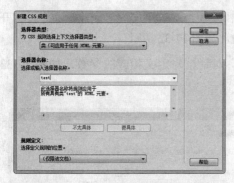

图 17-27　"新建 CSS 规则"对话框 1

图 17-28　"类型"选项卡 1

说明　在类型规则中，定义了字体、字体大小、字体的显示效果、字体的颜色属性。其中，默认的字体选项中没有"黑体"，如图 17-29 所示。选择列表底部的"编辑字体列表"选项，打开"编辑字体列表"对话框，如图 17-30 所示。

图 17-29　可选字体列表

图 17-30　"编辑字体列表"对话框

在"编辑字体列表"对话框中，单击"可用字体"列表中的某个字体，然后单击 << 按钮，将字体添加到"选择的字体"列表中，单击"确定"按钮，将字体添加到可选字体列表中。

图 17-31　文档在浏览器中的显示效果 1

Step 06 单击"确定"按钮，完成 CSS 规则的定义。

定义完 CSS 样式后，文本内容在浏览器中的显示效果如图 17-31 所示。

2. 定义段落的相关属性

段落的相关属性，主要是指段落中文本的行高属性。

Step 01 在页面中单击，选择插入元素的位置。

Step 02 单击菜单栏中的"插入记录"|"布局对象"|"Div 标签"命令，插入 Div 标签。

Step 03 在 Div 标签中单击，添加文本内容。

Step 04 选择 Div 标签，右击，在弹出的快捷菜单中选择"CSS 样式"|"新建"命令，打开"新建 CSS 规则"对话框，定义相应的参数，如图 17-32 所示。

Step 05 单击"确定"按钮，打开"CSS 规则定义"对话框，定义相应的参数，如图 17-33 所示。

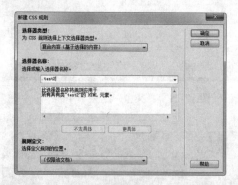

图 17-32　"新建 CSS 规则"对话框 2

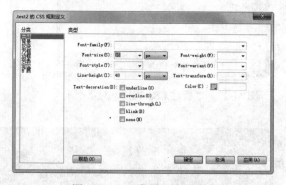

图 17-33　"类型"选项卡 2

在类型规则中，定义了文本的行高属性。其中，行高的单位可以使用像素这样的相对单位，也可以使用厘米这样的绝对单位。定义行高后，文本内容处于行高的中部。如果定义的行高小于字体的大小，文本会重叠显示。

Step 06 单击"确定"按钮，完成 CSS 规则的定义。

定义完 CSS 样式后，文本内容在浏览器中的显示效果如图 17-34 所示。

3. 定义文本的样式

文本的样式是指段落中文本的下划线、上划线或者删除线等属性。

Step 01 在页面中单击，选择插入元素的位置。

Step 02 单击菜单栏中的"插入记录"|"布局对象"|"Div 标签"命令，插入 Div 标签。

Step 03 在 Div 标签中单击，添加文本内容。

Step 04 选择 Div 标签，右击，在弹出的快捷菜单中选择"CSS 样式"|"新建"命令，打开"新建 CSS 规则"对话框，定义相应的参数，如图 17-35 所示。

图 17-34 文档在浏览器中的显示效果 2

Step 05 单击"确定"按钮，打开"CSS 规则定义"对话框，定义相应的参数，如图 17-36 所示。

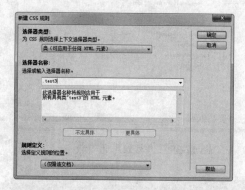

图 17-35 "新建 CSS 规则"对话框 3

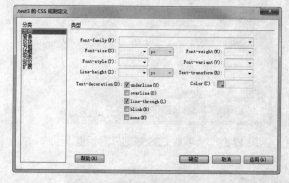

图 17-36 "类型"选项卡 3

说明　在类型规则中，可以定义单独的文本样式，也可以同时定义几个文本样式。

Step 06 单击"确定"按钮，完成 CSS 规则的定义。

定义完 CSS 样式后，文本内容在浏览器中的显示效果如图 17-37 所示。

图 17-37 文档在浏览器中的显示效果

17.5.2　背景属性

在 CSS 规则中，背景属性用来定义元素使用的背景颜色、背景图像，以及背景图像的显示位置、重复效果等。

Step 01 在页面中单击，选择插入元素的位置。

Step 02 单击菜单栏中的"插入记录"|"布局对象"|"Div 标签"命令，插入 Div 标签。

Step 03 在 Div 标签中单击，添加文本内容。

Step 04 选择 Div 标签，右击，在弹出的快捷菜单中选择"CSS 样式"|"新建"命令，打开"新建 CSS 规则"对话框，定义相应的参数，如图 17-38 所示。

Step 05 单击"确定"按钮，打开"CSS 规则定义"对话框，定义相应的参数，如图 17-39 所示。

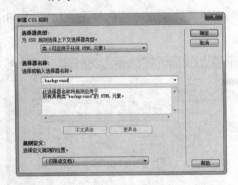

图 17-38　"新建 CSS 规则"对话框

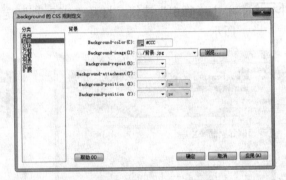

图 17-39　"背景"选项卡

> **说明**　在背景规则中，如果同时定义了重复属性和水平、垂直位置属性，则背景图像会以水平、垂直定义的位置为起点，重复排列。

Step 06 单击"确定"按钮，完成 CSS 规则的定义。

定义完 CSS 样式后，文本内容在浏览器中的显示效果如图 17-40 所示。

图 17-40　文档在浏览器中的显示效果

17.5.3　区块属性

在 CSS 规则中，区块属性用来定义元素中文本的文字间距、对齐效果、文本缩进、空格的显示等。

Step 01 在页面中单击，选择插入元素的位置。

Step 02 单击菜单栏中的"插入记录"|"布局对象"|"Div 标签"命令，插入 Div 标签。

Step 03 在 Div 标签中单击，添加文本内容。

Step 04 选择 Div 标签，右击，在弹出的快捷菜单中选择"CSS 样式"|"新建"命令，打开如图 17-41 所示的"新建 CSS 规则"对话框，定义相应的参数，如图 17-42 所示。

Step 05 单击"确定"按钮，打开"CSS 规则定义"对话框，定义相应的参数，如图 17-43 所示。

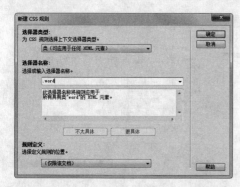

图 17-41　"新建 CSS 规则"对话框

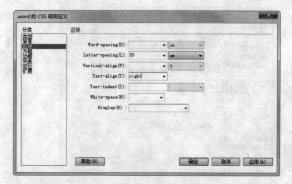

图 17-42　"区块"选项卡

> **说明**　在区块规则中，由于中文中没有"单词"这个单位，所以定义单词间距对中文没有效果。

Step 06 单击"确定"按钮，完成 CSS 规则的定义。

定义完 CSS 样式后，文本内容在浏览器中的显示效果如图 17-43 所示。

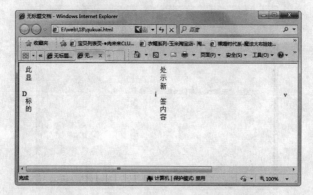

图 17-43　文档在浏览器中的显示效果

17.5.4　方框属性

在 CSS 规则中，方框属性用来定义元素的宽度、高度、元素和内容之间的距离、元素和其他元素之间的距离、浮动和清除等。

Step 01　在页面中单击，选择插入元素的位置。

Step 02　单击菜单栏中的"插入记录"|"布局对象"|"Div 标签"命令，插入 Div 标签。

Step 03　在 Div 标签中单击，添加文本内容。

Step 04　选择 Div 标签，右击，在弹出的快捷菜单中选择"CSS 样式"|"新建"命令，打开"新建 CSS 规则"对话框，定义相应的参数，如图 17-44 所示。

Step 05　单击"确定"按钮，打开"CSS 规则定义"对话框，定义相应的参数，如图 17-45 所示。

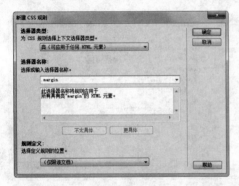

图 17-44　"新建 CSS 规则"对话框

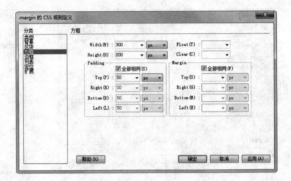

图 17-45　"方框"选项卡

> **说明**　方框规则中，可以定义所有的填充和边界都相同，也可以单独定义各个方向的填充和边界属性。

Step 06　单击"确定"按钮，完成 CSS 规则的定义。

定义完 CSS 样式后，文本内容在浏览器中的显示效果如图 17-46 所示。

图 17-46　文档在浏览器中的显示效果

17.5.5 边框属性

在 CSS 规则中，边框属性用来定义元素边框的显示效果、边框宽度、边框颜色等。

Step 01 在页面中单击，选择插入元素的位置。

Step 02 单击菜单栏中的"插入记录"|"布局对象"|"Div 标签"命令，插入 Div 标签。

Step 03 在 Div 标签中单击，添加文本内容。

Step 04 选择 Div 标签，右击，在弹出的快捷菜单中选择"CSS 样式"|"新建"命令，打开"新建 CSS 规则"对话框，定义相应的参数，如图 17-47 所示。

Step 05 单击"确定"按钮，打开"CSS 规则定义"对话框，定义相应的参数，如图 17-48 所示。

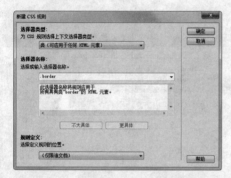

图 17-47 "新建 CSS 规则"对话框

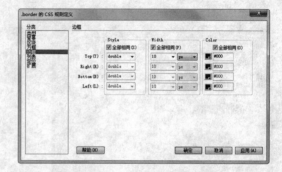

图 17-48 "边框"选项卡

> **说明** 在边框规则中，可以定义所有边框的显示效果都相同，也可以单独定义各个方向的边框属性。

Step 06 单击"确定"按钮，完成 CSS 规则的定义。

定义完 CSS 样式后，文本内容在浏览器中的显示效果如图 17-49 所示。

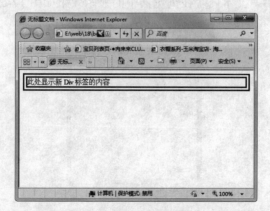

图 17-49 文档在浏览器中的显示效果

17.5.6　列表属性

在 CSS 规则中，列表属性用来定义列表元素中项目符号的显示效果、项目符号的替代图像、项目符号的显示位置等。

Step 01 在页面中单击，选择插入元素的位置。

Step 02 单击菜单栏中的"文本"|"列表"|"项目列表"命令，插入 Div 标签。

Step 03 在列表中添加列表项目。

Step 04 选择列表，右击，在弹出的快捷菜单中选择"CSS 样式"|"新建"命令，打开"新建 CSS 规则"对话框，定义相应的参数，如图 17-50 所示。

Step 05 单击"确定"按钮，打开"CSS 规则定义"对话框，定义相应的参数，如图 17-51 所示。

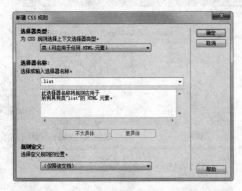
图 17-50　"新建 CSS 规则"对话框

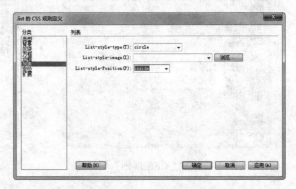
图 17-51　"列表"选项卡

> 说明　在列表规则中，不能控制项目符号显示的精确位置。

Step 06 单击"确定"按钮，完成 CSS 规则的定义。

定义完 CSS 样式后，文本内容在浏览器中的显示效果如图 17-52 所示。

图 17-52　文档在浏览器中的显示效果

17.5.7　定位属性

在 CSS 规则中，定位属性用来定义元素边框的显示效果、边框宽度、边框颜色等。

Step 01 在页面中单击，选择插入元素的位置。

Step 02 单击菜单栏中的"插入记录"|"布局对象"|"Div 标签"命令，插入 Div 标签。

Step 03 在 Div 标签中，单击，添加文本内容。

Step 04 选择 Div 标签，右击，在弹出的快捷菜单中选择"CSS 样式"|"新建"命令，打开"新建 CSS 规则"对话框，定义相应的参数，如图 17-53 所示。

Step 05 单击"确定"按钮，打开"CSS 规则定义"对话框，定义相应的参数，如图 17-54 和图 17-55 所示。

图 17-53　"新建 CSS 规则"对话框

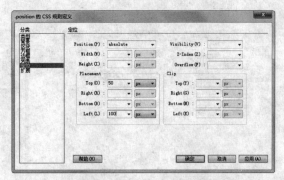

图 17-54　"定位"选项卡

> **说明**　在以上定义的 CSS 规则中，背景属性用来显示定位属性的效果，如图 17-56 所示。

Step 06 单击"确定"按钮，完成 CSS 规则的定义。

定义完 CSS 样式后，文本内容在浏览器中的显示效果如图 17-56 所示。

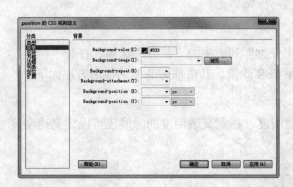

图 17-55　"背景"选项卡

图 17-56　文档在浏览器中的显示效果

17.5.8　扩展属性

在 CSS 规则中，扩展属性用来定义打印时的分页效果、光标的显示效果、CSS 滤镜等。

Step 01 在页面中单击，选择插入元素的位置。

Step 02 单击菜单栏中的"插入记录"|"布局对象"|"Div 标签"命令，插入 Div 标签。

Step 03 在 Div 标签中单击，添加文本内容。

Step 04 选择 Div 标签，右击，在弹出的快捷菜单中选择"CSS 样式"|"新建"命令，打开"新建 CSS 规则"对话框，定义相应的参数，如图 17-57 所示。

Step 05 单击"确定"按钮，打开"CSS 规则定义"对话框，定义相应的参数，如图 17-58 所示。

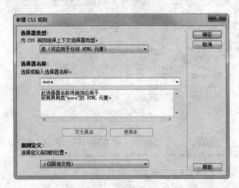　　

　　图 17-57　"新建 CSS 规则"对话框　　　　　图 17-58　"扩展"选项卡

> **说明**　在扩展规则中，某些光标属性在不同的浏览器中会显示不同的效果。

Step 06 单击"确定"按钮，完成 CSS 规则的定义。

定义完 CSS 样式后，在浏览器中当鼠标指针悬停在元素上时显示十字形状。

17.5.9　CSS 滤镜

在"CSS 规则定义"对话框中，选择"分类"列表中的"扩展"选项，打开"扩展"选项卡，在"过滤器"选项中可以定义各种 CSS 滤镜。其中部分滤镜的使用方法如下。

1．透明度滤镜

透明度滤镜用来定义元素内容显示的透明度。在定义透明度的时候还可以定义透明度的显示方式、开始位置等，具体步骤如下。

Step 01 在页面中单击，选择插入元素的位置。

Step 02 单击菜单栏中的"插入记录"|"图像"命令，插入图像。

Step 03 选择图像，右击，在弹出的快捷菜单中选择"CSS 样式" | "新建"命令，打开
　　　　"新建 CSS 规则"对话框，定义相应的参数，如图 17-59 所示。

Step 04 单击"确定"按钮，打开"CSS 规则定义"对话框，定义相应的参数，如图 17-60
　　　　所示。

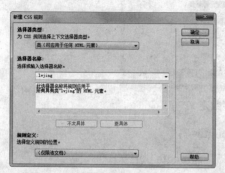

图 17-59　"新建 CSS 规则"对话框

图 17-60　透明度滤镜参数定义

Step 05 选择"Filter"为"Alpha(Opacity=?, FinishOpacity=?, Style=?, StartX=?, StartY=?,
　　　　FinishX=?, FinishY=?)"。

Step 06 定义透明度滤镜的 Opacity 为 50，Style 为 3，删除其他属性。
　　　　文档在设计视图的显示效果如图 17-61 所示。在浏览器中的显示效果如图 17-62 所示。

图 17-61　文档在"设计"视图的显示效果 1

图 17-62　文档在浏览器中的显示效果 1

2. 模糊滤镜

　　模糊滤镜用来定义元素内容显示的模糊效果。在定义模糊效果的时候还可以定义模糊
的方向和范围等，具体步骤如下。

Step 01 在页面中单击，选择插入元素的位置。

Step 02 单击菜单栏中的"插入记录" | "图像"命令，插入图像。

Step 03 打开"CSS 规则定义"对话框，定义相应的参数，如图 17-63 所示。

图 17-63　模糊滤镜参数定义

选择"Filter"为"Blur(Add=?, Direction=?, Strength=?)"。

Step 04 定义模糊滤镜的 Add 为 true，Direction 为 45，Strength 为 100。

文档在设计视图的显示效果如图 17-64 所示。在浏览器中的显示效果如图 17-65 所示。

图 17-64　文档在"设计"视图的显示效果 2

图 17-65　文档在浏览器中的显示效果 2

3．波浪滤镜

波浪滤镜用来定义元素内容显示的波浪效果，在定义波浪效果的时候还可以定义波浪的频率、偏移量、强度等，具体操作如下。

Step 01 在页面中单击，选择插入元素的位置。

Step 02 单击菜单栏中的"插入记录"|"图像"命令，插入图像。

Step 03 选择图像，右击，在弹出的快捷菜单中选择"CSS 样式"|"新建"命令，打开"新建 CSS 规则"对话框，定义相应的参数。

Step 04 单击"确定"按钮，打开"CSS 规则定义"对话框，定义相应的参数，如图 17-66 所示。

选择"Filter"为"Wave(Add=?, Freq=?, LightStrength=?, Phase=?, Strength=?)"。

波浪滤镜中，Add 参数定义是否显示模糊效果，Freq 参数定义波浪的频率，LightStrength 参数定义增强光效果，Phase 参数定义正弦波的偏移量，Strength 参数定义波浪的强度。

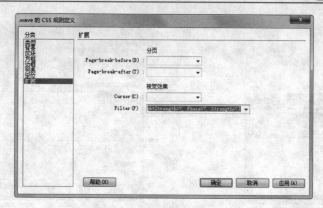

图 17-66　波浪滤镜参数定义

Step 05　定义滤镜的参数为：Wave(Add=true, Freq=200, LightStrength=50, Phase=0, Strength=10)。

文档在"设计"视图的显示效果如图 17-67 所示。在浏览器中的显示效果如图 17-68 所示。

图 17-67　文档在"设计"视图的显示效果 3

图 17-68　文档在浏览器中的显示效果 3

17.6　定义链接的样式

在 Dreamweaver 中，可以使用 CSS 样式定义链接内容使用的样式，具体步骤如下。

Step 01　选择包含链接的文本内容，其在浏览器中的显示效果如图 17-69 所示。

Step 02　右击，在弹出的快捷菜单中选择"CSS 样式"|"新建"命令，打开"新建 CSS 规则"对话框，选择复合内容中的 a:link 选择器，如图 17-70 所示。

图 17-69　链接内容的默认显示效果

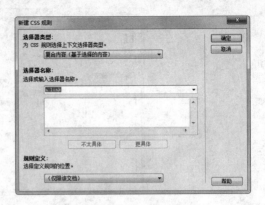

图 17-70　定义链接选择器

Step 03 单击"确定"按钮，在打开的"CSS 规则定义"对话框中定义相应的 CSS 规则，如图 17-71 所示。

Step 04 单击"确定"按钮，应用定义的 CSS 样式。应用样式后，链接文本的显示效果如图 17-72 所示。

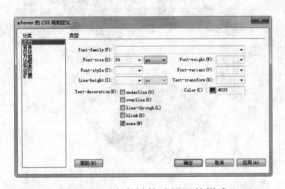

图 17-71　定义链接选择器的样式

图 17-72　定义 a:link 样式后的显示效果

Step 05 选择链接文本，右击，在弹出的快捷菜单中选择"CSS 样式" | "新建"命令，打开"新建 CSS 规则"对话框，选择复合内容中的 a:visited 选择器。

Step 06 单击"确定"按钮，在打开的"CSS 规则定义"对话框中定义相应的 CSS 规则，如图 17-73 所示。

Step 07 选择链接文本，右击，在弹出的快捷菜单中选择"CSS 样式" | "新建"命令，打开"新建 CSS 规则"对话框，选择复合内容中的 a:hover 选择器。

Step 08 单击"确定"按钮，在打开的"CSS 规则定义"对话框中定义相应的 CSS 规则，如图 17-74 所示。

Step 09 定义相应的 CSS 规则后，当鼠标指针悬停在链接文本上时，显示效果如图 17-75 所示。当访问链接以后，显示效果如图 17-76 所示。

图 17-73 定义 a:visited 样式

图 17-74 定义 a:hover 样式

图 17-75 鼠标指针悬停时的显示效果

图 17-76 链接访问后的显示效果

17.7 小结

本章主要讲解了 CSS 样式表的使用方法。使用 CSS 样式表已经成为目前网页设计中最常用的布局和表现方法。能够熟练运用 CSS 样式对页面进行布局，已经成为一个网页设计师的必备技能。由于 CSS 样式表的内容非常多，所以学习本章内容时需要不断练习和复习。

17.8 习题与思考

1. CSS 是利用（　　）元素构建网页布局的。

A. <dir> 　　　　 B. <div> 　　　　 C. <dis> 　　　　 D. <dif>

2. 以下正确的 CSS 语法格式是（　　）。

A. body:color=black 　　　　　　 B. {body;color:black}

C. body {color: black;} 　　　　 D. {body:color=black(body}

3．为网页添加样式文件的方式有哪些？（　　　）

A．内联式样式表　　　　　　　　B．嵌入式样式表

C．补充式样式表　　　　　　　　D．链接式样式表

4．下列属性中能够设置盒模型的左侧外补丁的属性是（　　　）。

A．margin:　　　　B．indent:　　　　C．margin-left:　　　　D．text-indent:

5．定义 CSS 属性 clear 的值为_____时可清除左右两边浮动元素。

6．文字居中的 CSS 代码是_____。

7．CSS 滤镜只能在_____中使用。

8．可以使用什么 CSS 样式对元素进行定位？

9．使用几种 CSS 样式的优先级是怎样的？

第18章 使用行为

在 Dreamweaver 中，使用"行为"面板可以添加各种交互内容和相应的行为。下面详细讲解使用行为的知识。

18.1 行为简介

在 Dreamweaver 中，行为是在客户端运行的代码。使用相关的事件（如鼠标单击或悬停鼠标等）来触发相应的行为。

Dreamweaver 的"行为"面板中定义的行为，都是使用 JavaScript 代码编写的。每种行为完成相应的动作，如打开隐藏的菜单、打开浏览器窗口等。因为行为是在客户端运行的脚本，所以行为的运行要受到浏览器的限制。部分行为在特定的浏览器中无法正常运行。

下面是一个使用行为的示例。使用行为定义当页面加载时，弹出相应的信息框。其显示效果如图 18-1 所示。

图 18-1　使用行为的显示效果

在 Dreamweaver 中可以使用 20 多个行为。各个行为作用的内容并不相同，选择不同的页面内容可以定义相应的行为。

18.2 创建、修改和删除行为

在 Dreamweaver 中，要使用"行为"面板来创建行为。下面讲解"行为"面板以及创建行为的方法。

1．使用"行为"面板

单击菜单栏中的"窗口"|"行为"命令，打
开"行为"面板，如图 18-2 所示。

在"行为"面板中，可以进行行为的相关操
作，其中主要按钮的作用如下。

- "显示设置事件"：显示当前文档中
  设置的事件。
- "显示所有事件"：显示相应类别的
  所有事件。

图 18-2　"行为"面板

- "添加行为"：打开行为的下拉菜单，可以显示和选择可以添加的行为。
- "删除事件"：删除列表中选择的事件。
- 和：当某个行为中有几个事件时，使用这两个按钮可以更改事件的顺序。

在"行为"对话框中，单击"添加行为"按钮，在下拉菜单中选择"显示事件"
命令，可以选择支持事件的浏览器。

2．创建行为

不同的行为应用的对象不同，并不是所有内容都可以使用所有的行为（如文本内容，
需要制作链接后才能添加相应的行为）。创建行为的具体步骤如下。

Step 01 在文档中选择相应的元素或内容。

Step 02 单击菜单栏中的"窗口"|"行为"命令，打开"行为"面板。

Step 03 在"行为"面板中选择需要添加的行为。

Step 04 在相应的行为设置对话框中，设置行为中使用的参数。

Step 05 单击"确定"按钮，完成行为的创建。

3．修改行为

在 Dreamweaver 中，可以通过"行为"面板更改已经定义的行为，具体步骤如下。

Step 01 在文档中选择使用相应行为的元素或内容。

Step 02 单击菜单栏中的"窗口"|"行为"命令，打开"行为"面板。

Step 03 在"行为"面板中，选择当前元素中定义行为的相应事件。

Step 04 双击事件选项，打开相应的行为设置对话框，修改相关参数。

Step 05 单击"确定"按钮，完成行为的修改。

4．删除行为

通过"行为"面板，可以删除已经定义的行为，具体步骤如下。

Step 01 在文档中选择使用相应行为的元素或内容。

Step 02 单击菜单栏中的"窗口"|"行为"命令，打开"行为"面板。

Step 03 在"行为"面板中，选择当前元素中定义行为的相应事件。

Step 04 单击"删除行为"按钮 ━，删除列表中选择的事件。

18.3 使用行为

Dreamweaver 中自带了很多行为，包括弹出信息、打开浏览器窗口、更改属性等。这些行为都可以使用"行为"面板来创建。

18.3.1 交换图像

交换图像行为，可以使图像文件在鼠标指针经过时显示替换的图像内容，具体步骤如下。

Step 01 在文档中单击，选择图像的插入点。

Step 02 单击菜单栏中的"插入记录"|"图像"命令，打开"选择图像源文件"对话框，选择图像文件，单击"确定"按钮。

Step 03 单击菜单栏中的"窗口"|"行为"命令，打开"行为"面板。

Step 04 选择图像，单击"添加行为"按钮 ➕，在下拉菜单中选择"交换图像"命令。

Step 05 打开"交换图像"对话框，添加相应的参数，如图 18-3 所示。

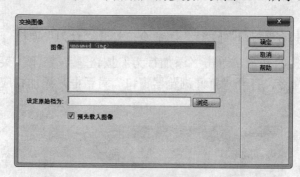

图 18-3 "交换图像"对话框

在"交换图像"对话框中，各选项的意义如下。

- 图像：文档中选择的图像。
- 设定原始档为：定义交换图像的内容。
- 预先载入图像：在载入页面的时候即载入交换的图像。

Step 06 单击"确定"按钮，完成交换图像行为的定义。

定义了交换图像行为后，文档在原始状态下的显示效果如图 18-4 所示。当鼠标指针滑过图像时，文档的显示效果如图 18-5 所示。

图 18-4　文档在原始状态下的显示效果　　　　图 18-5　鼠标经过时文档的显示效果

18.3.2　打开浏览器窗口

打开浏览器窗口行为，可以定义当单击某链接内容时，打开浏览器窗口，并定义浏览器窗口的相应参数，具体步骤如下。

Step 01 在文档中单击，添加文本内容"打开浏览器链接"。

Step 02 选择文本内容，在"属性"栏的"链接"文本框中添加"javascript:;"，制作空链接。

Step 03 单击菜单栏中的"窗口"|"行为"命令，打开"行为"面板。

Step 04 选择包含链接的文本，单击"添加行为"按钮 ，在下拉菜单中选择"打开浏览器窗口"命令，打开"打开浏览器窗口"对话框，添加相应的参数，如图 18-6所示。

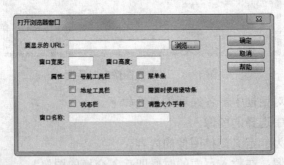

图 18-6　"打开浏览器窗口"对话框

在"打开浏览器窗口"对话框中，各参数意义如下。

- 要显示的 URL：定义打开内容的路径。
- 窗口宽度、窗口高度：定义打开浏览器窗口的大小。
- 属性：定义打开窗口的属性。

- 导航工具栏：定义打开的浏览器窗口中显示导航工具。
- 菜单条：定义打开的浏览器窗口中显示菜单栏。
- 地址工具栏：定义打开的浏览器窗口中显示地址栏。
- 需要时使用滚动条：定义打开的浏览器窗口中，当内容超出窗口大小时，显示滚动条。
- 状态栏：定义打开的浏览器窗口中显示状态栏。
- 调整大小手柄：定义打开的浏览器窗口中，可以调整窗口的大小。
- 窗口名称：定义打开窗口的名称。

Step 05 单击"确定"按钮，完成打开浏览器窗口行为的定义。

定义完成打开浏览器窗口行为后，在文档在原始状态下单击链接文本时，可以打开相应的新文档，其显示效果如图 18-7 所示。

图 18-7　文档在原始状态下的显示效果

18.3.3　拖动 AP 元素

拖动 AP 元素是制作出一种可以在浏览器窗口中使用鼠标拖动 AP 元素位置的行为。其具体操作如下。

Step 01 在"插入"栏选择"布局"选项，显示布局的常用插入按钮。

Step 02 选择"绘制 AP Div" ，在文档中制作一个 AP Div。

Step 03 在 AP Div 的"属性"面板中定义元素属性，如图 18-8 所示。

图 18-8　AP Div 的"属性"面板

Step 04 在 AP Div 中添加文本"拖动元素的内容"。

Step 05 单击菜单栏中的"窗口"|"行为"命令，打开"行为"面板。

Step 06 选择包含 AP Div 的<body>元素，单击"添加行为"按钮 + ，在下拉菜单中选择
"拖动 AP 元素"命令，打开"拖动 AP 元素"对话框，添加相应的参数，如图
18-9 所示。

图 18-9　"拖动 AP 元素"对话框

在"拖动 AP 元素"对话框中，各参数意义如下。

● AP 元素：显示选择的 AP 元素。
● 移动：定义拖动元素的范围。
  ■ 不限制：可以在任何位置拖动元素。
  ■ 限制：定义拖动的范围。使用上、下、左、右四个参数定义拖动元素的
    区域。
● 放下目标：定义拖动元素在某个范围时自动显示的位置。其中，左和上是相对浏
  览器的左上角的距离。
● 靠齐距离：当元素拖动到距离"放下目标"一定距离时，元素自动显示在放下目
  标的位置。

Step 07 单击"高级"标签，在"高级"选项卡中添加相应的参数，如图 18-10 所示。

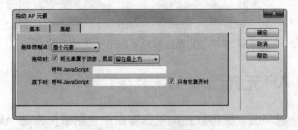

图 18-10　"高级"选项卡

在"高级"选项卡中，各参数意义如下。

● 拖动控制点：定义元素可以拖放的范围。
● 拖动时：定义拖动元素的显示顺序。
  ■ 使用将元素置于顶层，然后：可以定义元素在拖动时显示在最上层，拖放后
    显示在原图层或者继续留在最上方等。
  ■ 呼叫 JavaScript：定义元素使用的 JavaScript 函数等。
● 放下时：呼叫 JavaScript：定义拖动元素放下时使用的 JavaScript 函数等。

Step 08 单击"确定"按钮，完成拖动 AP 元素的定义。

定义完成拖动 AP 元素行为后，文档在原始状态下的显示效果如图 18-11 所示。使用
鼠标拖动元素后，文档的显示效果如图 18-12 所示。

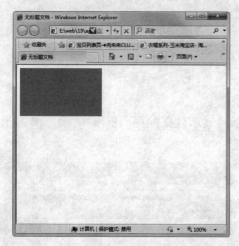

图 18-11　文档在原始状态下的显示效果

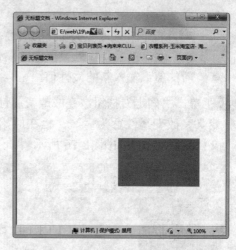

图 18-12　拖动元素后文档的显示效果

18.3.4　改变属性

改变属性行为，定义当进行某个事件时，更改元素的某个属性值，可以更改元素中定义的属性或者在 CSS 中定义的属性，具体步骤如下。

Step 01　在"插入"栏选择"布局"选项，选择"新建 AP Div" 🖺，在文档中制作一个 AP Div。

Step 02　选择 AP Div 元素，在"属性"面板中定义元素的属性，如图 18-13 所示。

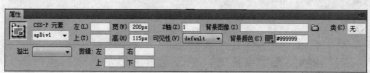

图 18-13　AP Div 的"属性"面板

Step 03　单击菜单栏中的"窗口"|"行为"命令，打开"行为"面板。

Step 04　选择包含 AP Div 元素，单击"添加行为"按钮 💽，在下拉菜单中选择"改变属性"命令，打开"改变属性"对话框，添加相应的参数，如图 18-14 所示。

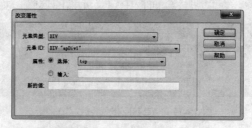

图 18-14　"改变属性"对话框

在"改变属性"对话框中，各参数意义如下。

● 　元素类型：显示选择元素的类型。

● 　元素 ID：显示元素中定义的 ID 属性值。

● 属性：定义要更改的属性。

　■ 选择：定义可以选择的属性。

　■ 输入：手动输入要更改的属性名称。

● 新的值：输入新的属性值。

Step 05 单击"确定"按钮，完成改变属性的定义。

定义完改变属性行为后，文档在原始状态下的显示效果如图 18-15 所示。单击元素后，文档的显示效果如图 18-16 所示。

图 18-15　文档在原始状态下的显示效果

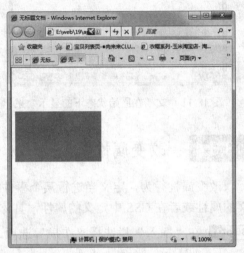

图 18-16　单击后文档的显示效果

18.3.5　效果

效果行为，定义当触发某个事件时，更改元素的显示效果，包括增大/收缩、挤压、显示/渐隐、晃动、滑动、遮帘、高亮颜色等。下面以增大/收缩为例讲解效果行为的应用，具体步骤如下。

Step 01 在"插入"栏选择"布局"选项，选择"AP Div" 圕，在文档中制作一个 AP Div。

Step 02 选择 AP Div 元素，在"属性"面板中定义元素的属性，如图 18-17 所示。

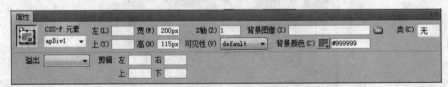

图 18-17　AP Div 的"属性"面板

Step 03 单击菜单栏中的"窗口"|"行为"命令，打开"行为"面板。

Step 04 选择包含 AP Div 元素，单击"添加行为"按钮 ➕，在下拉菜单中选择"效果"| "增大/收缩"命令，打开"增大/收缩"对话框，设置相应的参数，如图 18-18 所示，其中主要参数意义如下。

- 目标元素：显示要设置效果的目标
  元素。
- 效果持续时间：定义增大/收缩效果
  持续的时间。
- 效果：定义要使用的效果。
  - 增大：定义元素的显示效果为
    增大。
  - 收缩：定义元素的显示效果为
    收缩。

图 18-18　"增大/收缩"对话框

- 收缩自：定义 AP Div 元素的初始效果。
- 收缩到：定义 AP Div 元素的结束效果。
- 切换效果：定义再次单击时进行效果切换。

Step 05 单击"确定"按钮，完成增大/收缩效果的定义。

　　定义了增大/收缩效果行为后，文档在原始状态下的显示效果如图 18-19 所示。单击元素后，文档的显示效果如图 18-20 所示。

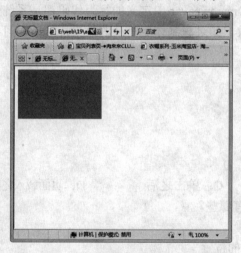

图 18-19　文档在原始状态下的显示效果

图 18-20　单击后文档的显示效果

　　再次单击文档元素后，文档恢复为如图 18-19 所示的状态。

18.3.6　设置状态栏文本

　　设置状态栏文本行为，定义当浏览器显示文档时，在浏览器的状态栏显示的文本内容，其具体步骤如下。

Step 01 在文档中添加文本内容"页面内容部分"。

Step 02 单击菜单栏中的"窗口"|"行为"命令，打开"行为"面板。

Step 03 在"行为"面板中，单击"添加行为"按钮 **+,**，在下拉菜单中选择"设置状态栏文本"命令，打开"设置状态栏文本"对话框，添加相应的参数，如图 18-21 所示。

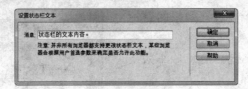

图 18-21　"设置状态栏文本"对话框

在"设置状态栏文本"对话框中，"消息"用于定义在状态栏中显示的文本内容

Step 04 单击"确定"按钮，完成设置状态栏文本行为的定义。

定义了设置状态栏文本行为后，文本的显示位置会因浏览器状态栏位置的不同而有所差别。

18.4　小结

本章主要讲解了行为的使用方法。使用行为可以为网页添加各种效果，这些效果如果运用得当，可以让网页更具吸引力。但是由于 Dreamweaver 中定义的行为代码都是系统生成的，所以有时并不能对效果进行进一步的修改。如果想制作更复杂的效果，可以学习相应的脚本语言。

18.5　习题与思考

1. 交换图像效果显示的条件是什么？（　　）
A. 鼠标单击　　　　　B. 鼠标滑过　　　　　C. 单击之后　　　　　D. 页面载入之后
2. 拖动 AP 元素行为中，可以定义的属性有哪些？（　　）
A. 定义拖动元素的范围
B. 定义拖动元素在某个范围时，自动显示的位置
C. 当元素拖动到距离"放下目标"一定距离时，元素自动显示在放下目标的位置
D. 元素的背景
3. "改变属性"行为可以更改什么属性？
4. "效果"行为可以定义一些什么效果？

第19章 使用媒体

在 Dreamweaver 中，可以通过菜单栏中的命令插入媒体文件，包括 Flash 文件、Flash 按钮、Flash 文本等。

19.1 插入 Flash

在页面中插入 Flash 文件的具体操作如下。

Step 01 在文档中单击，选择 Flash 文件的插入点。

Step 02 单击菜单栏中的"插入记录"|"媒体"|"SWF"命令，打开"选择 SWF"对话框，如图 19-1 所示，选择需要插入的 SWF 文件，单击"确定"按钮。

Step 03 打开"对象标签辅助功能属性"对话框，如图 19-2 所示。

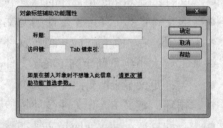

图 19-1　"选择 SWF"对话框　　　　图 19-2　"对象标签辅助功能属性"对话框

在"对象标签辅助功能属性"对话框中，主要参数的意义如下。

- 标题：定义 Flash 文件的标题。
- 访问键：定义激活 Flash 的快捷键。
- Tab 键索引：定义使用<Tab>键访问 Flash 的顺序。

Step 04 单击"确定"按钮，插入 Flash 文件。插入 Flash 文件后，文档在"设计"视图中的显示效果如图 19-3 所示。

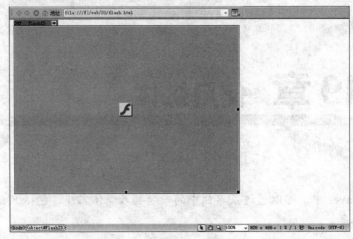

图 19-3　Flash 文件在文档中的效果

单击 Flash 文件图标，可以选择 Flash 文件，打开 Flash 文件的"属性"面板，如图 19-4 所示。

图 19-4　Flash 文件的"属性"面板

在 Flash 文件的"属性"面板中，可以定义 Flash 文件的各种属性，其中主要属性的意义如下。

- 宽和高：定义 Flash 文件的宽度和高度。

 如果随意更改 Flash 文件的宽度和高度，可能会影响 Flash 动画的显示效果。

- 文件：显示 Flash 文件的位置（显示 Flash 文件的相对路径或绝对路径）。
- 源文件：显示 Flash 文件的源文件。
- 编辑：在相关的 Flash 制作软件中编辑 Flash 文件。
- 重设大小：重新定义 Flash 文件的大小。
- 类：定义 Flash 文件使用的类。
- 循环：定义 Flash 文件循环播放。
- 自动播放：定义 Flash 文件加载后自动播放。
- 垂直边距：定义 Flash 文件在垂直方向上与其他元素的距离。
- 水平边距：定义 Flash 文件在水平方向上与其他元素的距离。
- 对齐：定义 Flash 文件的对齐方式。
- 背景颜色：定义 Flash 文件的背景颜色。
- 播放：在文档中播放 Flash 文件。
- 参数：定义 Flash 文件的相关参数。

19.2　插入 FLV

FLV 是 Flash 中使用的一种流媒体视频格式，它形成的文件极小、加载速度极快，所以在 Flash 中应用很广。在页面中插入 FLV 的具体步骤如下。

 在文档中单击，选择 FLV 的插入点。

 单击菜单栏中的"插入"|"媒体"|"FLV"命令，打开"插入 FLV"对话框，如图 19-5 所示。

> 注意　插入 FLV 前必须先保存当前文档。

在"插入 FLV"对话框中，可以定义插入 FLV 的相应参数，其中主要参数的意义如下。

- URL：定义 FLV 的路径。
- 外观：定义 FLV 播放时候的显示效果。
- 宽度：定义 FLV 的宽度。
- 高度：定义 FLV 的高度。
- 自动播放：选择是否自动播放内容。
- 自动重新播放：选择是否自动重新播放内容。

 各选项设置完毕后，单击"确定"按钮，完成 FLV 的插入。

图 19-5　"插入 FLV"对话框

19.3　插入 Shockwave 影片

Shockwave 影片是交互式多媒体的 Macromedia 标准文件，是一种压缩后的影片格式。在页面中插入 Shockwave 影片的具体步骤如下。

 在文档中单击，选择 Shockwave 影片的插入点。

 单击菜单栏中的"插入记录"|"媒体"|"Shockwave"命令，打开"选择文件"对话框，选择要插入的影片文件。

 单击"确定"按钮，完成 Shockwave 影片的插入。

19.4　插入程序和控件

在 Dreamweaver 中，除了音频、视频媒体外，也可以插入程序内容和控件。下面以插入 Activex 控件为例，讲解插入程序和控件的方法，具体步骤如下。

Step 01　在文档中单击，选择 Activex 控件的插入点。

Step 02　单击菜单栏中的"插入记录"|"媒体"|"Activex"命令，打开"对象标签辅助功能属性"对话框，定义控件的辅助属性。

Step 03　单击"确定"按钮，完成控件的插入。

19.5　小结

本章主要讲解了使用媒体的方法。在所有媒体中，最常用的是 Flash 动画内容，这也是本书的 3 个重点之一。由于网络的不断发展，使用其他各种视频内容的网站也在不断增加，所以熟练掌握其他媒体形式也是非常重要的。

19.6　习题与思考

1．在添加 Flash 动画的时候，可以定义哪些属性？（　　　）

A．宽度和高度　　　　B．是否循环　　　　C．水平边距　　　　　D．是否能够自动播放

2．插入 FLV 时，可以定义的属性有哪些？（　　　）

A．宽度和高度　　　　B．字体　　　　C．颜色　　　　　D．目标

3．简述如何插入 Shockwave 影片。

4．简述如何插入程序和控件。

第4篇

Flash CS5 使用精解

第20章 Flash CS5 简介和基本操作

本章详细讲解 Flash CS5 的基础知识，其中包括 Flash CS5 的界面、面板和菜单的简单介绍，Flash CS5 的基本操作和制作 Flash 动画的基本知识。

20.1 Flash CS5 界面介绍

安装好 Flash CS5 软件后，双击快捷方式图标（或者选择"开始"菜单中的命令），运行 Flash CS5 程序。首先显示开始界面，如图 20-1 所示。

图 20-1　Flash CS5 开始界面

如果要制作新的 Flash 文件或者修改原有文件，要进行进一步操作。如果要新建一个文件，可以单击菜单栏中的"文件"|"新建文件"命令，或者通过开始页面中的"新建"选项创建。如果要打开最近的文件，可以在开始界面中的"打开最近的项目"列表中选择。

选择新建文件或者打开原有文件后，可以进入 Flash CS5 的编辑界面，如图 20-2 所示。

图 20-2　Flash CS5 的编辑界面

在编辑界面中,包含了 Flash CS5 的所有菜单和面板(其中一些面板要通过执行相应的命令才能显示)。下面对各种菜单和面板进行简要介绍。

20.1.1　舞台

舞台用来显示 Flash 文档的内容,包括图形、文本、按钮等。舞台是一个矩形区域,可以放大或者缩小显示。舞台的显示效果如图 20-3 所示。

图 20-3　舞台的显示效果

在 Flash CS5 中，可以通过使用工具箱中的工具或者菜单栏中的命令缩放和移动舞台，或者更改舞台的显示区域。

Step 01 打开或者新建文件。

Step 02 执行下列操作之一，调整舞台的显示位置。

- 拖动舞台右侧和底部的滚动条。
- 选择工具箱中的"手形工具"🖑，在舞台上拖曳鼠标，调整舞台的位置。

Step 03 执行下列操作之一，调整舞台的大小。

- 选择工具箱中的"缩放工具"🔍，工具箱底部有两个可选工具。使用"放大"工具🔍，可以放大舞台；使用"缩小"工具🔍，可以缩小舞台
- 通过舞台顶部右侧的下拉列表，可以选择舞台的缩放比例。
- 在舞台顶部右侧的文本框中直接输入缩放的百分比值。
- 单击菜单栏中的"视图"|"缩小"、"视图"|"放大"或者"视图"|"缩放比例"命令，放大或者缩小舞台。

20.1.2　时间轴

　　时间轴用来显示一个动画场景中单位时间内各个图层中的帧。一个动画场景是由许多帧组成的，每个帧会持续一定的时间，在每个帧中会显示不同的内容。在同一时间，可以显示很多个图层的内容。时间轴的显示效果如图 20-4 所示。

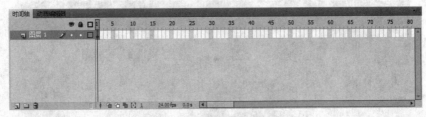

图 20-4　时间轴的显示效果

关于时间轴的相关操作如下。

1. 隐藏和显示时间轴

　　在 Flash CS5 中，可以通过使用拖放或者执行相应的命令，隐藏、显示或者更改时间轴，具体方法如下。

Step 01 打开或者新建文件。

Step 02 执行下列操作之一，隐藏或者显示时间轴。

- 单击菜单栏中的"窗口"|"时间轴"命令，"时间轴"选项如果为勾选状态，则显示时间轴，否则隐藏时间轴。

Step 03 单击时间轴顶部右侧的"帧视图"按钮 ，打开"帧视图"下拉菜单，可以更改时间轴的显示位置。

Step 04 在"帧视图"下拉菜单中的可选项包括：文档上面、文档下面、文档右侧、文档左侧。还可以更改时间轴的显示效果，其中的可选项包括：很小、小、标准、中、大、预览、关联预览。选择"很小"选项的显示效果如图 20-5 所示；选择"大"选项的显示效果如图 20-6 所示。

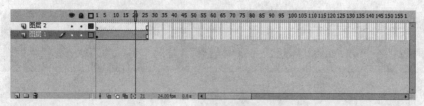

图 20-5　"很小"帧视图显示效果

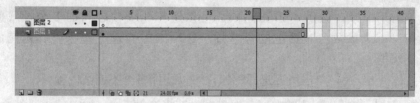

图 20-6　"大"帧视图显示效果

更改时间轴的显示效果，在文档中包含很多帧时会非常实用。

2．使用帧和关键帧

在 Flash 文档中，时间轴上包含文档内容的最小单位就是帧和关键帧。在关键帧中，可以定义内容的相关属性，也可以添加相应的脚本程序。关键帧中如果不包含任何内容，则称为空白关键帧。在各个关键帧之间，以及关键帧之后的补充部分为普通的帧，在帧上不可以定义内容的属性，也不能添加相应的脚本内容。

在时间轴上，帧、关键帧、空白关键帧的显示效果分别如图 20-7、图 20-8 和图 20-9 所示。

图 20-7　帧的显示效果　　　　图 20-8　关键帧的显示效果　　　图 20-9　空白关键帧的显示效果

3．插入、选择、删除帧（或关键帧）

在 Flash CS5 中，插入、选择、删除帧（或关键帧）的方法如下。

Step 01 打开或者新建文件。

Step 02 在时间轴上需要插入帧的位置单击。

Step 03 执行下列操作之一，插入帧（或关键帧）。

● 单击菜单栏中的"插入"|"时间轴"|"帧"命令，在时间轴上插入帧。

- 单击菜单栏中的"插入"|"时间轴"|"关键帧"命令，在时间轴上插入关键帧。
- 单击菜单栏中的"插入"|"时间轴"|"空白关键帧"命令，在时间轴上插入空白关键帧。
- 右击，在弹出的快捷菜单中选择"插入帧"命令，插入帧；选择"插入关键帧"命令，插入关键帧；选择"插入空白关键帧"命令，插入空白关键帧。

> **注意**　如果插入的帧（或关键帧）在时间轴上现有帧之外，添加帧（或关键帧）后，在时间轴上会自动在新添加的帧（或关键帧）与原有帧之间添加过渡帧。

Step 04 执行下列操作之一，选择帧（或关键帧）或多个帧。

- 单击某个帧，可以选择该帧。
- 单击某个帧，然后单击其他帧，可以选择两个帧之间的多个帧（此时，要在"首选参数"对话框的"常规"选项卡中勾选"基于整体范围的选择"复选框）。
- 按住<Ctrl>键，单击所要选择的帧，可以选择多个不连续的帧。

Step 05 执行下列操作之一，删除帧（或关键帧）或多个帧。

- 选择帧（或关键帧）或多个帧，单击菜单栏中的"编辑"|"时间轴"|"删除帧"命令。
- 选择帧（或关键帧）或多个帧，右击，在弹出的快捷菜单中选择"删除帧"命令。

4．复制、粘贴、移动、清除帧（或关键帧）

在 Flash CS5 中，复制、粘贴、移动、清除帧（或关键帧）的方法如下。

Step 01 打开或者新建文件。

Step 02 选择所要复制的帧，执行下列操作之一，复制帧（或关键帧）。

- 单击菜单栏中的"编辑"|"时间轴"|"复制帧"命令。
- 右击，在弹出的快捷菜单中选择"复制帧"命令。

Step 03 选择要粘贴帧的位置，执行下列操作之一，粘贴帧（或关键帧）或多个帧。

- 单击菜单栏中的"编辑"|"时间轴"|"粘贴帧"命令。
- 右击，在弹出的快捷菜单中选择"粘贴帧"命令。

Step 04 选择要移动的帧，执行下列操作之一，移动帧（或关键帧）或多个帧。

- 按住鼠标左键，将内容拖放到相应的位置。
- 如果选择的是关键帧，则拖动关键帧可以增加两个关键帧之间的动画内容。

Step 05 执行下列操作之一，清除帧（或关键帧）或多个帧。

- 选择帧（或关键帧），单击菜单栏中的"编辑"|"时间轴"|"清除帧"命令，或者右击，在弹出的快捷菜单中选择"清除帧"命令，可以清除帧。清除帧和删除帧不同，清除帧只清除帧中的内容，清除后的单个帧会转变为空白关键帧。

● 选择多个连续帧，单击菜单栏中的"编辑"|"时间轴"|"清除帧"命令，或者
右击，在弹出的快捷菜单中选择"清除帧"命令，可以清除多个帧。清除后的
多个帧部分，会在起始和终了的位置添加空白关键帧。两个空白关键帧之间，
均转换为空白帧。

20.1.3　图层

这里的图层和 Photoshop 中的图层类似，在 Flash CS5 中图层互相叠加在一起，上面
图层中的内容会覆盖下面图层中的内容。

如果要更改图层中的内容，要选择相应的图层。和 Photoshop 中的图层操作类似，可以
更改图层的顺序，或者定义图层的名称。在 Flash CS5 中，图层的显示效果如图 20-10 所示。

图 20-10　图层的显示效果

1．创建图层

创建图层的操作步骤如下。

Step 01 打开或者新建文件。

Step 02 执行下列操作之一，创建图层。
● 单击菜单栏中的"插入"|"时间轴"|"图层"命令。
● 单击"时间轴"面板底部的"新建图层"按钮，添加图层。
● 右击某个图层名称，在弹出的快捷菜单中选择"插入图层"命令。

　　新图层会添加在当前所选图层的上面。

Step 03 执行下列操作之一，更改图层名称。
● 双击图层名称，然后直接输入新的名称。
● 右击图层名称，在弹出的快捷菜单中选择"属性"命令，打开"图层属性"对
话框，如图 20-11 所示，在"名称"文本框中输入新的名称。

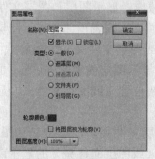

图 20-11　"图层属性"对话框

- 　选择图层，单击菜单栏中的"修改"|"时间轴"|"图层属性"命令，打开"图层属性"对话框，在"名称"文本框中输入新的名称。

Step 04 单击"确定"按钮，完成图层名称的定义（如果使用双击操作，则可省略这一步骤）。

2. 使用图层文件夹

使用图层文件夹，可以方便地管理图层，具体步骤如下。

Step 01 打开或者新建文件。

Step 02 执行下列操作之一，创建图层文件夹。

- 　单击菜单栏中的"插入"|"时间轴"|"图层文件夹"命令。
- 　单击"时间轴"面板底部的"新建文件夹"按钮 ，添加图层文件夹。
- 　右击某个图层名称，在弹出的快捷菜单中选择"插入图层文件夹"命令。

　　新图层文件夹会添加在当前所选图层的上面。

Step 03 执行下列操作之一，更改图层文件夹名称。

- 　双击图层文件夹名称，然后修改为新的名称。
- 　右击图层，在弹出的快捷菜单中选择"属性"命令，打开"属性"面板，在"名称"文本框中输入新的名称。
- 　选择图层，单击菜单栏中的"修改"|"时间轴"|"图层属性"命令，打开"属性"面板，在"名称"文本框中输入新的名称。

Step 04 单击"确定"按钮，完成图层文件夹名称的定义（如果使用双击操作，则可省略这一步骤）。

Step 05 选择图层文件，按住鼠标左键拖动图层到图层文件夹上，将图层放入图层文件夹中。

Step 06 单击图层文件夹前的▽按钮或▷按钮，可以显示或者隐藏图层文件夹中的图层。

3. 查看和编辑图层/图层文件夹

使用图层（或图层文件夹）相关按钮或命令，可以更改图层（或图层文件夹）的显示效果，或者锁定图层（或图层文件夹），具体操作如下。

Step 01 打开或者新建文件。

Step 02 执行下列操作之一，隐藏或者显示图层和图层文件夹。

- 　单击图层（或图层文件夹）列表顶部的显示图层内容按钮 ，可以显示和隐藏文档中的所有图层（或图层文件夹）。当隐藏图层（或图层文件夹）时，图层（或图层文件夹）在显示图层内容按钮 下面显示✕图标。当显示图层（或图层文件夹）时，相应位置（或图层文件夹）显示圆点，如图 20-12 和图 20-13 所示。
- 　选择某个图层（或图层文件夹），单击显示图层内容按钮 下面的✕或圆点图标，可以更改图层（或图层文件夹）的显示或者隐藏。

- 按住<Alt>键单击任意图层（或图层文件夹）的✖或圆点图标，可以隐藏或显示所有图层（或图层文件夹）。

图 20-12　隐藏图层的效果

图 20-13　显示图层的效果

Step 03 执行下列操作之一，锁定或者解除锁定图层和图层文件夹。

- 单击图层（或图层文件夹）列表顶端的锁定按钮🔒，可以锁定或者解除锁定文档中的所有图层（或图层文件夹）。当锁定图层（或图层文件夹）时，图层（或图层文件夹）在锁定按钮🔒列显示锁定图标🔒。当解除锁定图层（或图层文件夹）时，图层（或图层文件夹）显示圆点，如图 20-14 和图 20-15 所示。

图 20-14　锁定图层的效果

图 20-15　解除锁定图层的效果

- 选择某个图层（或图层文件夹），单击锁定按钮🔒列下面的🔒或圆点图标，可以更改图层（或图层文件夹）的锁定方式或者解除锁定。
- 按住<Alt>键，单击任意图层（或图层文件夹）的🔒或圆点图标，可以锁定或者解除锁定所有图层（或图层文件夹）。

注意　在锁定的图层（或图层文件夹）中，所有内容都不可编辑。

Step 04 执行下列操作之一，显示或者隐藏内容的轮廓。

- 单击图层（或图层文件夹）列表顶端的"显示/隐藏轮廓"按钮▢，可以显示或者隐藏文档中的所有图层（或图层文件夹）内容的轮廓。当显示图层（或图层文件夹）时，图层（或图层文件夹）在"显示/隐藏轮廓"按钮▢下面显示空心矩形。隐藏图层（或图层文件夹）时，图层（或图层文件夹）显示实心矩形，如图 20-16 和图 20-17 所示。

图 20-16　显示图层轮廓的效果

图 20-17　隐藏图层轮廓的效果

- 选择某个图层（或图层文件夹），单击"显示/隐藏轮廓"按钮▢下面的矩形图标，可以显示或隐藏图层（或图层文件夹）内容的轮廓。

● 按住<Alt>键，单击任意图层（或图层文件夹）的"显示/隐藏轮廓"按钮□下面的矩形图标，可以显示或者隐藏图层（或图层文件夹）内容的轮廓。

> **注意**　显示图层内容的轮廓时，会隐藏图层中相应的内容。如图 20-18 所示的图层内容，当显示内容轮廓时，效果如图 20-19 所示。

图 20-18　图层内容

图 20-19　图层内容（显示图层内容的轮廓）

4．复制、粘贴、删除图层（或图层文件夹）

在制作 Flash 文档时，经常要对图层（或图层文件夹）进行相关的操作，具体方法如下。

Step 01 打开或者新建文件。

Step 02 单击图层（或图层文件夹）名称，选择图层（或图层文件夹）。

Step 03 单击菜单栏中的"编辑"|"时间轴"|"复制帧"命令，复制图层（或图层文件夹）内容。

Step 04 在"时间轴"面板中单击"新建图层"按钮 或者"新建图层文件夹"按钮 ，添加新的图层或者图层文件夹。

Step 05 选择新添加的图层（或图层文件夹）。

Step 06 单击菜单栏中的"编辑"|"时间轴"|"粘贴帧"命令，粘贴图层（或图层文件夹）内容。

Step 07 选择文档中的某个图层（或图层文件夹）。

Step 08 执行下列操作之一，删除图层（或图层文件夹）。

● 单击图层列表下面的"删除"按钮 。
● 右击图层，在弹出的快捷菜单中选择"删除图层"命令。
● 将图层拖曳到"删除"按钮 上。

5．移动图层（或图层文件夹）

在制作 Flash 文档时，有时会更改图层（或图层文件夹）的顺序，具体步骤如下。

Step 01 打开或者新建文件。

Step 02 单击图层（或图层文件夹）名称，选择图层（或图层文件夹）。

Step 03 按住鼠标左键，拖曳图层（或图层文件夹）到相应的位置。

6．创建运动引导层

运动引导层用来定义图层内容的移动路径，具体创建步骤如下。

Step 01 打开或者新建文件。

Step 02 单击图层（或图层文件夹）名称，选择图层（或图层文件夹）。

Step 03 执行下列操作之一，添加运动引导层。

- 单击菜单栏中的"插入"|"时间轴"|"运动引导层"命令。
- 单击图层列表底部的 按钮，创建运动引导层。

添加的运动引导层的显示效果如图 20-20 所示。

图 20-20　运动引导层的效果

20.1.4　工具箱

工具箱用来显示 Flash 中常用的各种工具，如选择工具、形状工具、填充工具等。在 Flash CS5 中，工具箱有两种显示方式：一种是单列显示，另一种是两列显示。可以通过工具箱顶部的切换按钮 和 在两种显示方式中进行切换。其中单列显示的效果如图 20-21 所示。

1．自定义工具箱

在 Flash CS5 中，可以自定义工具箱中显示的工具，具体步骤如下。

Step 01 单击菜单栏中的"编辑"|"自定义工具箱"命令，打开"自定义工具面板"对话框，如图 20-22 所示。

图 20-21　工具箱

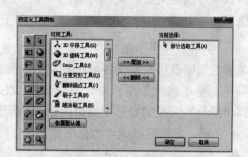

图 20-22　"自定义工具面板"对话框

在"自定义工具面板"对话框中，可以添加和删除工具。其中，"可用工具"列表显示当前可用的工具，"当前选择"列表显示在"自定义工具面板"对话框左侧选择的工具。

Step 02 单击"自定义工具面板"对话框左侧列表中的某个工具，此时选择的工具显示在"当前选择"列表中。

Step 03 单击"可用工具"列表中的某个工具，单击"增加"按钮，将"可用工具"列表中的工具添加到"当前选择"列表中。

Step 04 单击"确定"按钮，完成工具箱的定义。

2. 使用工具

使用工具的操作如下。

Step 01 单击工具箱中的某个工具，选择相应的工具。

Step 02 如果工具中含有子选项，则单击工具时会打开相应的子选项列表，选择相应的子选项即可。

Step 03 在舞台中使用相应的工具，制作文档的内容。

20.1.5　"属性"面板

图 20-23　"属性"面板

使用"属性"面板，可以方便地定义舞台中相应内容的属性。"属性"面板中显示的内容和在舞台中选择的内容有关。选择不同的内容时，如文本、元件、按钮，"属性"面板中会显示不同的选项和参数。当选择内容为位图时，"属性"面板的显示效果如图 20-23 所示。

通过在"属性"面板中更改内容的属性值，可以更改内容的大小等相关属性。

20.1.6　"颜色"和"样本"面板

使用"颜色"和"样本"面板，可以方便地定义内容使用的填充颜色。其中，在"颜色"面板中可以定义更加复杂的颜色，而在"样本"面板中只可以选择 216 种网页使用的安全色。

1. "颜色"面板

"颜色"面板用来定义各种工具使用的颜色。可以使用单一颜色，也可以使用各种渐变颜色。在"颜色"面板中，可以定义 RGB 模式的颜色，也可以定义颜色的不透明度。"颜色"面板的显示效果如图 20-24 所示，其中主要选项的意义如下。

- ✏：定义笔画或者边框的颜色。
- 🪣：定义填充部分的颜色。

- 类型：定义填充的类型，有无、纯色、线性、放射状、位图 5 个可选项。
- 溢出：超出线性或放射状渐变的颜色，有扩展、镜像、重复 3 个可选项。
- 红、绿、蓝：定义 RGB 颜色值。
- Alpha：定义不透明度。

2. "样本"面板

"样本"面板用来显示可选择的 216 种 Web 安全色，以及各种渐变或放射填充等，其显示效果如图 20-25 所示。

图 20-24　"颜色"面板

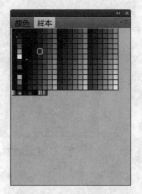

图 20-25　"样本"面板

20.1.7　"库"面板

"库"面板用来显示当前文档中使用的各种位图、按钮、影片剪辑等。"库"面板分为两个部分，上部分显示选择库项目的预览效果，下部分显示库中的所有项目，如图 20-26 所示。

在制作 Flash 文挡时，可以将"库"面板中的各种内容和元件直接拖放到舞台中。拖放后，库中的内容并不会消失，所以库中的内容可以重复使用。

图 20-26　"库"面板

20.1.8　定义首选参数

在 Flash CS5 中，可以通过定义首选参数来定义各种内容的显示效果。单击菜单栏中的"编辑"|"首选参数"命令，打开"首选参数"对话框，如图 20-27 所示。

在"首选参数"对话框中，可以定义常规、ActionScript、自动套用格式、剪贴板、绘画、文本、警告、PSD 文件导入器、AI 文件导入器等几个类别。

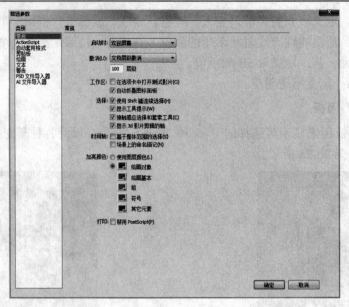

图 20-27　"首选参数"对话框"常规"类别

20.2　Flash CS5 基本操作

　　Flash CS5 的基本操作包括新建、保存、测试、发布文档，元件、补间动画以及添加脚本等内容。下面分别进行详细讲解。

20.2.1　新建和保存文档

　　新建和保存文档的操作如下。

Step 01　单击菜单栏中的"文件"|"新建"命令，打开"新建文档"对话框，选择"常规"选项卡，如图 20-28 所示。

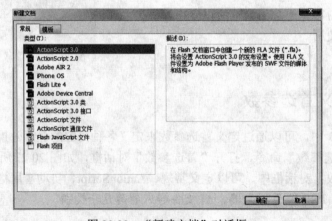

图 20-28　"新建文档"对话框

在"类型"列表框中可以选择新建文档的类型，可以选择 ActionScript 3.0 或者 ActionScript 2.0 类型。

Step 02 单击"确定"按钮，建立文档。

Step 03 在新建文档的"属性"面板中定义文档的相应属性，如图 20-29 所示。

文档"属性"面板中主要参数的意义如下。

● FPS：定义每秒播放的帧数。

● 大小：定义文档的大小。

● 舞台：定义舞台的背景颜色。

Step 04 单击"大小"选项右侧的"编辑"按钮，打开"文档设置"对话框，如图 20-30 所示。在"文档设置"对话框中，可以定义包括背景在内的各种文档属性，其中主要参数的意义如下。

● 尺寸：定义文档的大小。

● 标尺单位：定义文档中标尺使用的单位。

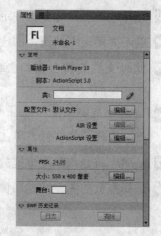

图 20-29　文档"属性"面板

Step 05 单击菜单栏中的"文件"|"保存"命令，打开"另存为"对话框，如图 20-31 所示。

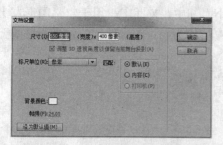

图 20-30　"文档设置"对话框

图 20-31　"另存为"对话框

在"另存为"对话框中，定义保存文档的名称（如果已经在"文档属性"中定义了名称，则可以省略）。

Step 06 单击"确定"按钮，保存文档。

20.2.2　新建图形元件

图形元件用于制作静态图像内容，不能在图形元件中添加声音等内容。新建图形元件的具体步骤如下。

Step 01 打开或者新建文档。

Step 02 单击菜单栏中的"插入"|"新建元件"命令，打开"创建新元件"对话框，如图 20-32 所示。

Step 03 选择"图形"选项，并定义新元件的名称为"图形元件 1"。

Step 04 单击"确定"按钮，创建图形元件。

Step 05 此时文档的舞台窗口会切换到元件编辑模式，同时新创建的图形元件会添加到"库"面板中。

Step 06 单击菜单栏中的"文件"|"导入"|"导入到库"命令，打开"导入到库"对话框，选择图像文件，单击"打开"按钮导入到"库"中。

Step 07 从库中将导入的图像拖放到"图形元件 1"的编辑窗口中。

Step 08 选择拖放的图像，在图像的"属性"面板中定义相关属性，如图 20-33 所示。

图 20-32　"创建新元件"对话框　　　　图 20-33　元件中位图的"属性"面板

在"属性"面板中可以定义位图的位置和大小。其中，X 和 Y 用于定义图形左上角距离元件中心位置的距离，通常可以定义 X 和 Y 值均为 0。图像位置的定义会影响元件的使用和对齐。

Step 09 单击舞台顶部的"场景 1"，回到文档的当前场景。

20.2.3　新建按钮元件

按钮元件用于响应鼠标的相关动作，如单击、悬停等，在网页中通常使用按钮元件制作超级链接。新建按钮元件的具体步骤如下。

Step 01 打开或者新建文档。

Step 02 单击菜单栏中的"插入"|"新建元件"命令，打开"创建新元件"对话框。选择"按钮"选项，并定义新元件的名称为"按钮元件 1"。单击"确定"按钮，创建按钮元件。

Step 03 此时文档的舞台窗口会切换到元件编辑模式，同时新创建的图形元件会添加到"库"面板中。按钮元件编辑模式下的"时间轴"面板如图 20-34 所示。

图 20-34　"时间轴"面板

在按钮元件的"时间轴"面板中包含 4 个按钮状态，意义分别如下。

- 弹起：制作按钮在没有任何动作时的显示效果。
- 指针：制作鼠标指针滑过时按钮的显示效果。
- 按下：制作鼠标按下时按钮的显示效果。
- 点击：定义按钮响应鼠标事件的范围，这个区域在导出的动画中是隐藏的。

Step 04 制作按钮元件在各个状态下的显示效果，并定义响应鼠标的范围。

Step 05 单击舞台顶部的"场景 1"，回到文档的当前场景。

20.2.4　新建影片剪辑元件

影片剪辑元件用于制作可重复使用的动画片段。该动画片段在文档的场景中可以独立播放，而不受场景中时间轴的限制。新建影片剪辑元件的具体步骤如下。

Step 01 打开或者新建文档。

Step 02 单击菜单栏中的"插入"|"新建元件"命令，打开"创建新元件"对话框，选择"影片剪辑"选项，并定义新元件的名称为"影片剪辑元件 1"。单击"确定"按钮，创建影片剪辑元件。

Step 03 此时文档的舞台窗口会切换到元件编辑模式，同时新创建的影片剪辑元件会添加到"库"面板中。

Step 04 在影片剪辑的编辑模式下，制作影片剪辑元件的内容。影片剪辑元件的制作和普通动画并没有区别，可以通过图层和时间轴制作。

Step 05 单击舞台顶部的"场景 1"，回到文档的当前场景。

20.2.5　编辑和删除元件

创建各种元件之后，如果要修改元件的内容，或者某些元件不再使用，就要编辑和删除已建立的元件。编辑和删除元件的具体步骤如下。

Step 01 打开或者新建文档。

Step 02 单击菜单栏中的"窗口"|"库"命令，打开"库"面板（如果当前已打开"库"面板，则可以省略这一步）。

图 20-35　元件在"库"面板中的效果

Step 03 打开"库"面板。文档中建立的各种元件会以不同的图标显示在"库"面板中，如图 20-35 所示。

Step 04 执行下列操作之一，编辑元件。

- 双击所要编辑的元件，进入元件编辑模式。
- 右击需要编辑的元件，在弹出的快捷菜单中单击菜单栏中的"编辑"命令，进入元件编辑模式。

Step 05 在元件编辑模式下，修改元件。

Step 06 单击舞台顶部的"场景 1"，回到文档的当前场景。

Step 07 在"库"面板中选择所要删除的元件，执行下列操作之一，删除元件。

- 右击元件，在弹出的快捷菜单中选择"删除"命令。
- 按<Delete>键，删除元件。

20.2.6　创建和编辑元件的实例

影片剪辑元件用于制作可重复使用的动画片段。该动画片段在文档的场景中可以独立播放，而不受场景中时间轴的限制。新建影片剪辑元件的具体步骤如下。

Step 01 打开或者新建文档。

Step 02 单击菜单栏中的"窗口" | "库"命令，打开"库"面板（如果当前已打开"库"面板，则可以省略这一步）。

Step 03 在时间轴中选择某一个关键帧。

> **注意**　在 Flash 中，元件的实例只能创建在关键帧上。如果在帧上创建元件的实例，则实例会创建在临近该帧左侧的关键帧上。

Step 04 选择"库"中的某个元件，拖放到舞台中，创建元件的实例。

Step 05 选择创建的实例，在实例的"属性"面板中定义实例的相关属性。根据创建实例的元件不同，"属性"面板中的属性也会有所差别。其中，图形元件实例的"属性"面板如图 20-36 所示，在其中可以定义实例的大小、位置、名称等属性。

图 20-36　图形元件实例的"属性"面板

Step 06 选择元件的实例，执行下列操作之一，删除元件的实例。

- 单击菜单栏中的"编辑"|"清除"命令。
- 按<Delete>键直接删除元件的实例。

20.2.7 创建补间动画

补间动画是指内容位置发生变化的动画，如位置的移动、旋转等。创建补间动画的操作如下。

Step 01 打开一个含有图形元件的文档。

Step 02 单击菜单栏中的"窗口"|"库"命令，打开"库"面板（如果当前已打开"库"面板，则可以省略这一步）。

Step 03 选择时间轴上图层 1 的第一帧（图层的第一帧默认为关键帧）。

Step 04 选择"库"中的图形元件，拖放到舞台中，创建元件的实例。

Step 05 右击图层 1 在时间轴上的某个位置，在弹出的快捷菜单中选择"插入关键帧"命令，在时间轴上插入新的关键帧。

> 注意 此时新插入的关键帧中会显示左侧相邻关键帧的内容。

Step 06 在新插入的关键帧中选择元件的实例，拖放到相应的位置。

Step 07 选择两个关键帧之间的帧，执行下列操作之一，创建补间动画。

- 右击该帧，在弹出的快捷菜单中选择"创建传统补间"命令。
- 在"属性"面板中选择"补间"选项为"动画"。

创建完补间动画后，在图层的时间轴中，两个关键帧之间会显示一个由前一关键帧指向后一关键帧箭头，如图 20-37 所示。

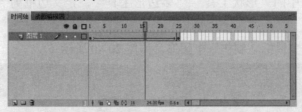

图 20-37 创建补间动画后的时间轴

Step 08 在"属性"面板中，定义补间动画的相关属性，如图 20-38 所示。其中主要参数的意义如下。

- 缩放：定义内容在补间显示大小的过渡效果。
- 缓动：定义补间帧之间的变化速率。-1～-100，定义由起始方向至终了方向的速率加速变化；1～100，定义由起始方向至终了方向的速率减速变化。
- 旋转：定义在补间动画中动画对象的旋转方式，包含无、自动、顺时针、逆时针 4 个选项。选择无，则对象不旋转；选择自动，对象会自动在角度较小的方向上旋转一次；选择顺时针或逆时针，则对象会沿某个方向转动，此时可以定义旋转的次数。

图 20-38　补间动画的"属性"面板

20.2.8　创建补间形状

使用补间形状可以制作对象形变的动画，如由一种形状变为另一种形状，或由一种颜色变为另一种颜色等。创建补间形状的具体步骤如下。

Step 01 新建文档。

Step 02 选择时间轴上图层 1 的第一帧（图层的第一帧默认为关键帧）。

Step 03 选择工具箱中的"矩形工具" ▭，定义边框为"无"，填充颜色为黑色。

Step 04 在舞台中拖曳鼠标，制作矩形形状，如图 20-39 所示。

Step 05 右击图层 1 在时间轴的某个位置，在弹出的快捷菜单中选择"插入关键帧"命令，在时间轴上插入新的关键帧。

Step 06 选择工具箱中的"形状工具"|"多边形工具"，定义边框为"无"，填充颜色为黑色。

Step 07 在舞台中拖曳鼠标，制作一个圆形，如图 20-40 所示。

图 20-39　初始关键帧中的矩形形状

图 20-40　终了关键帧中的多边形形状

Step 08 执行下列操作之一，创建补间形状。
- 右击时间轴两个关键帧中的某帧，在弹出的快捷菜单中选择"创建补间形状"
  命令。
- 在"属性"面板中选择"补间"选项为"形状"。

> **注意** 如果要对组、实例、位图等制作补间形状，首先要分离这些元素。如果要对文本制作补间形状，要分离两次。

创建完补间形状后，图层的时间轴中，两个关键帧之间会显示一个由前一关键帧指向后一关键帧的箭头。与补间动画不同的是，时间轴中默认的背景颜色不同，其显示效果如图 20-41 所示。

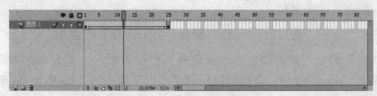

图 20-41 创建补间形状后的时间轴

Step 09 在"属性"面板中定义补间形状的相关属性，如图 20-42 所示。

在"属性"面板中可以定义形状变化的各种效果，其中主要选项的意义如下。
- 缓动：定义补间帧之间的变化速率。-1～-100，定义由起始方向至终了方向速率加速变化；1～100，定义由起始方向至终了方向速率减速变化。
- 混合：定义在补间形状中动画对象的变化方式，包含"分布式"和"角形"两个可选项。其中，"分布式"定义在补间的过程中两种形状之间较为平滑的过渡，"角形"定义在补间的过程中保留明显的角度。

图 20-42 补间形状的"属性"面板

20.2.9 在关键帧中添加动作

通过"动作"面板，可以在关键帧中添加动作，如控制动画的播放和停止等。在关键帧中添加动作的具体步骤如下。

Step 01 打开一个包含图形元件的文档。

Step 02 单击菜单栏中的"窗口"|"库"命令，打开"库"面板（如果当前已打开"库"面板，则可以省略这一步）。

Step 03 选择时间轴图层 1 的第一帧。

Step 04 选择"库"中的图形元件，拖放到舞台中，创建元件的实例。

Step 05 右击图层 1 在时间轴上的某个位置，在弹出的快捷菜单中选择"插入关键帧"命令，在时间轴上插入新的关键帧。

Step 06 选择新建关键帧中的元件实例，在元件实例的"属性"面板中展开"色彩效果"选项组，在"样式"下拉列表中选择"Alpha"选项，设置 Alpha 值为 0，如图 20-43 所示。

Step 07 右击两个关键帧中的某个帧，在弹出的快捷菜单中选择"创建补间动画"命令，创建补间动画。

Step 08 选择两个关键帧中的某个帧，右击，在弹出的快捷菜单中选择"转换为关键帧"命令，制作新的关键帧。

Step 09 单击菜单栏中的"窗口"|"动作"命令，打开"动作"面板。

Step 10 在"动作"面板左侧的动作列表中选择"全局函数"|"时间轴控制"|"stop"命令，双击"stop"命令，将代码添加到"动作"面板中，如图 20-44 所示。

图 20-43　"属性"面板

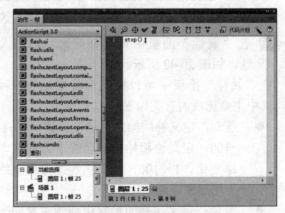

图 20-44　在关键帧上添加代码

Step 11 单击"动作"面板右上角的"关闭"按钮，关闭"动作"面板。

　　该实例中，制作了一个图像由显示到隐藏的动画，在关键帧中添加了"stop"动作，所以动画播放到包含动作的关键帧时，会停止播放。

20.2.10　在元件实例中添加动作

　　使用"动作"面板，可以在元件的实例中添加动作，例如为按钮实例添加超级链接等。在元件实例中添加动作的操作步骤如下。

Step 01 新建文档。

Step 02 选择时间轴图层 1 的第一帧。

Step 03 单击菜单栏中的"窗口"|"公用库"命令，打开"公用库"面板。

Step 04 在"公用库"面板中打开"buttons bar"目录，选择列表中的第一个按钮，如图 20-45 所示。

Step 05 将按钮拖放到舞台中，制作按钮的实例。

Step 06 选择按钮实例，单击菜单栏中的"窗口"|"动作"命令，打开"动作"面板。在左侧的动作列表中选择"全局函数"|"影片剪辑控制"|"on"命令，双击"on"命令，将代码添加到动作面板中。在"on"代码的可选参数中，选择"release"参数，定义当鼠标释放时的行为。

Step 07 将光标移动到"{"之后，在"动作"面板的动作列表中选择"全局函数"|"浏览器/网络"|"getURL"命令，双击"getURL"命令，将代码添加到"动作"面板中。在 getURL 代码中添加链接的地址""http：//www.w3.org""。添加代码后的"动作"面板如图 20-46 所示。

图 20-45　选择"公用库"中的按钮　　　　　图 20-46　在按钮元件实例上添加代码

Step 08 单击"动作"面板右上角的"关闭"按钮，关闭动作面板。

该实例中，制作了一个包含链接按钮的动画。动画发布后，单击动画中的按钮时，将打开 W3C 官方站点的首页。

20.2.11　测试影片

在制作文档的过程中，要随时测试影片播放是否正常，如为按钮实例添加超级链接等。测试影片的操作步骤如下。

Step 01 新建文档。

Step 02 制作动画。

Step 03 执行下列操作之一，测试动画效果。

- 单击菜单栏中的"控制"|"测试影片"命令。
- 按<Ctrl+Enter>组合键，测试影片。

影片的显示效果如图 20-47 所示。

图 20-47　测试影片的显示效果

在测试影片的窗口中有 4 个菜单项，可以用来控制影片的显示、停止和播放等。

Step 04 单击测试窗口右上角的"关闭"按钮 **X**，关闭测试窗口。

20.2.12　发布和导出影片

1．发布影片

制作好的 Flash 文档，保存后的格式为 FLA 格式，后缀为".fla"，并不能在网页中直接使用。SWF 格式的动画文件，可以在网页中直接使用。所以在制作好 Flash 文档后，要将文档发布为 SWF 的格式将文档发布为 SWF 格式的操作步骤如下。

Step 01 打开制作好的 Flash 文档。

Step 02 单击菜单栏中的"文件" |"发布设置"命令，打开"发布设置"对话框。单击"格式"选项卡，如图 20-48 所示，勾选"Flash"和"HTML"复选框，定义发布时只发布 SWF 格式和 HTML 格式的文件。

Step 03 在"发布设置"对话框中单击"Flash"选项卡，如图 20-49 所示。在"Flash"选项卡中，可以定义发布 SWF 文件的 Flash 版本、加载顺序、使用的脚本版本等。

Step 04 单击"HTML"选项卡，可以定义输入网页格式时的相关参数，此时可以选择仅发布 Flash 还是一个 SWF 格式的动画文件和一个同名的 HTML 格式的文件，以及一个使用动画的 JavaScript 格式的脚本文件，如图 20-50 所示。

　　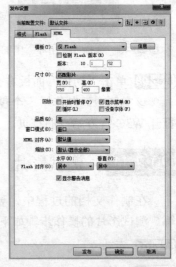

图 20-48　"格式"选项卡　　　　图 20-49　"Flash"选项卡　　　　图 20-50　"HTML"选项卡

2．导出影片

如果只要导出一个 SWF 格式的文件，然后在 Dreamweaver 或者其他的软件中使用该文件，则可以只导出 SWF 格式的影片文件。操作步骤如下。

Step 01 打开制作好的 Flash 文档。

Step 02 单击菜单栏中的"文件"|"导出"|"导出影片"命令，打开"导出影片"对话框，定义导出文件的名称，如图 20-51 所示。

图 20-51　"导出影片"对话框

Step 03 单击"保存"按钮，打开"保存为 SWF 影片"对话框，在其中进行相关设置后，单击"确定"按钮，导出影片。

20.3　制作动画

本节讲解的制作动画，是指结合补间动画制作的引导层动画、遮罩层动画、逐帧动画以及使用时间轴特效等。

20.3.1　制作引导层动画

引导层动画是指在引导层中制作动画的路径，然后其他的图层链接到引导层，矢量图形、补间实例、组等内容可以沿引导层的路径运动。制作引导层动画的操作步骤如下。

Step 01 单击菜单栏中的"文件"|"新建"命令，新建文档。

Step 02 单击菜单栏中的"插入"|"新建元件"命令，打开"创建新元件"对话框，选择"图形"选项，并定义新元件的名称为"圆"。单击"确定"按钮，进入元件编辑模式。

Step 03 选择图形工具中的"椭圆工具"，定义填充颜色为黑色，边框为无。拖曳鼠标，制作一个圆形，如图 20-52 所示。

Step 04 单击"场景 1"返回到场景舞台。

Step 05 单击菜单栏中的"窗口"|"库"命令，打开"库"面板。

Step 06 选择"圆"元件，拖放到舞台中，创建元件的实例。

Step 07 单击图层列表底部的"引导层"按钮，添加运动引导层。此时图层 1 会默认和运动引导层关联，其显示效果为图层 1 缩进显示，如图 20-53 所示。

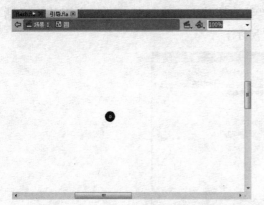

图 20-52　圆形图形元件的显示效果　　　　图 20-53　图层与运动引导层关联的显示效果

> **提示**　除了实例中所述的在图层上建立运动引导层外，使图层与运动引导层关联的方法还有以下两种。
> - 将图层拖放到运动引导层的下面，该图层会默认与运动引导层关联。
> - 选择运动引导层下的图层，单击菜单栏中的"修改" | "时间轴" | "图层属性"命令，在打开的"图层属性"对话框中选择"被引导"选项。

Step 08 选择运动引导层的第一帧，选择"钢笔工具"，在舞台中制作一个曲线路径，如图 20-54 所示。

Step 09 选择图层 1 的第一帧，选择第一帧中"圆"元件的实例，拖放到引导层曲线的左端，如图 20-55 所示。

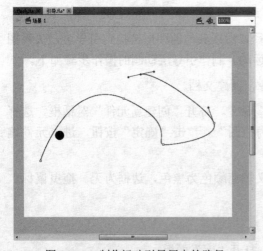

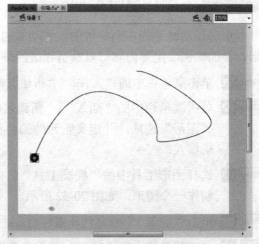

图 20-54　制作运动引导层中的路径　　　　图 20-55　将元件拖放到路径的起点

Step 10 在运动引导层的第 25 帧处右击，在弹出的快捷菜单中选择"插入帧"命令，将运动引导层的帧数扩充到 25 帧。

Step 11　在图层 1 的第 25 帧处右击，在弹出的快捷菜单中选择"插入关键帧"命令，插入关键帧。

Step 12　在新插入的关键帧中选择"圆"元件的实例，将实例拖放到运动引导层路径的另一端。

Step 13　在图层 1 时间轴的两个关键帧的某个帧上右击，在弹出的快捷菜单中选择"创建补间动画"命令。

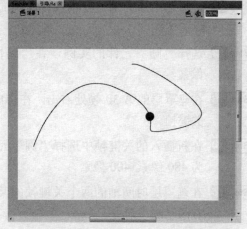

　　制作完成后，测试影片，圆形的图形元件将沿着运动引导层中定义的路径运动。选择补间动画中的某个中间帧，可以看到圆形元件运动的位置。选择某个过渡帧的显示效果如图 20-56 所示。

图 20-56　引导层动画中的某个过渡帧

20.3.2　制作遮罩层动画

　　遮罩层动画是指在遮罩层中建立一个遮罩，当其他图层与遮罩层关联时，包含遮罩的内容将会显示，遮罩以外的内容将会被隐藏的动画效果。在遮罩层中，可以创建补间动画或者补间形状，用来制作动态遮罩效果。制作遮罩层动画的操作步骤如下。

Step 01　单击菜单栏中的"文件"|"新建"命令，新建文档。

Step 02　单击菜单栏中的"插入"|"新建元件"命令，打开"创建新元件"对话框，选择"图形"选项，并定义新元件的名称为"圆"。单击"确定"按钮，进入元件编辑模式。

Step 03　选择图形工具中的"椭圆工具"，定义填充颜色为黑色，边框为无。拖曳鼠标，制作一个圆形。

Step 04　单击"场景 1"，返回到场景舞台中。

Step 05　单击菜单栏中的"文件"|"导入到舞台"命令，将图像文件导入到舞台。

Step 06　选择"图层 1"，在图层列表的底部单击"新建图层"按钮，制作新的图层。

图 20-57　图层与遮罩层
关联的显示效果

Step 07　双击新建图层的名称，定义图层的名称为"遮罩"。

Step 08　右击"遮罩"图层，在弹出的快捷菜单中选择"遮罩层"命令，将图层定义为遮罩层，此时遮罩层会默认和下面的一个图层关联。被关联的图层会以缩进的方式显示，同时遮罩层和其关联的图层都会被锁定，如图 20-57 所示。

Step 09　单击菜单栏中的"窗口"|"库"命令，打开"库"面板。

Step 10　解除遮罩层及与其相关联的图层 1 的锁定。

Step 11　选择遮罩层的第一帧。在"库"面板中选择"圆"元件，拖放到舞台中，创建元件的实例。

Step 12　选择"圆"元件的实例，在"属性"面板中定义元件的大小为 20.0 像素*17.0 像素。

Step 13　在遮罩层的第 30 帧处右击，在弹出的快捷菜单中选择"插入关键帧"命令，插入关键帧。

Step 14　在新插入的关键帧中选择"圆"元件的实例，在"属性"面板中定义元件的大小为 480 像素*400 像素。

Step 15　在遮罩层时间轴的两个关键帧的某个帧上右击，在弹出的快捷菜单中选择"创建补间动画"命令。

Step 16　在图层 1 的第 30 帧处右击，在弹出的快捷菜单中选择"插入帧"命令。

　　遮罩层动画在遮罩层与和其相关联的图层没有锁定的情况下无法显示遮罩效果（但不影响影片发布后的显示效果）。选择遮罩动画补间的某一帧，在两个图层都未锁定的情况下，文档舞台的显示效果如图 20-58 所示。在两个图层都锁定的情况下，文档舞台的显示效果如图 20-59 所示。

图 20-58　图层与遮罩层未锁定的显示效果　　　　图 20-59　图层与遮罩层已锁定的显示效果

20.3.3　制作逐帧动画

　　逐帧动画是指在动画中每一帧都是关键帧，在每一帧中都有不同的内容。制作逐帧动画的操作步骤如下。

Step 01　单击菜单栏中的"文件"|"新建"命令，新建文档。

Step 02　选择图层 1 中的第 1 帧，然后选择绘图工具制作一个图形（也可以从外部导入图像文件）。

Step 03 右击图层 1 中的第 2 帧，在弹出的快捷菜单中选择"插入关键帧"命令。

Step 04 新插入的关键帧中会保留第 1 个关键帧中的图形（或图像），使用绘图工具修改图形（或图像）。

Step 05 右击图层 1 中的第 3 帧，在弹出的快捷菜单中选择"插入关键帧"命令。

Step 06 新插入的关键帧中会保留原第 2 个关键帧中的图形（或图像），使用绘图工具修改图形（或图像）。

Step 07 重复插入关键帧和修改图形（或图像）的步骤，直到完成动画。

20.4　绘图和处理图片

本节主要讲解使用工具箱中的各种工具绘制矢量图形，以及处理导入到文档中的位图的方法。

20.4.1　绘图模型

在 Flash 中有两种绘图模型："合并绘图"模型和"对象绘图"模型。在两种绘图模型中，绘制的图形的显示效果存在差别。两种绘图模型的意义如下。

- "合并绘图"模型：当重叠绘制图形时，两次绘制的图形会合并到一起。当选择并移动第 2 次绘制的图形时，会影响第 1 次绘制的图形。
- "对象绘图"模型：当重叠绘制图形时，图形各自独立。移动重叠的某个图形时，并不对其他图形产生影响。

默认情况下，Flash 中会使用"合并绘图"模型。通过相应的操作，可以定义使用"对象绘图"模型，操作步骤如下。

Step 01 单击菜单栏中的"文件"|"新建"命令，新建文档。

Step 02 选择支持"对象绘图"模型的工具（铅笔、线条、钢笔、刷子、图形）。

Step 03 单击工具箱底部的绘图模型切换按钮 ◙，将绘图模型转换为"对象绘图"模型。

20.4.2　使用铅笔和刷子工具

在 Flash 中，使用"铅笔工具"可以自由绘制线条粗细相同的图形或者线条，还可以控制所绘线条的平滑或伸直。使用"刷子工具"可以绘制像刷子一样粗细不均的线条，还可以控制刷子的大小以及形状等。

下面具体讲解使用"铅笔工具"和"刷子工具"的具体操作。

Step 01 单击菜单栏中的"文件"|"新建"命令，新建文档。

Step 02 选择工具箱中的"铅笔工具" ✐。

Step 03 在铅笔工具的"属性"面板中定义铅笔工具的参数，如铅笔线条的粗细、样式等，如图 20-60 所示。

Step 04 单击工具箱中的"铅笔模式"按钮，在下拉菜单中有 3 个可选的模式，用来控制绘制线条的显示效果。

- 直线化：定义绘制的线条以直线的方式显示。
- 平滑：定义绘制的线条以平滑过渡的方式显示。
- 墨水：定义线条显示手绘的效果。

Step 05 拖曳鼠标，绘制铅笔线条或图形。

Step 06 选择工具箱中的"刷子工具"。

Step 07 在刷子工具的"属性"面板中，可以定义刷子工具的相应参数，如填充颜色和平滑度属性，如图 20-61 所示。

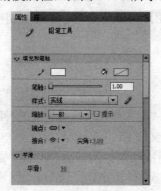

图 20-60　铅笔工具的"属性"面板

图 20-61　刷子工具的"属性"面板

Step 08 选择"刷子工具"时，工具箱的底部会显示与刷子工具相关的几个按钮，用来控制刷子的大小和形状等。其意义分别如下。

- 刷子模式：定义刷子填充颜色时使用的模式，包含 5 个子选项，其意义分别如下。
    - 标准绘画：对同一层的线条和填充上色。
    - 颜料填充：对填充区域或空白部分上色，不影响边框等线条。
    - 后面绘画：在空白区域上色，不影响线条和填充。
    - 颜料选择：将填充应用到新的选区。
    - 内部绘画：在某个区域内上色，不影响区域外以及区域边框的显示。
- 刷子大小：定义刷子的尺寸。
- 刷子形状：定义刷子的形状。

Step 09 拖曳鼠标，绘制线条或填充区域。

使用"铅笔工具"绘制的线条如图 20-62 所示。使用"刷子工具"绘制的线条如图 20-63 所示。

图 20-62　使用"铅笔工具"绘制的线条

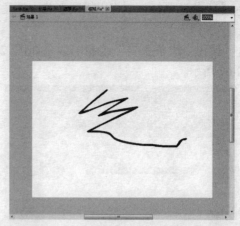

图 20-63　使用"刷子工具"绘制的线条

20.4.3　使用线条和形状工具

在 Flash 中，"线条工具"用来制作各种直线线条或者形状，其使用比较简单。"形状工具"用来制作各种椭圆或多边形形状，其中包含矩形工具、椭圆工具、基本矩形工具、基本椭圆工具、多角星形工具 5 个自选项。

下面具体讲解使用"线条工具"和"形状工具"的具体操作。

Step 01 单击菜单栏中的"文件"|"新建"命令，新建文档。

Step 02 选择工具箱中的"线条工具" ⬂。

Step 03 在线条工具的"属性"面板中，可以定义铅笔工具的参数，如线条的粗细、样式等，如图 20-64 所示。

Step 04 拖动鼠标，绘制线条或图形。

Step 05 选择工具箱中的"椭圆工具" ◯。

Step 06 在椭圆工具的"属性"面板中定义椭圆工具的参数，如边框样式、边框颜色、填充颜色、内径、起始角度、结束角度等，如图 20-65 所示。

图 20-64　线条工具的"属性"面板

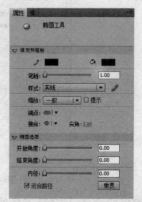

图 20-65　椭圆工具的"属性"面板

Step 07 拖动鼠标，制作出椭圆形状。注意：在拖曳鼠标的同时按住<Shift>键，可以绘制正圆形。

使用"线条工具"绘制的线条如图 20-66 所示。使用"椭圆工具"绘制的形状如图 20-67 所示。

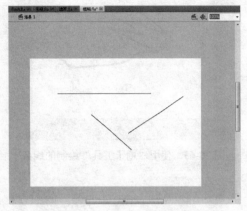

图 20-66　使用"线条工具"绘制的线条

图 20-67　使用"椭圆工具"绘制的形状

20.4.4　使用钢笔工具

在 Flash 中，"钢笔工具"用来制作细致、精确的路径。除"钢笔工具"以外，钢笔工具组中还包含 3 个辅助选项：添加描点工具、删除描点工具和转换描点工具。

下面具体讲解使用"钢笔工具"的具体操作。

Step 01 单击菜单栏中的"文件" | "新建"命令，新建文档。

Step 02 单击菜单栏中的"编辑" | "首选参数"命令，打开"首选参数"对话框，在"类别"列表中选择"绘画"类别，如图 20-68 所示。

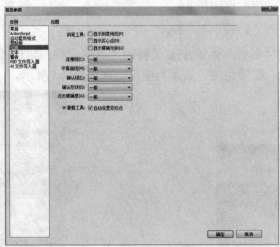

图 20-68　定义"钢笔工具"首选参数

在此可以定义关于钢笔工具绘制效果的参数。勾选"显示钢笔预览"复选框，则在绘制钢笔路径时，移动鼠标便显示路径的效果，否则只有在确定节点时才能显示路径的效果；勾选"显示实心点"复选框，则选中的节点显示空心点，其他节点显示实心点，否则显示效果相反；勾选"显示精确光标"复选框，则光标以"+"形状显示。

Step 03 单击"确定"按钮，完成"首选参数"的定义。

Step 04 选择工具箱中的"钢笔工具" 。

Step 05 在钢笔工具的"属性"面板中定义钢笔工具的参数，如钢笔路径的缩放、样式等，如图 20-69 所示。

Step 06 在舞台中单击，选择钢笔路径的起点。

Step 07 在舞台的其他位置单击，可以制作一段直线段。

Step 08 拖曳鼠标，可以制作曲率不同的曲线。

图 20-69　钢笔工具的"属性"面板

Step 09 执行下列操作之一，终止路径。

- 双击最后一个节点，然后单击工具箱中的"钢笔工具" ，可以制作一个开放的路径。
- 使用"钢笔工具"，单击最初的路径起点，可以制作一个闭合的路径。

Step 10 在路径制作好后，可以使用工具箱中的"部分选取工具" ，选择路径中的某个节点，然后通过控制节点的手柄调整曲线的显示效果。

使用"钢笔工具"绘制路径的显示效果如图 20-70 所示。

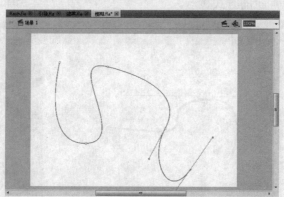

图 20-70　使用"钢笔工具"绘制路径的显示效果

20.4.5　使用选取和选区工具

在 Flash 中有两个选取工具，分别是"选择工具" 和"部分选取工具" 。使用"选择工具"可以选择对象的全部；使用"部分选取工具"可以选择对象的一个部分，如路径中的一个节点。

在 Flash 中，能够直接制作选区的工具是"套索工具" ，使用"套索工具"可以选择图形中的某个区域。

下面具体讲解使用选取和选区工具的操作。

Step 01 单击菜单栏中的"文件"|"新建"命令，新建文档。

Step 02 选择工具箱中的"钢笔工具" ，制作一段路径。

Step 03 在工具箱中选择"选择工具" ，单击路径中的某处，选取整条路径，如图 20-71 所示。

Step 04 在工具箱中选择"部分选取工具" ，单击路径中的某处，然后选取路径中的某个节点，如图 20-72 所示。

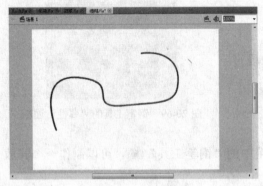
图 20-71　选取整条路径

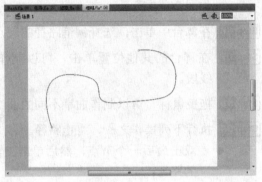
图 20-72　选取路径节点

Step 05 选择工具箱中的"套索工具" 。

Step 06 拖曳鼠标，制作一个封闭的区域，可以选择部分路径，如图 20-73 所示。选取的路径部分将以加粗的方式显示。

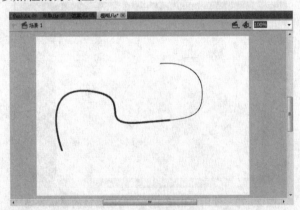
图 20-73　使用"套索工具"选取部分路径

20.4.6　定义边框和填充颜色

在 Flash 中，通过"属性"面板或者工具箱中相应的工具，可以定义边框和填充的颜色，具体步骤如下。

Step 01 单击菜单栏中的"文件"|"新建"命令，新建文档。

Step 02 选择工具箱中的"矩形工具" 。

Step 03 在舞台中，按住鼠标左键，拖动鼠标制作矩形形状。

Step 04 在"属性"面板中，定义边框和填充的颜色，其中"属性"面板的显示效果如图 20-74 所示。

Step 05 在"属性"面板中，定义边框的粗细为 20 像素。单击"属性"面板中边框选项 🖊 后面的颜色选框（或单击工具箱中 🖊 图标后的颜色选框），打开颜色选择对话框，如图 20-75 所示，选择颜色"#999999"。

图 20-74　形状的属性面板

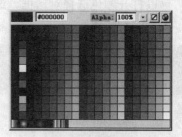

图 20-75　颜色选择对话框

在颜色选择对话框中，右上角的"无填充"按钮 ☑ 可以定义边框颜色为无，此时可以不显示边框。"颜色选择"按钮 🔘 用来打开自定义颜色对话框。

Step 06 在"属性"面板中，单击填充选项 🖐 后面的颜色选框（或单击工具箱中 🖊 图标后的颜色选框），打开颜色选择对话框，选择黑色，作为填充颜色。

Step 07 按住鼠标左键，在舞台上拖曳鼠标，制作一个矩形，其显示效果如图 20-76 所示。

图 20-76　定义边框和填充颜色后的显示效果

Step 08 使用"部分选取工具" 🔖，可以分别选取图形的边框和填充部分。选择后，可以独立修改各自的颜色。

20.4.7　定义渐变颜色

在 Flash 中，可以通过"颜色"面板定义渐变填充的颜色。操作步骤如下。

Step 01 单击菜单栏中的"文件"|"新建"命令，新建文档。

Step 02 单击菜单栏中的"窗口"|"颜色"命令，打开"颜色"面板（如果在文档窗口中"颜色"面板已经打开，则可以省略这个步骤）。

Step 03 在工具箱中，选择填充选项。

Step 04 在"颜色"面板中的"类型"选项中，选择"线性"选项，此时"颜色"面板的显示效果如图 20-77 所示。

Step 05 在"颜色"面板的渐变颜色条下面单击鼠标，添加颜色节点。双击相应的节点，可以打开颜色选择对话框，选择颜色。添加节点后，"颜色"面板的显示效果如图 20-78 所示。

> 注意　最多只能添加 15 个节点。

图 20-77　"线性"类型的颜色面板　　　　图 20-78　添加节点后的颜色面板

Step 06 选择工具箱中的"矩形工具" ▭。

Step 07 在舞台中拖曳鼠标，制作矩形形状。

制作后的矩形形状，会使用以上定义的渐变颜色填充，其显示效果如图 20-79 所示。

图 20-79　渐变填充后的矩形形状

20.4.8　导入图像

在 Flash 中，可以导入各种格式的位图和矢量图文件到文档的"库"或者舞台中。其中支持导入的矢量或位图图像格式如下。

- Illustrator 中制作的文件，后缀名为 ".eps"、".ai"、".pdf" 等。
- FreeHand 文件，后缀名为 ".fh7" 至 ".fh11" 等（根据版本不同，后缀名会有所差别）。
- 增强的 Windows 元文件，后缀名为 ".emf"。
- Windows 元文件，后缀名为 ".wmf"。
- AutoCAD DXF 文件，后缀名为 ".dxf"。
- 原始位图，后缀名为 ".bmp"。
- FutureSplash Player 文件，后缀名为 ".sql"。
- JPEG 文件，后缀名为 ".jpeg"。
- GIF 文件，后缀名为 ".gif"。
- PNG 文件，后缀名为 ".png"。

下面以导入 Illustrator 制作的后缀名为 ".ai" 的文件为例，讲解导入图像文件的步骤。

Step 01 单击菜单栏中的 "文件" | "新建" 命令，新建文档。

Step 02 单击菜单栏中的 "文件" | "导入到库" 或者 "文件" | "导入到舞台" 命令。

Step 03 打开 "导入到库" 或 "导入到舞台" 对话框。打开 "文档类型" 下拉列表，选择 "Adobe Illustrator（.ai）"，如图 20-80 所示。

Step 04 在 "导入到库" 对话框中，选择相应的文件。

Step 05 单击 "打开" 按钮，打开 "将 '***.ai' 导入到库" 对话框，如图 20-81 所示。在 "导入到库" 对话框中，可以定义导入的设置，包括转换图层、导入未使用的元件或单个位图图像等选项。

Step 06 单击 "确定" 按钮，将文件导入到库中。

图 20-80　"文档类型" 下拉列表

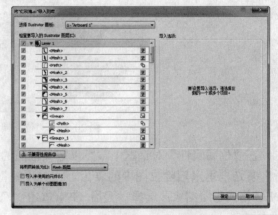

图 20-81　"将 '***.ai' 导入到库" 对话框

20.4.9　设置和编辑位图

在 Flash 中，可以通过位图的 "属性" 面板定义位图的相应属性和对位图进行编辑。操作步骤如下。

Step 01 单击菜单栏中的"文件"|"新建"命令，新建文档。

Step 02 单击菜单栏中的"文件"|"导入到库"或者"文件"|"导入到舞台"命令。

Step 03 将位图导入到库或者舞台中。

Step 04 将库中的位图拖放到舞台中（如果直接将位图导入到舞台中，则可以省略这一步骤）。

Step 05 选择位图，在"属性"面板中定义位图的各种参数。位图文件的"属性"面板如图 20-82 所示。在位图文件的"属性"面板中，可以定义位图的大小和位置。单击"交换"按钮，打开"交换位图"对话框，如图 20-83 所示。

图 20-82　位图文件的"属性"面板　　　　　　图 20-83　　"交换位图"对话框

在"交换位图"对话框中，显示当前文档"库"面板中包含的位图。选择列表中的其他位图，可以替换当前使用的位图。

Step 06 右击"库"面板中的位图，在打开的下拉菜单中选择"属性"命令。打开"位图属性"对话框，如图 20-84 所示，定义位图的属性。

图 20-84　　"位图属性"对话框

在"位图属性"对话框中，可以定义位图的压缩格式、平滑等属性。其中，"允许平滑"复选框用来消除位图中的锯齿。在"压缩"选项中选择"照片（JPEG）"，将会以JPEG 格式压缩图像；选择"无损（PNG/GIF）"，将会使用无损压缩的格式压缩位图。

Step 07 单击"确定"按钮，完成位图属性的定义。

20.4.10　分离位图和将位图转换为矢量图

在 Flash 中，分离位图可以分散位图中的像素，以便选择位图的部分区域进行编辑。将位图转换为矢量图，可以将位图作为矢量图处理。在将位图转换为矢量图时，如果位图的色彩比较复杂，在转换过程中可能会发生图像失真的现象。

分离位图和将位图转换为矢量图的操作步骤如下。

Step 01 单击菜单栏中的"文件"|"新建"命令，新建文档。

Step 02 单击菜单栏中的"文件"|"导入到库"或者"文件"|"导入到舞台"命令。

Step 03 将位图导入到库或者舞台中。

Step 04 将库中的位图拖放到舞台中（如果直接将位图导入到舞台中，则可以省略这一步骤）。

Step 05 选择位图。

Step 06 单击菜单栏中的"修改"|"分离"命令，位图分离以后的显示效果如图 20-85 所示。

Step 07 选择工具箱中的"套索工具" ，在位图中创建选区。

Step 08 选择工具箱中的填充选项，选择填充的颜色，如图 20-86 所示。

图 20-85　位图分离后的显示效果　　　图 20-86　填充部分位图后的显示效果

Step 09 选择位图，按下<Delete>键，删除位图。

Step 10 选择填充的图形，按下<Delete>键，删除图形。

Step 11 选择"库"面板中的位图，并拖放到舞台中。

Step 12 选择舞台中的位图。

Step 13 单击菜单栏中的"修改"|"位图"|"转换位图为矢量图"命令，打开"转换位图为矢量图"对话框，如图 20-87 所示。

在"转换位图为矢量图"对话框中，部分参数的意义如下。

- 颜色阈值：使用 1～500 之间的值，如果两个像素之间颜色差异低于定义的值，则会被定义为相同的颜色。
- 最小区域：使用 1～1000 之间的值，定义指定颜色的范围。
- 曲线拟合：定义绘制轮廓的平滑程度。
- 角阈值：定义保留锐边或者平滑处理。

Step 14 单击"确定"按钮，完成图像的转换。

转换后的图像的显示效果如图 20-88 所示。

图 20-87　"转换位图为矢量图"对话框　　　　图 20-88　转换为矢量图后的显示效果

20.4.11　组合对象

在 Flash 中，可以通过组合的方法将几个对象作为一个对象来处理。组合后的对象可以整体进行移动和编辑。操作步骤如下。

Step 01 单击菜单栏中的"文件"|"新建"命令，新建文档。

Step 02 选择图形工具中的"椭圆工具"，在舞台中拖曳出一个椭圆图形。

Step 03 单击菜单栏中的"插入"|"新建元件"命令，打开"创建新元件"对话框，选择"图形"选项，新建图形元件。

Step 04 在图形元件编辑模式中，选择图形工具中的"多边形工具"。

Step 05 拖曳鼠标，制作一个多边形。

Step 06 单击菜单栏中的"窗口"|"库"命令，打开"库"面板（如果"库"面板已经打开，则省略该步骤）。

Step 07 在"库"面板中，选择刚创建的图形元件，拖放到舞台中，创建元件的实例。

Step 08 选择椭圆图形，同时按住<Shift>键，选择元件的实例。

Step 09 执行下列操作之一，组合对象。

- 单击菜单栏中的"修改"|"组合"命令。
- 使用快捷键<Ctrl+G>，组合对象。

组合后的对象的显示效果如图 20-89 所示。

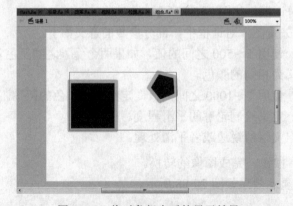

图 20-89　将对象组合后的显示效果

Step 10 选择组合的对象。

Step 11 单击菜单栏中的"修改"|"取消组合"命令，可以取消对象的组合。

20.4.12　处理对象

在 Flash 中，可以对对象进行变形、扭曲、缩放、旋转等操作，操作步骤如下。

Step 01 单击菜单栏中的"文件"|"新建"命令，新建文档。

Step 02 选择工具箱中的"矩形工具" ⬛，在舞台中绘制一个矩形形状。

Step 03 选择矩形形状，选择工具箱中的"任意变形工具" ⬛ 。

Step 04 拖动矩形四周的控制点，可以更改图形的形状，同时也可以旋转或者移动图形。使用"任意变形工具" ⬛ 处理对象的方法如下。

- 在边或角的位置拖动鼠标，可以调整图形的大小，如图 20-90 和图 20-91 所示。

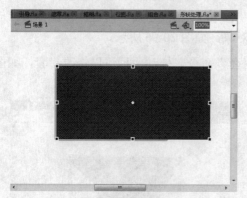

图 20-90　拖动边线缩放对象

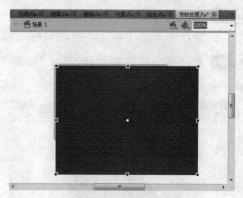

图 20-91　拖动角部缩放对象

- 在图形的角部之外拖动鼠标，可以旋转图形，如图 20-92 所示。旋转后图形的显示效果如图 20-93 所示。

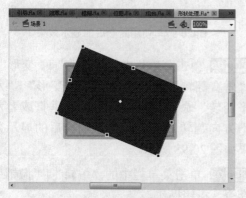

图 20-92　旋转对象

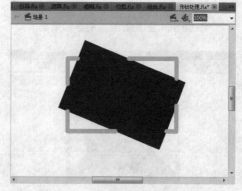

图 20-93　旋转对象后的显示效果

- 按住<Ctrl>键拖动鼠标，可以按照平行的方法扭曲图像，显示效果如图 20-94 所示。按住<Shift+Ctrl>键拖动角部的手柄，可以按照椎形的方法扭曲图像，显示效果如图 20-95 所示。

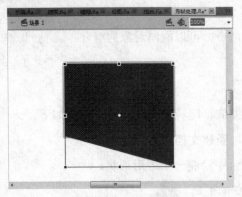

图 20-94 　 并行扭曲对象

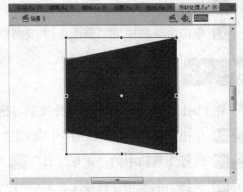

图 20-95 　 椎形扭曲对象

Step 05 单击菜单栏中的 "编辑" | "撤销" 命令，或者按 <Ctrl+Z> 组合键，将变形后的图形还原。

Step 06 重新选择图形，单击菜单栏中的 "修改" | "变形" | "扭曲" 命令，将鼠标指针放置在图形的手柄上，拖动鼠标可以扭曲对象，如图 20-96 所示。

Step 07 单击菜单栏中的 "修改" | "变形" | "封套" 命令，拖动手柄可以修改封套，如图 20-97 所示。

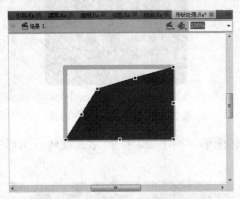

图 20-96 　 扭曲对象后的显示效果

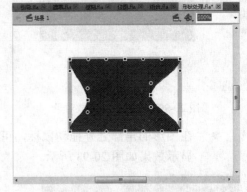

图 20-97 　 使用封套后的显示效果

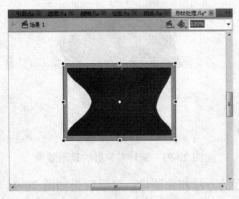

图 20-98 　 垂直翻转后的显示效果

Step 08 单击菜单栏中的 "修改" | "变形" | "垂直翻转" 或者 "修改" | "变形" | "水平翻转" 命令，可以将对象在垂直或者水平方向翻转。其中，垂直翻转后的显示效果如图 20-98 所示。

Step 09 单击菜单栏中的 "编辑" | "撤销" 命令，撤销操作。

20.5　使用文本

文本是网页中传递信息的主要方式，本节主要讲解使用文本内容以及对文本内容进行相关设置的知识。

20.5.1　创建文本

在 Flash 中，可以创建 3 种文本：静态文本、动态文本和输入文本。其中，静态文本是指固定不变的文本，动态文本是指可以动态更换的文本，输入文本是指可以输入到表单或调查表中的文本。

Step 01 单击菜单栏中的"文件"|"新建"命令，新建文档。

Step 02 选择工具箱中的"文本工具" **T**。

Step 03 在文本工具的"属性"面板中定义文本的相关属性，如图 20-99 所示，可以定义文本的字体、大小、颜色、字体样式、文本方向以及文本内容的链接等。

Step 04 在舞台中单击，选择输入文本的位置，然后输入文本。输入文本后的显示效果如图 20-100 所示。

图 20-99　文本工具的"属性"面板

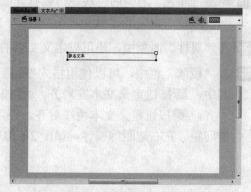

图 20-100　输入文本后的显示效果

Step 05 输入文本后，文本内容会自动处于一个文本框中。通过拖动鼠标，可以更改文本框的大小。

20.5.2　定义文本的属性

本节讲解使用文本"属性"面板定义文本的相关属性，操作步骤如下。

Step 01 单击菜单栏中的"文件"|"新建"命令，新建文档。

Step 02 选择工具箱中的"文本工具" **T**。

Step 03 在舞台中单击，选择输入文本的位置，输入文本。

Step 04 在"属性"面板中，单击"系列"右侧的下拉按钮，打开字体选择列表，其中列出了当前系统中可以使用的字体，同时显示字体的预览效果，如图 20-101 所示。选择一种字体。

图 20-101　字体选择列表

Step 05 单击"颜色"右侧的色块，可以打开颜色选择面板，如图 20-102 所示，可以选择一种颜色并定义不透明度。

Step 06 在"属性"面板中，还可以定义文字的下划线、删除线、上下标等显示效果。

Step 07 在"段落"栏中，可以使用格式按钮▤、▤、▤、▤定义文本段落对齐方式。其中，▤按钮定义文本左对齐，▤按钮定义文本中间对齐，▤按钮定义文本右对齐，▤按钮定义文本两端对齐。还可以对文件进行进一步的修改，如定义文本的间距、左右边距等属性，如图 20-103 所示。

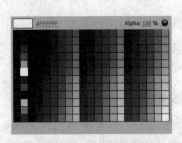

图 20-102　颜色选择面板

图 20-103　定义文本段落格式

Step 08 在"选项"栏中，可以定义文字的链接路径和打开链接的方式。

通过文本的"属性"面板可以方便地控制文字的显示效果。

20.5.3　拼写设置

使用检查拼写功能，可以检查 Flash 文档中的文本拼写是否有误。操作步骤如下。

Step 01 单击菜单栏中的"文件"|"新建"命令，新建文档。

Step 02 执行下列操作之一，打开"拼写设置"对话框。

- 单击菜单栏中的"文本"|"拼写设置"命令（初始化检查拼写功能）。
- 单击菜单栏中的"文本"|"检查拼写"命令，在"检查拼写"对话框中单击"设置"按钮。

Step 03 在"拼写设置"对话框中，定义检查拼写的选项，如图 20-104 所示。

在"拼写设置"对话框的"文档选项"选项组中，定义检查拼写的范围。

Step 04 在"词典"列表框中，选择检查拼写所使用的词典。

Step 05 通过"个人词典"选项，定义个人使用的词典。

Step 06 在"检查选项"选项组中定义检查拼写的具体设置。

Step 07 单击"确定"按钮，完成拼写检查的设置。

Step 08 选择工具箱中的"文本工具" T ，在舞台中输入文本内容"This is a assddddd."。

Step 09 单击菜单栏中的"文本"|"检查拼写"命令，打开"检查拼写"对话框，如图 20-105 所示。

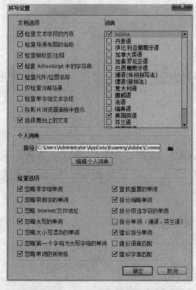

图 20-104　"拼写设置"对话框

图 20-105　"检查拼写"对话框

在"检查拼写"对话框中，显示了某个单词在词典中无法找到，此时可以通过右侧的选项对单词进行相应的处理。

Step 10 处理单词后，单击"关闭"按钮，完成拼写检查。

20.5.4　分离文本

在 Flash 中，可以通过分离文本功能将文本框中的文本分离成独立的部分，分离后可以对每个独立的文本进行处理。操作步骤如下。

Step 01 单击菜单栏中的"文件"|"新建"命令，新建文档。

Step 02 选择工具箱中的"文本工具" **T**，在舞台中添加文本内容。

Step 03 选择文本内容，单击菜单栏中的"修改"|"分离"命令，将文本分离。分离后的文本内容的显示效果如图 20-106 所示。

Step 04 再次单击菜单栏中的"修改"|"分离"命令，可以将文本转换成图形，其显示效果如图 20-107 所示。

图 20-106　文本分离后的显示效果　　　　图 20-107　将文本转换为图形的显示效果

20.6　使用声音

在 Flash 中，可以使用多种格式的声音文件，还可以控制声音的播放、停止和循环等。

20.6.1　添加声音

在 Flash 中，可以使用以下格式的声音文件：WAV 格式、MP3 格式、AIFF 格式、QuickTime 格式和 Sun AU 格式。通常要将声音文件导入"库"面板中，然后在图层中使用声音文件，操作步骤如下。

Step 01 单击菜单栏中的"文件"|"新建"命令，新建文档。

Step 02 单击菜单栏中的"文件"|"导入"|"导入到库"命令，打开"导入到库"对话框。选择声音文件，单击"确定"按钮，将声音文件导入"库"面板。

Step 03 将声音文件导入到"库"面板后的效果如图 20-108 所示。

Step 04 选择图层 1，选择"库"面板中的声音文件，拖放到舞台上，将声音添加到图层 1 中。

Step 05 在时间轴中的某一帧上右击，在弹出的快捷菜单中选择"插入帧"命令，扩充时间轴上的帧，此时可以看到声音在时间轴中的显示效果如图 20-109 所示。

图 20-108　导入声音文件后的"库"面板　　　　图 20-109　声音在时间轴上的显示效果

Step 06 选择声音图层的第一个关键帧，在"属性"面板中定义声音的相关属性，如图 20-110 所示。其中主要参数的意义如下。

- 效果：定义声音文件的效果。其中包含以下参数。
  - 无：对声音不做任何处理。
  - 左声道/右声道：定义播放声音的声道。
  - 向右淡出/向左淡出：定义声音从一个声道转换到另一个声道。
  - 淡入/淡出：定义声音在持续时间内逐渐增加或者减少音量。

图 20-110　定义声音文件的属性

- 同步：定义声音播放的同步选项，其中包含以下参数。
  - 事件：将声音和事件的发生过程同步起来，此时即使在 SWF 文件播放停止后，声音文件也将继续播放。
  - 开始：如果定义声音已经播放，则新的声音实例不会播放。
  - 停止：定义静音。
  - 数据流：定义声音和动画同步播放。在 SWF 文件播放停止后，声音也停止。

20.6.2　控制声音的播放

在 Flash 中，通常可以通过两种方式控制声音的播放：一种使用声音"编辑封套"对话框进行控制，另一种是使用"动作"面板中的脚本进行控制。操作步骤如下。

Step 01 单击菜单栏中的"文件"|"新建"命令，新建文档。

Step 02 单击菜单栏中的"文件"|"导入"|"导入到库"命令，将声音文件导入"库"面板。

Step 03 选择"库"面板中的声音文件，右击，在弹出的快捷菜单中选择"链接"命令，

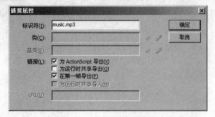

打开"链接属性"对话框，定义音乐的标识符，如图 20-111 所示，该标识符会在定义行为时使用。

Step 04 在"公用库"面板中，选择相应的按钮，更改其中的文本并拖放到舞台中。

图 20-111　定义声音的链接标识

Step 05 选择按钮实例，单击菜单栏中的"窗口"|"行为"命令，打开"行为"面板。

Step 06 单击"添加行为"按钮 ➕，在下拉菜单中选择"声音"|"从库加载声音"命令，如图 20-112 所示。

Step 07 打开"从库加载声音"对话框，定义要使用的声音文件的链接标识，并定义文件实例的名称，如图 20-113 所示，该实例名称将在控制声音时用到。

在"从库加载声音"对话框中，勾选"加载时播放此声音"复选框，可以定义在加载时播放声音。

图 20-112　选择从库中加载声音

图 20-113　定义加载的声音和名称

Step 08 在"事件"下拉菜单中选择"释放时"选项，打开选择列表，选择相应的事件，触发行为。

Step 09 在"公用库"面板中选择相应的按钮，更改其中的文本并拖放到舞台中。

Step 10 选择按钮实例，单击菜单栏中的"窗口"|"行为"命令，打开"行为"面板。

Step 11 单击"添加行为"按钮 ➕，在下拉菜单中选择"声音"|"播放声音"命令，打开"播放声音"对话框，输入要播放实例的名称，如图 20-114 所示。

Step 12 单击"确定"按钮，完成播放声音的定义。

Step 13 单击"事件"下拉菜单中的"释放时"选项，打开选择列表，在列表中选择相应的事件，触发行为。

Step 14 在"公用库"面板中选择相应的按钮，更改其中的文本并拖放到舞台中。

Step 15 选择按钮实例，单击菜单栏中的"窗口"|"行为"命令，打开"行为"面板。

Step 16 单击"添加行为"按钮 ➕，在下拉菜单中选择"声音"|"停止声音"命令，打开"停止声音"对话框，输入要播放实例的名称，如图 20-115 所示。

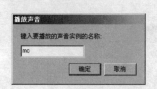

图 20-114 "播放声音"对话框

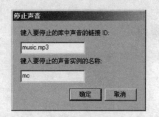

图 20-115 "停止声音"对话框

Step 17 单击"确定"按钮,完成停止声音的定义。

Step 18 在"事件"下拉菜单中选择"释放时"选项,打开选择列表,在列表中选择相应的事件,触发行为。

20.6.3 压缩声音

在 Flash 中,如果使用了较大的音乐文件,则导出的动画文件也会较大。通过定义音乐文件的压缩属性可以大大减小文件体积。操作步骤如下。

Step 01 单击菜单栏中的"文件"|"新建"命令,新建文档。

Step 02 单击菜单栏中的"文件"|"导入"|"导入到库"命令,打开"导入到库"对话框。选择声音文件,单击"确定"按钮,将声音文件导入"库"面板。

Step 03 在"库"面板中选择声音文件,右击,在弹出的快捷菜单中选择"属性"命令。

Step 04 打开"声音属性"对话框,如图 20-116 所示。取消勾选"使用导入的 MP3 品质"复选框。在"压缩"下拉列表中选择要使用的压缩方法,可以选择的方法有默认、ADPCM、MP3、原始、语音。

Step 05 单击"确定"按钮,完成声音的压缩。

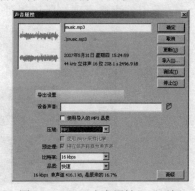

图 20-116 "声音属性"对话框

20.7 使用视频

在 Flash 中可以使用多种格式的视频文件,同时可以对视频进行简单的控制,如播放、停止等。通常可以导入的视频文件格式有 WMV 格式、AVI 格式、MPEG 格式以及FLV 格式等。

Step 01 单击菜单栏中的"文件"|"新建"命令,新建文档。

Step 02 单击菜单栏中的"文件"|"导入"|"导入视频"命令,打开"导入视频"对话框。单击"浏览"选项,选择要导入的视频,如图 20-117 所示。

Step 03 定义视频的部署设置，这里选择"在 SWF 中嵌入 FLV 并在时间轴中播放"单选按钮。

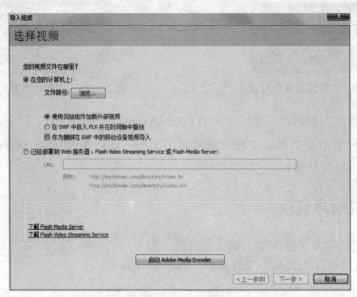

图 20-117　选择导入的视频文件

Step 04 单击"下一步"按钮，定义视频的外观，如图 20-118 所示。其中对话框右侧会显示相关注意事项，所以以处不作详细讲解。

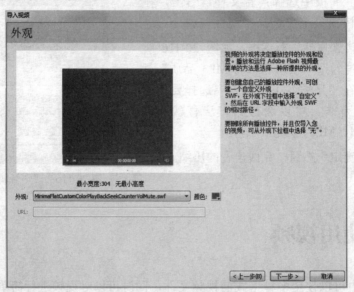

图 20-118　定义视频的外观

Step 05 单击"下一步"按钮，完成视频的导入，如图 20-119 所示，然后单击"完成"按钮。

Step 06 选择所导入的视频，在"属性"面板中可以看到视频的相关参数，如图 20-120 所示。

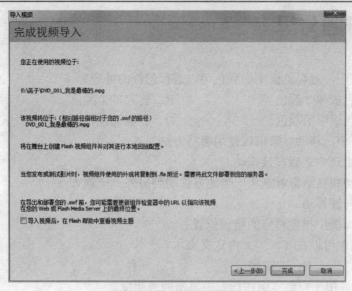

图 20-119 完成视频导入

图 20-120 视频"属性"面板

20.8 小结

本章主要讲解了 Flash 软件的基础知识和常用操作。本章的重点是关于时间轴、补间动画以及各种元件的运用方法。本章内容是制作动画的基础,所以对每一个菜单、命令以及各种操作都要非常熟悉。

20.9　习题与思考

1. 在 Flash 中，对调色板中的颜色可以进行怎样的处理？（　　）

A. 复制调色板单个颜色　　　　　　　　B. 删除单个颜色

C. 清除调色板中的颜色　　　　　　　　D. 删除调色板所有颜色

2. 在 Flash 中，移动对象可以使用哪些方法？（　　）

A. 在舞台上选中之后直接拖动

B. 通过剪切和粘贴将对象从一个地方移动到另外一个地方

C. 使用方向键移动

D. 在信息面板中指定对象的精确位置

3. 在 Flash 中可以在（　　）内定义脚本？

A. 帧　　　　　　　B. 关键帧　　　　　　　C. 元件　　　　　　　D. 影片剪辑的实例

4. _____用于控制实例在场景中显示的透明度。

5. 将元件从库面板中拖放到舞台上就创建了该元件的一个_____。

6. 要创建独立于时间轴播放的动画片段，必须使用的元件是_____。

7. 测试整个影片的快捷键是_____。

8. Flash 绘图有两种绘制模式，一种是_____，另一种是_____。

9. Flash 动画有几种类型？分别有什么特点？

10. Flash 中的文本类型有几种？分别是什么？

11. 在 Flash 中，"时间轴"上的帧分为几种类型？分别是什么？

12. 在 Flash 中共有几种特殊的图层？分别是什么？

第21章 制作网页 Logo

本章将综合运用上一章讲解的知识，制作站点使用的 Logo 图标。Logo 是指站点中使用的标志或者徽标，用来代表站点或者公司名称。本章实例中制作的 Logo 实例为残影文字 Logo、旋转文字 Logo、环绕图案 Logo。

21.1 制作残影文字 Logo

本实例要制作的效果是使用缩小的残影效果显示文字，并通过各种参数来调整显示的文字内容。

21.1.1 制作残影效果

残影效果主要使用在多个图层中，是图形元件由大到小变化的动画效果，制作时主要用到将文本分离为元件等操作，具体制作步骤如下。

Step 01 启动 Flash CS5，单击菜单栏中的"文件"|"新建"命令，新建 Flash 文档。

Step 02 在文档"属性"面板中，定义文档的宽度为 200 像素，高度为 120 像素，背景颜色为深灰色（#333333），如图 21-1 所示。

Step 03 单击菜单栏中的"插入"|"新建元件"命令，打开"创建新元件"对话框，选择类型为"图形"，并定义元件名称为"文字图形"，如图 21-2 所示。

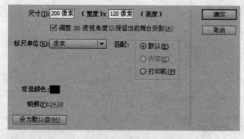

图 21-1　文档属性设置

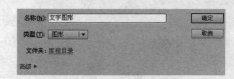

图 21-2　创建新文件

Step 04 在元件编辑模式下，选择工具栏中的"文本工具"，定义颜色为#cccccc，大小为58 点，字体为"楷体"，输入文本内容"logo"。

Step 05 选择文字内容，执行菜单栏中的"修改"|"分离"命令两次，将文本分离为图形；或者按两次<Ctrl+B>组合键。

Step 06 选择工具栏中的"墨水瓶工具"，选择边框颜色为白色。单击输入的文本内容，为文本添加边框，如图 21-3 所示。

Step 07 按<Delete>键，删除图形的填充部分，此时文字显示镂空的效果如图 21-4 所示。

图 21-3　添加边框后的显示效果

图 21-4　镂空文字的显示效果

Step 08 单击场景按钮，在"库"面板中选择制作的图形元件，拖放到舞台中合适的位置。

Step 09 右击图层 1 中的第一个关键帧，在弹出的快捷菜单中选择"复制帧"命令。

Step 10 在时间轴的第 30 帧处右击，在弹出的快捷菜单中选择"粘贴帧"命令。

Step 11 选择粘贴的帧，在舞台中选择元件，单击菜单栏中的"修改"|"变形"|"缩放"命令，将图形元件缩小，如图 21-5 所示。

Step 12 右击时间轴上"图层 1"中两个关键帧之间的某个帧，在弹出的快捷菜单中选择"创建传统补间"命令。

Step 13 再新建 5 个图层，复制由第 1 个关键帧到第 2 个关键帧之间的动画部分。

Step 14 在新建的"图层 2"中右击第 5 帧，在弹出的快捷菜单中选择"粘贴帧"命令。

Step 15 依次制作相差 5 帧的动画，直到图层 6，此时图层和时间轴的显示效果如图 21-6 所示。

图 21-5　缩小元件的显示效果

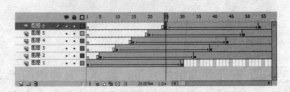

图 21-6　时间轴和图层的显示效果

Step 16 选择图层中的某个帧，在舞台中动画的显示效果如图 21-7 所示。

图 21-7　渐变色条的显示效果

21.1.2　制作闪光效果

闪光效果主要使用遮照图层、补间动画等方法制作，包括将实例转换为为元件等操作，具体制作步骤如下。

Step 01 新建图层，定义图层名称为"镂空文本"。

Step 02 复制"图层 6"的最后一帧。

Step 03 在"镂空文本"层时间轴对应"图层 6"最后一帧处右击，在弹出的快捷菜单中选择"粘贴帧"命令。

Step 04 在"镂空文本"层的第 120 帧处右击，在弹出的快捷菜单中选择"插入帧"命令。

Step 05 新建图层，命名为"文本"，在时间轴对应"图层 6"最后一帧处右击，在弹出的快捷菜单中选择"粘贴帧"命令。

Step 06 选择粘贴后的帧，选择舞台中的文本图形实例。

Step 07 右击实例，在弹出的快捷菜单中选择"转换为元件"命令。

Step 08 在元件编辑模式下，选择"填充工具"，选择颜色为白色，填充镂空的文字图形，效果如图 21-8 所示。

图 21-8　填充文本的显示效果

Step 09 在"文本"层的第 120 帧处右击，在弹出的快捷菜单中选择"插入帧"命令。

Step 10 新建图层，命名为"遮罩"。

Step 11 右击图层，在弹出的快捷菜单中选择"遮罩层"命令。

Step 12 解除"遮罩"和"文本"层的锁定。

Step 13 在"遮罩"层的时间轴中对应"图层 6"最后一帧处右击，在弹出的快捷菜单中选择"插入关键帧"命令。

Step 14 选择"矩形工具"，在新添加的关键帧的舞台中制作矩形条，如图 21-9 所示。

图 21-9　矩形条的显示效果

Step 15 在第 80 帧处右击，在弹出的快捷菜单中选择"插入关键帧"命令。

Step 16 在插入的关键帧中，选择矩形条，拖放到文字之上。

Step 17 复制并粘贴竖线，拖放到按钮背景的右面。

Step 18 在两个关键帧之间右击，在弹出的快捷菜单中选择"创建补间动画"命令。

Step 19 选择两个关键帧和补间动画。

Step 20 在"遮罩"层最后关键帧后的一帧右击，在弹出的快捷菜单中选择"粘贴帧"命令。

Step 21 选择粘贴的帧，右击，在弹出的快捷菜单中选择"翻转帧"命令，制作由上至下的动画。选择动画中的一帧，显示效果如图 21-10 所示。

图 21-10　上下闪光的显示效果

Step 22 在第 108 帧新建关键帧。

Step 23 选择"椭圆工具"，在舞台中制作一个很小的椭圆图形。

Step 24 选择 120 帧，新建关键帧。

Step 25 在 108 帧到 120 帧之间右击，在弹出的快捷菜单中选择"创建补间动画"命令。

Step 26 选择 120 帧中的关键帧，选择椭圆图形，拖放图形，使图形能够完全遮盖文本。

Step 27 新建图层，命名为"动作"。

Step 28 在"动作"图层的 120 帧处添加关键帧。

Step 29 选择关键帧，单击菜单栏中的"窗口"|"动作"命令，在"动作"面板中添加代码"stop();"，定义动画在播放完后停止。

21.2　制作滚动文字 Logo

本实例要制作的效果是滚动的文字，通过更改元件的透明度，并使用补间动画制作立体滚动的效果，具体制作步骤如下。

Step 01 启动 Flash CS5，单击菜单栏中的"文件"|"新建"命令，新建 Flash 文档。

Step 02 在文档"属性"面板中，定义文档的宽度为 200 像素，高度为 120 像素，如图 21-11 所示。

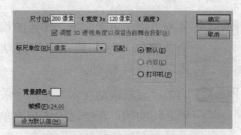

图 21-11　定义文档属性

Step 03 单击菜单栏中的"插入"|"新建元件"命令，打开"创建新元件"对话框，选择类型为"图形"，并定义元件名称为"滚动文本图形"。

Step 04 在元件编辑模式下，选择"文本工具"，定义颜色为黑色（#000000），不透明度为 10%，设置文本大小为 58 点，字体为"楷体"，输入文本内容"logo"。

Step 05 再新建一个元件，并定义元件名称为"滚动文本图形 1"。

Step 06 在元件编辑模式下，选择"文本工具"，定义颜色为黑色，不透明度为 100%，设置文本大小为 58 点，字体为"楷体"，输入文本内容"logo"。

Step 07 双击图层 1，修改图层名称为"顶部滚动文本"。

Step 08 选择"库"面板中的"滚动文本图形"元件，拖放到舞台中。

Step 09 单击菜单栏中的"修改"|"自由变形"命令，将元件实例的高度变为 5 像素，并拖放到文档的顶部，如图 21-12 所示。

Step 10 在第 40 帧处右击，在弹出的快捷菜单中选择"插入空白关键帧"命令。

Step 11 将"库"面板中的"滚动文本图形 1"元件拖放到新建的关键帧中。定义新实例的横坐标与第一帧中实例的横坐标相同，实例框顶部与第一帧中实例的顶部基本重叠，如图 21-13 所示。

图 21-12　创建实例的初始效果 1

图 21-13　创建实例的初始效果 2

Step 12 右击"顶部滚动文本"中两个关键帧之间的帧，在弹出的快捷菜单中选择"创建传统补间"命令。

Step 13 新建图层，命名为"底部滚动文本"。

Step 14 复制"顶部滚动文本"图层的最后一个关键帧，粘贴到"底部滚动文本"图层第一帧。

Step 15 复制"顶部滚动文本"图层的第一个关键帧，粘贴到"底部滚动文本"图层第 40 帧。

Step 16 右击"底部滚动文本"中两个关键帧之间的帧，在弹出的快捷菜单中选择"创建传统补间"命令。

选择动画中的某一个中间帧，其在舞台的显示效果如图 21-14 所示。

图 21-14　动画中间的显示效果

21.3　环绕图案 Logo

本实例主要使用按钮和影片剪辑，完成小图案在鼠标指针滑过的时候旋转舞动的效果。

21.3.1　制作按钮

按钮用来定义触发鼠标事件，具体制作步骤如下。

Step 01 启动 Flash CS5，单击菜单栏中的"文件"|"新建"命令，新建 Flash 文档。

Step 02 在文档"属性"面板中，定义文档的宽度为 250 像素，高度为 200 像素，帧频为 30，如图 21-15 所示。

Step 03 单击菜单栏中的"文件"|"导入到库"命令，将图像素材导入到文档中。

Step 04 单击菜单栏中的"插入"|"新建元件"命令，打开"创建新元件"对话框，选择类型为"影片剪辑"，并定义元件名称为"按钮内容"。

Step 05 在元件编辑模式下，将"库"面板中的素材图像拖放到元件中。

Step 06 单击菜单栏中的"修改"|"变形"|"任意变形"命令，调整图像至合适大小，即26.5 像素*26.0 像素。

Step 07 单击菜单栏中的"插入"|"新建元件"命令，打开"创建新元件"对话框，选择类型为"按钮"，并定义元件名称为"按钮"。

Step 08 选择按钮第一帧，将"按钮内容"元件拖放到按钮中。

Step 09 右击"点击"帧，在弹出的快捷菜单中选择"插入帧"命令，此时时间轴的显示效果如图 21-16 所示。

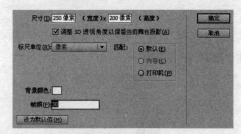

图 21-15　文档属性设置

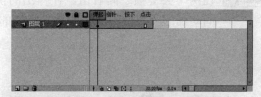

图 21-16　时间轴的显示效果

21.3.2　制作影片剪辑

制作好按钮之后，要制作触发鼠标动作的影片剪辑。影片剪辑包含动画和按钮动作，其具体制作步骤如下。

Step 01 单击菜单栏中的"插入"|"新建元件"命令，打开"创建新元件"对话框，选择类型为"图形"，并定义元件名称为"飞舞图形"。

Step 02 在元件编辑模式下，将"库"面板中的图像拖放到舞台中，如图 21-17 所示。

Step 03 单击菜单栏中的"插入"|"新建元件"命令，打开"创建新元件"对话框，选择类型为"图形"，并定义元件名称为"动画"。

Step 04 选择第一帧，将"库"面板中的"飞舞图形"元件拖放到舞台中。

Step 05 单击菜单栏中的"修改"|"变形"|"任意变形"命令，更改元件实例的大小为26.5 像素*26.0 像素。

Step 06 在第 95 帧处插入关键帧。

Step 07 单击菜单栏中的"修改"|"变形"|"任意变形"命令，更改元件实例为合适大小，本实例中和太极图的大小有关，所以定义大小为 178 像素*174 像素。

Step 08 选择关键帧中的元件实例，在"属性"面板中定义颜色为#00CFFF，色调为50%，具体参数如图 21-18 所示。

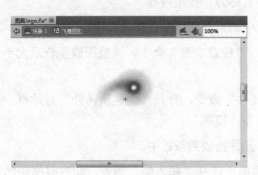

图 21-17　图形元件的显示效果

图 21-18　元件实例的属性

定义元件实例属性后的显示效果如图 21-19 所示。

Step 09　在两个关键帧之间右击，在弹出的快捷菜单中选择"创建补间动画"命令。在补间动画的"属性"面板中定义补间的属性，如图 21-20 所示。

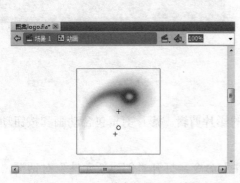

图 21-19　元件实例的显示效果

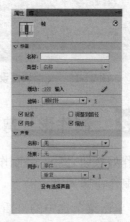

图 21-20　补间动画的属性

在补间动画的"属性"面板中，定义了补间的"旋转"属性，同时使用"缓动"增加动画的动感效果。

Step 10　复制第一个关键帧。

Step 11　右击第 190 帧，在弹出的快捷菜单中选择"插入帧"命令。

Step 12　在最后两个关键帧之间右击，在弹出的快捷菜单中选择"创建补间动画"命令。在补间动画的"属性"面板中定义补间的属性，如图 21-20 所示。

Step 13　单击菜单栏中的"插入"|"新建元件"命令，打开"创建新元件"对话框，选择类型为"影片剪辑"，并定义元件名称为"旋转动画"。

Step 14　选择"库"面板中的按钮元件，拖放到舞台中。

Step 15　选择"图层 1"第一帧，单击菜单栏中的"窗口"|"动作"命令，打开"动作"面板。

Step 16　在"动作"面板中，添加代码"stop();"，定义影片剪辑初始状态为静止。

Step 17 在时间轴第 2 帧上右击，在弹出的快捷菜单中选择"插入关键帧"命令。

Step 18 将"库"面板中的"旋转动画"元件拖放到舞台中，并定义位置和第一帧中按钮的位置相同。

Step 19 在 190 帧处右击，在弹出的快捷菜单中选择"插入帧"命令。

Step 20 选择第一帧中的按钮元件实例，单击菜单栏中的"窗口"|"动作"命令，打开"动作"面板。

Step 21 在"动作"面板中，添加以下代码。

```
on (rollOver) {
  gotoAndPlay(2);
}
```

代码的含义为，当鼠标指针滑过按钮元件实例时，播放影片剪辑第 2 帧。

Step 22 新建图层，定义图层名称为"动作"。

Step 23 在"动作"图层的第 190 帧插入关键帧。

Step 24 单击菜单栏中的"窗口"|"动作"命令。在"动作"面板中添加代码"gotoAndStop(1);"，定义动画结束时回到第一帧。

21.3.3 制作影片

制作好影片剪辑之后，将背景内容和影片剪辑拖放到合适的位置，完成影片的制作，具体制作步骤如下。

Step 01 将其他文件中的元件复制到文档中，并定义名称为"太极图背景"。

Step 02 单击"场景 1"，回到文档舞台。

Step 03 选择"库"面板中的"太极图背景"元件，拖放到舞台中，并定义"图层 1"的名称为"背景"。

Step 04 新建图层，命名为"舞动"。

Step 05 分两次将"旋转动画"元件拖放到舞台中，分别放置在两个黑色和白色的阴阳鱼的眼睛处，如图 21-21 所示。

影片制作完成后，进行测试，当鼠标指针滑过按钮元件实例时，元件实例的显示效果如图 21-22 所示。

图 21-21　影片的显示效果

图 21-22　鼠标指针滑过的显示效果

21.4　小结

本章主要讲解了网页 Logo 的制作过程。通过本章内容的学习，读者可以了解文字 Logo 和图像 Logo 的制作流程。读者需要了解残影文字的制作方法、文字滚动的效果、响应鼠标事件等内容。

21.5　习题与思考

1. 镂空文字是怎样制作的？
2. 如何定义鼠标响应的动画？
3. 试完成一个网页 Logo 的制作。

第22章 制作 Banner

本章主要讲解制作网页 Banner 的方法和技巧，包括舞台 Banner 的制作、雪花 Banner 的制作、产品 Banner 的制作，其中涉及各种 Banner 的制作技巧。

22.1 制作舞台 Banner

本实例要制作的效果是使用上下拉幕布的方式显示舞台图像，然后显示图像上的文本内容。

22.1.1 制作图像显示效果

图像显示效果为，使用拉幕布的效果，由中间向上下展开，显示隐藏在幕布后面的图像内容，其具体制作步骤如下。

Step 01 启动 Flash CS5，单击菜单栏中的"文件"|"新建"命令，新建 Flash 文档。

Step 02 在文档"属性"面板中，定义文档的宽度为 1006 像素，高度为 509 像素，背景颜色为白色，帧频为 30，如图 22-1 所示。

图 22-1 文档属性设置

Step 03 单击菜单栏中的"文件"|"导入到库"命令，将舞台图像文件导入库中。

Step 04 单击菜单栏中的"插入"|"新建元件"命令，打开"创建新元件"对话框，选择"图形"选项，并定义元件名称为"舞台图形"。

Step 05 在元件编辑模式下，选择库中的图像文件，拖放到舞台中。

Step 06 单击菜单栏中的"插入"|"新建元件"命令，打开"创建新元件"对话框，选择"影片剪辑"选项，并定义元件名称为"动画"

Step 07 双击"图层 1"，定义其名称为"移动背景"。

Step 08 在图层中的第 3 帧处右击，在弹出的快捷菜单中选择"插入帧"命令。

Step 09 在时间轴的第 4 帧处右击，在弹出的快捷菜单中选择"插入关键帧"命令。

Step 10 选择"库"面板中的"背景图形"元件，拖放到关键帧中。

Step 11 选择元件实例，在"属性"面板中定义元件实例的位置以及不透明度等属性，如图 22-2 所示。定义元件实例的属性之后，元件在"动画"元件中的显示效果如图 22-3 所示。

图 22-2 元件实例的属性　　　　　　　　图 22-3 定义元件实例属性后的效果

Step 12 在第 30 帧处右击，在弹出的快捷菜单中选择"插入关键帧"命令。

Step 13 选择关键帧中的背景图形元件实例，在"属性"面板中定义不透明度为 100%。

Step 14 右击第 2 和第 3 关键帧中的一帧，在弹出的快捷菜单中选择"创建补间对话"命令。

Step 15 在第 60 帧处右击，在弹出的快捷菜单中选择"插入关键帧"命令。

Step 16 选择关键帧中的背景图形元件实例，在"属性"面板中定义不透明度为 0%。

Step 17 右击第 3 和第 4 关键帧中的一帧，在弹出的快捷菜单中选择"创建补间对话"命令。

Step 18 单击菜单栏中的"插入"|"新建元件"命令，打开"创建新元件"对话框，选择"图形"选项，并定义元件名称为"拉帘图形"。

Step 19 选择"矩形工具"，定义边框为无，填充颜色为蓝色，大小为 1006 像素*223 像素，如图 22-4 所示。

Step 20 单击菜单栏中的"插入"|"新建元件"命令，打开"创建新元件"对话框，选择"图形"选项，并定义元件名称为"白线"。

Step 21 选择"直线工具"，定义颜色为白色，宽度为 1006 像素。

Step 22 双击"动画"，进入元件编辑窗口。

Step 23 复制"移动背景"图层中的第 2 个关键帧。

Step 24 新建图层，命名为"参照"，在第 1 帧中粘贴帧。

Step 25 在第 60 帧处右击，在弹出的快捷菜单中选择"插入帧"命令。该图层用来方便定义拉帘动画的位置。

Step 26 新建图层文件夹，命名为"展开动画"。

Step 27 在文件夹中新建图层，命名为"上侧"。

Step 28 选择"库"面板中的"拉帘图形"元件，拖放到"上侧"图层的第一帧中。

Step 29 拖动"拉帘图形"元件的实例，使图形刚好盖住背景图像的上半部分，如图 22-5 所示。

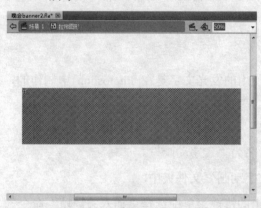

图 22-4 拉帘图形的显示效果　　　　图 22-5 拉帘动画上侧的初始效果

Step 30 在第 17 帧处右击，在弹出的快捷菜单中选择"插入关键帧"命令。

Step 31 在关键帧中选择拉帘图形实例，更改图形的高度为 5 像素，位置在背景图像的上面，如图 22-6 所示。

Step 32 删除第 2 关键帧后面的多余帧。右击第 1 和第 2 关键帧中的一帧，在弹出的快捷菜单中选择"创建补间对话"命令。

Step 33 在文件夹中新建图层，命名为"上侧线"。

Step 34 选择"库"面板中的"白线"元件，拖放到"上侧线"图层的第一帧中。拖动实例的位置，使实例处于上侧图形底部。

Step 35 在第 17 帧处右击，在弹出的快捷菜单中选择"插入关键帧"命令。

Step 36 在关键帧中选择白线实例，更改图形的位置在拉帘实例的下面。

Step 37 删除第 2 关键帧后面的多余帧。右击第 1 和第 2 关键帧中的一帧，在弹出的快捷菜单中选择"创建补间对话"命令。

Step 38 仿照步骤 29～37 的操作，制作底部拉帘动画。选择动画中的某一过渡帧，显示效果如图 22-7 所示。

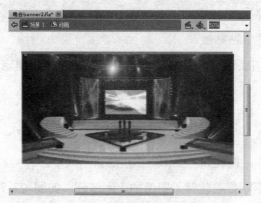

图 22-6　拉帘动画上侧的终了效果

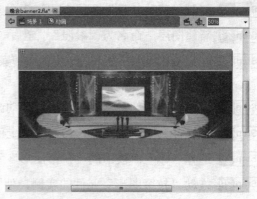

图 22-7　拉帘动画的中间帧

22.1.2　制作文本效果

文本效果的制作比较简单。由于本实例中使用的发光文字是在 Photoshop 中制作的，所以只需要制作文字的显示效果即可，具体制作步骤如下。

Step 01　分别制作文字为"新"、"年"、"快"、"乐"的 4 个图形元件。

Step 02　在"动画"元件中新建图层文件夹，命名为"文字动画"。

Step 03　新建图层，命名为"新"，拖放到"文字动画"文件夹中。

Step 04　在"新"图层的第 18 帧处右击，在弹出的快捷菜单中选择"插入关键帧"命令。

Step 05　选择"库"面板中的"新"图形元件，拖放到关键帧中合适的位置。

Step 06　选择元件的实例，在"属性"面板中定义实例的不透明度为 0。

Step 07　在"新"图层的第 28 帧处右击，在弹出的快捷菜单中选择"插入关键帧"命令。

Step 08　选择关键帧中元件的实例，在"属性"面板中定义实例的颜色属性为"无"。

Step 09　右击两个关键帧中的某个帧，在弹出的快捷菜单中选择"创建补间动画"命令。

Step 10　仿照步骤 4～10 的操作，分别制作"年"、"快"、"乐"的 3 个动画。每个动画的第一关键帧分别定义在下一个图层的动画终了关键帧之后，如图 22-8 所示。

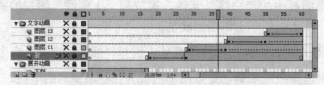

图 22-8　文字动画的时间轴

Step 11　新建图层，在第 60 帧右击，在弹出的快捷菜单中选择"插入关键帧"命令。

Step 12　单击菜单栏中的"窗口"|"动作"命令，打开"动作"面板，添加代码"stop();"。

Step 13　单击"场景 1"，回到场景中。

Step 14　选择"库"面板中的"背景图形"元件，拖放到图层 1 的第一个关键帧中，并重命名图层 1 为"背景"。

Step 15　新建图层，命名为"动画"。

Step 16　选择"库"面板中的"背景图形"元件，拖放到"动画"图层的第一个关键帧中。播放动画，显示效果如图 22-9 所示。

图 22-9　动画的显示效果

22.2　制作下雪 Banner

本实例要制作的下雪效果，主要使用绘图工具制作雪花图形，然后使用雪花图形制作下雪的动画。使用影片剪辑元件可以有效地减小文件的尺寸，节省制作时间，提高工作效率。在"下雪"实例中多次使用了影片剪辑元件，以创建雪花满天飞的场景。

22.2.1　制作雪花动画

制作图像显示效果，主要使用绘图工具，具体制作步骤如下。

Step 01　单击菜单栏中的"文件"|"新建"命令，新建 Flash 文档。

Step 02　在文档"属性"面板中，定义文档的宽度为 580 像素，高度为 200 像素，背景颜色为"#999999"，帧频为 15，如图 22-10 所示。

Step 03　单击菜单栏中的"插入"|"新建元件"命令，打开"创建新元件"对话框，选择"图形"选项，并定义元件名称为"雪花 1"。

Step 04　使用放大工具，将舞台放大到 400%。

Step 05　在元件编辑模式下，选择"椭圆工具"，定义边框为无，填充颜色为白色的由不透明至透明的渐变，如图 22-11 所示。

Step 06　使用"椭圆工具"制作一个圆形，并拖放到合适大小。

Step 07　选择"刷子工具"，在"属性"面板中定义刷子的平滑度为 0。

图 22-10　文档属性设置

图 22-11　定义椭圆使用的渐变填充颜色

Step 08 在"刷子工具"中，选择刷子大小为最大，刷子形状为圆形，填充和边框均为白色。

Step 09 使用"刷子工具"，在渐变的圆形中制作白色园点。

Step 10 选择所有图形，单击菜单栏中的"修改"|"组合"命令，将图形组合在一起。其显示效果如图 22-12 所示。

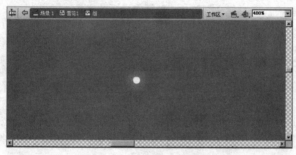

图 22-12　制作的雪花图形

Step 11 将舞台恢复到原始大小，制作其他雪花。制作一部分雪花后，可以选择多个雪花，使用"复制"、"粘贴"的方法制作更多的雪花，如图 22-13 所示。

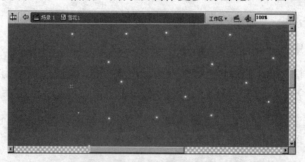

图 22-13　"雪花 1"的显示效果

Step 12 使用类似的方法，制作图形元件"雪花 2"，使落雪的效果更加真实。其显示效果如图 22-14 所示。

Step 13 单击菜单栏中的"插入"|"新建元件"命令，打开"创建新元件"对话框，选择"影片剪辑"选项，并定义元件名称为"雪动画"。

图 22-14 "雪花 2"的显示效果

Step 14 在元件编辑模式下，更改"图层 1"的名称为"雪动画 1"。

Step 15 将"库"面板中的"雪花 2"元件拖放到舞台中。

Step 16 在第 100 帧处右击，在弹出的快捷菜单中选择"插入关键帧"命令。

Step 17 在关键帧中选择"雪花 2"元件实例，向下拖放一定的距离。

Step 18 在两个关键帧之间右击，在弹出的快捷菜单中选择"创建补间动画"命令。

Step 19 新建图层，定义名称为"雪动画 2"。

Step 20 将库面板中的"雪花 1"元件拖放到舞台中。

Step 21 在第 50 帧处右击，在弹出的快捷菜单中选择"插入关键帧"命令。

Step 22 在关键帧中选择"雪花 1"元件实例，向下拖放一定的距离。

Step 23 在两个关键帧之间右击，在弹出的快捷菜单中选择"创建补间动画"命令。

Step 24 新建图层，定义名称为"雪动画 3"。

Step 25 在第 50 帧处右击，在弹出的快捷菜单中选择"插入关键帧"命令。

Step 26 将"库"面板中的"雪花 1"元件拖放到舞台中。

Step 27 在第 100 帧处右击，在弹出的快捷菜单中选择"插入关键帧"命令。

Step 28 在关键帧中选择"雪花 1"元件实例，向下拖放一定的距离。

Step 29 在两个关键帧之间右击，在弹出的快捷菜单中选择"创建补间动画"命令。

22.2.2 制作动画

制作完雪花动画后，将动画拖放到背景上，完成动画的制作，具体制作步骤如下。

Step 01 单击"场景 1"，回到场景。

Step 02 单击菜单栏中的"文件"|"导入到库"命令，将图像文件导入文档。

Step 03 在库面板中选择导入的图像，拖放到舞台中。定义图像的位置刚好覆盖文档背景。修改"图层 1"名称为"背景"。

Step 04 新建图层，定义名称为"雪花动画"。

Step 05 在"库"面板中选择"雪动画"元件，拖放到舞台中，使其覆盖背景图像。

播放动画，显示效果如图 22-15 所示。

图 22-15　动画的显示效果

22.3　制作产品 Banner

本实例主要使用收集的素材图片、产品图片，结合文字效果制作产品 Banner，具体制作步骤如下。

Step 01 单击菜单栏中的"文件"|"新建"命令，新建 Flash 文档。

Step 02 在文档"属性"面板中，定义文档的宽度为 220 像素，高度为 200 像素，帧频为 18，如图 22-16 所示。

Step 03 单击菜单栏中的"文件"|"导入到库"命令，将 4 个图像素材导入到库中。

Step 04 将 4 个图像分别定义为 4 个相应的图形元件，此时库面板的显示效果如图 22-17 所示。

图 22-16　文档属性设置

图 22-17　定义图形文件后的"库"面板

Step 05 单击"场景 1"，回到场景中。

Step 06 在"库"面板中选择"首饰背景 1"元件，拖放到舞台中。更改"图层 1"的名称为"背景 1"。

Step 07 选择创建的元件实例，在"属性"面板中定义实例的不透明度为 0。

Step 08 在第 30 帧处右击，在弹出的快捷菜单中选择"插入关键帧"命令。

Step 09 选择创建的元件实例，在"属性"面板定义实例的颜色为无。

Step 10　右击两个关键帧中的某个帧，在弹出的快捷菜单中选择"创建补间动画"命令。

> 在后面的制作中，随着时间轴的加长，要使用"插入帧"的方法增加图层的长度，以便在其他图层中显示图形的背景。

Step 11　新建图层，命名为"首饰 1"。

Step 12　在第 30 帧处右击，在弹出的快捷菜单中选择"插入关键帧"命令。

Step 13　选择库中的"透明首饰 1"元件，拖放到舞台中。在"属性"面板中定义实例的不透明度为 0，并拖放到适当的位置。

Step 14　在第 60 帧处右击，在弹出的快捷菜单中选择"插入关键帧"命令。

Step 15　选择创建的"透明首饰 1"元件实例，在"属性"面板中定义实例的不透明度为 100%。

Step 16　右击两个关键帧中的某个帧，在弹出的快捷菜单中选择"创建补间动画"命令。

Step 17　将含有文本的图像导入到库中，并制作成相应的图形元件。

Step 18　新建图层，命名为"文本 1"。

Step 19　在第 60 帧处右击，在弹出的快捷菜单中选择"插入关键帧"命令。

Step 20　选择库中的"天堂首饰"元件，拖放到舞台中，在"属性"面板中定义实例的不透明度为 0，并拖放到文档背景的右侧。

Step 21　在第 90 帧处右击，在弹出的快捷菜单中选择"插入关键帧"命令。

Step 22　选择创建的"天堂首饰"元件实例，在"属性"面板中定义实例的不透明度为 100%。

Step 23　右击两个关键帧中的某个帧，在弹出的快捷菜单中选择"创建补间动画"命令。

Step 24　使用类似步骤 19～23 的方法，新建"文本 2"图层，制作由 90 帧到 120 帧的动画。

Step 25　在"背景 1"的第 155 帧处右击，在弹出的快捷菜单中选择"插入关键帧"命令。

Step 26　在"背景 1"的第 170 帧处右击，在弹出的快捷菜单中选择"插入关键帧"命令。

Step 27　选择关键帧中的背景元件实例，在"属性"面板中定义实例的不透明度为 0，制作背景消失的动画。

Step 28　使用类似的方法，制作"首饰 1"、"文本 1"、"文本 2"中相应的内容消失的动画。其时间轴的显示效果如图 22-18 所示。

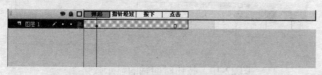

图 22-18　按钮时间轴的显示效果 1

Step 29 在图层"背景 1"第 171 帧处右击，在弹出的快捷菜单中选择"插入关键帧"命令。

Step 30 选择库中的"首饰背景 2"元件，拖放到舞台中，在"属性"面板中定义实例的不透明度为 0，并使其刚好覆盖文档背景。

Step 31 在第 185 帧处右击，在弹出的快捷菜单中选择"插入关键帧"命令。

Step 32 选择创建的"首饰背景 2"元件实例，在"属性"面板中定义实例的不透明度为 100%。

Step 33 右击两个关键帧中的某个帧，在弹出的快捷菜单中选择"创建补间动画"命令。

Step 34 新建图层，命名为"首饰 2"。

Step 35 在第 185 帧处右击，在弹出的快捷菜单中选择"插入关键帧"命令。

Step 36 选择库中的"透明首饰 2"元件，拖放到舞台中，在"属性"面板中定义实例的不透明度为 0，并拖放到文档背景的右侧。

Step 37 在第 215 帧处右击，在弹出的快捷菜单中选择"插入关键帧"命令。

Step 38 选择"透明首饰 2"元件的实例，在"属性"面板中定义实例的不透明度为 100%。

Step 39 右击两个关键帧中的某个帧，在弹出的快捷菜单中选择"创建补间动画"命令。

Step 40 新建图层，命名为"文本 3"。

Step 41 在第 215 帧处右击，在弹出的快捷菜单中选择"插入关键帧"命令。

Step 42 选择库中的"造型工艺"元件拖放到舞台中，在"属性"面板中定义实例的不透明度为 0，并拖放到文档背景的右侧。

Step 43 在第 245 帧处右击，在弹出的快捷菜单中选择"插入关键帧"命令。

Step 44 选择"造型工艺"元件的实例，在"属性"面板中定义实例的不透明度为 100%。

Step 45 右击两个关键帧中的某个帧，在弹出的快捷菜单中选择"创建补间动画"命令。

Step 46 在"背景 1"的第 265 帧处右击，在弹出的快捷菜单中选择"插入关键帧"命令。

Step 47 在"背景 1"的第 295 帧处右击，在弹出的快捷菜单中选择"插入关键帧"命令。

Step 48 选择背景元件实例，在"属性"面板中定义实例的不透明度为 0。

Step 49 右击两个关键帧中的某个帧，在弹出的快捷菜单中选择"创建补间动画"命令。

Step 50 使用类似的方法，制作"首饰 2"和"文本 2"图层中内容消失的动画。其时间轴的显示效果如图 22-19 所示。

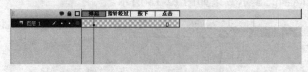

图 22-19　按钮时间轴的显示效果 2

播放动画，显示效果如图 22-20 所示。

图 22-20　动画的显示效果

22.4　小结

本章主要讲解了网页 Banner 的制作过程。通过 3 个实例，演示了舞台 Banner、雪花 Banner、产品 Banner 的制作方法，读者可以了解各种形式网页 Banner 的制作流程。通过这些动画的制作，读者可以方便地举一反三，完成更加复杂动画的制作。

22.5　习题与思考

1．如何制作动画内容的渐隐效果？
2．如何制作循环播放的动画效果？
3．试完成一个网页 Banner 的制作。

第23章 制作导航条

本章主要讲解制作导航动画的各种内容，包括常见的 3 种导航条：横向导航条、纵向导航条以及包含下拉菜单导航条的制作方法。通过本章的学习，读者可以快速掌握网页导航动画的制作思路和方法，并能够完成常见导航条的制作。

23.1 制作垂直导航条

本实例要制作的效果是使用影片剪辑和按钮，制作当鼠标指针悬停时导航条背景水平的动画。

23.1.1 制作导航条背景

导航条背景主要由背景颜色和白色的分隔线组成，具体制作步骤如下。

Step 01 单击菜单栏中的"文件"|"新建"命令，新建 Flash 文档。

图 23-1 定义文档属性

Step 02 在文档"属性"面板中，定义文档大小为 145 像素*258 像素，背景颜色为#cecece，帧频为 30，如图 23-1 所示。

Step 03 单击菜单栏中的"插入"|"新建元件"命令，打开"创建新元件"对话框，选择"图形"选项，并定义元件名称为"黑色背景"。

Step 04 进入元件编辑模式，选择"矩形工具"，定义边框为无，填充颜色为#999999。在舞台中绘制矩形图形，并定义大小为 145 像素*258 像素。

Step 05 双击"图层 1"，更改图层名称为"参照"，作为制作背景图案大小的依据。

Step 06 新建图层，命名为"深色条"。

Step 07 选择"矩形工具"，定义边框为无，填充颜色为深褐色，绘制矩形图形。

Step 08 选择绘制的矩形，拖放到顶部色条的下面，如图 23-2 所示。

Step 09 新建图层文件夹，命名为"分隔线"。

Step 10 新建图层，命名为"横线"，并将图层拖放到"分隔线"文件夹中。

Step 11 选择"线条工具"，制作横线线条，并定义宽度为 147 像素，将横线拖放到顶部色条的下面。

Step 12 通过"复制"、"粘贴"操作，制作另一个横线分隔条，分别拖放到各个色块的交界处，如图 23-3 所示。

图 23-2　制作顶部和深灰色条的效果

图 23-3　横向分隔线的显示效果

Step 13 在"分隔线"文件夹中创建图层，命名为"短横线"。

Step 14 选择"线条工具"，制作横线线条。将横线拖放到导航背景上，调整短横线纵坐标。

Step 15 通过"复制"、"粘贴"操作，制作其他横线线条，制作完成后显示效果如图 23-4 所示。

图 23-4　短横线的显示效果

23.1.2　制作导航动画

　　导航动画部分主要通过按钮、补间动画等结合动作脚本，控制影片的播放以及链接，具体制作步骤如下。

Step 01 单击菜单栏中的"插入"|"新建元件"命令，打开"创建新元件"对话框，选择"按钮"选项，并定义元件名称为"按钮"。

Step 02 进入元件编辑模式，选择"矩形工具"，定义边框为无，填充颜色为黑色，在舞台中绘制矩形图形，并定义大小为 144 像素*23 像素。

Step 03 定义时间轴中的各个帧为关键帧。

Step 04 单击菜单栏中的"插入"|"新建元件"命令，打开"创建新元件"对话框，选择"影片剪辑"选项，并定义元件名称为"导航 1"。

Step 05 进入元件编辑模式，将"库"面板中的按钮元件拖放到舞台中。

Step 06 双击"图层 1",更改图层名称为"背景按钮"。

Step 07 右击"背景按钮"图层的第 20 帧,在弹出的快捷菜单中选择"插入帧"命令,扩充背景。

Step 08 新建图层,命名为"黑色背景"。

Step 09 选择"矩形工具",定义边框为无,填充颜色为#666666。制作大小和按钮背景大小相同的矩形,并拖放到刚好覆盖按钮背景的位置。

Step 10 新建图层,命名为"动画遮罩"。

Step 11 右击图层名称,在弹出的快捷菜单中选择"遮罩层"命令,将图层定义为"黑色背景"图层的遮罩图层。

Step 12 复制"黑色背景"的第一个关键帧,粘贴到"遮罩层"的第一帧。

Step 13 为了制作遮罩更容易,更改关键帧中图形的颜色,拖放图形到黑色背景图形的左侧。

Step 14 右击"动画遮罩"图层的第 10 帧,在弹出的快捷菜单中选择"插入关键帧"命令。

Step 15 选择新建关键帧中的图形,拖放到刚好覆盖黑色背景。

Step 16 右击两个关键帧中的某个帧,在弹出的快捷菜单中选择"创建补间动画"命令,制作黑色背景显示的动画。

Step 17 右击"动画遮罩"图层的第 20 帧,在弹出的快捷菜单中选择"插入关键帧"命令。

Step 18 将第一帧复制到新插入的关键帧中。

图 23-5　遮罩动画的显示效果

Step 19 右击两个关键帧中的某个帧,在弹出的快捷菜单中选择"创建补间动画"命令,制作黑色背景隐藏的动画。锁定遮罩和被遮罩的图层。查看遮罩动画的显示效果,其中某个过渡帧的显示效果如图 23-5 所示。

Step 20 单击菜单栏中的"插入"|"新建元件"命令,打开"创建新元件"对话框,选择类型为"图形",并定义元件名称为"红色条"。

Step 21 进入元件编辑模式,选择"矩形工具",定义边框为无,填充颜色为#ff2c00。拖曳鼠标绘制矩形图形,定义大小为 9 像素*23 像素。

Step 22 双击"导航 1",打开元件编辑模式。

Step 23 新建图层,命名为"闪动红条"。

Step 24 右击第 5 帧,在弹出的快捷菜单中选择"插入关键帧"命令。

Step 25 将"红色条"元件拖放到舞台中,拖放到背景图层的右侧。

Step 26 右击第 6 帧,在弹出的快捷菜单中选择"插入空白关键帧"命令。

Step 27 将显示红色条的第 5 帧,复制到第 7 帧。

Step 28 依次制作交替的显示红条帧和空白关键帧,其中在第 9 和第 10 帧处,连续制作两个显示红条的关键帧。时间轴的显示效果如图 23-6 所示。

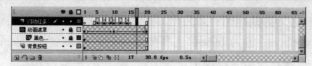

图 23-6 闪动红条的时间轴

Step 29 新建图形元件，命名为"文本-站点首页"。

Step 30 选择"文本工具"，添加文本"首页|Home"。

Step 31 执行两次"修改"|"分离"命令，将文本转化为图形。

Step 32 双击"导航 1"，回到导航 1 动画元件编辑模式。

Step 33 新建图层，命名为"文字"。

Step 34 将"库"面板中的文本元件拖放到舞台中，并放置到相应的位置。

Step 35 右击第 20 帧，在弹出的快捷菜单中选择"插入帧"命令。

Step 36 新建图层，命名为"白色文字"。

Step 37 将"文字"第一帧复制到"白色文字"第一帧。

Step 38 选择文字元件，在"属性"面板中定义颜色的亮度为 100%，制作白色文字。

Step 39 新建图层，命名为"文本动画遮罩"，并定义为"遮罩层"。

Step 40 将"动画遮罩"图层中的所有帧复制到"文本动画遮罩"图层。锁定遮罩图层和被遮罩的图层。测试遮罩动画的显示效果，其中某个过渡帧的显示效果如图 23-7 所示。

图 23-7 文本遮罩的显示效果

23.1.3 制作动画中的脚本

动画的脚本用来完成动画中鼠标的各种相应事件。通过定义脚本，可以让动画变得更加灵活，同时对各种效果的控制也更加方便。

Step 01 选择"导航 1"元件中的"背景按钮"图层中的按钮实例。

Step 02 打开"动作"面板，添加动作脚本，代码如下。

```
on (rollOver) {
   btnplay = true;
   play();
}
on (rollOut) {
   btnplay = false;
   play();
}
on (release) {
   getURL ("**.htm");
}
```

该实例的动作中定义当鼠标指针悬停时，变量 btnplay 的值为 true；当鼠标指针移出按钮区域时，变量 btnplay 的值为 false；当释放鼠标时，链接到新的页面。

Step 03 新建图层，定义名称为"动作"。

Step 04 分别定义第 1 帧、第 10 帧、第 20 帧为关键帧。

Step 05 在第 1 关键帧中定义动作，代码如下。

```
if (btnplay == true) {
  play();
} else {
  stop();
}
```

该帧中的动作，定义当变量 btnplay 的值为 true 时，播放动画，否则停止播放动画。其含义是，定义当鼠标指针悬停在按钮上时，播放动画。

Step 06 在第 2 关键帧中定义动作，代码如下。

```
if (btnplay == true) {
  stop();
} else {
  play();
}
```

该帧中的动作，定义当变量 btnplay 的值为 true 时，停止动画，否则播放动画。其含义是，定义当鼠标指针悬停在按钮上时，动画播放到第 10 帧停止；当鼠标指针从按钮上移开时，动画由第 10 帧继续播放。

Step 07 在最后一个关键帧中添加脚本"gotoAndStop (1);"。其含义是，当动画播放完后，回到第 1 帧。

23.1.4　完成动画

完成整个导航条中的最重要部分后，其他重复性的内容就可以参考完成。下面讲解整个纵向导航条剩余部分的制作方法。

Step 01 参照 23.1.2 和 23.1.3 节所述的方法，制作其他导航内容，只需要更换动画中的文字内容和按钮链接。

Step 02 制作好各个导航动画后，双击"导航动画"元件，进入元件编辑模式。

图 23-8　测试动画
　　的显示效果

Step 03 在"底部色条"上新建图层，命名为"导航 1"。

Step 04 从"库"面板中，将"导航 1"元件拖放到图层第一帧，拖放到导航分隔区域的第一区域中。

Step 05 使用相同的方法，将其余导航动画拖放到"导航动画"元件中。

Step 06 单击"场景 1"，回到场景中。

Step 07 将"导航动画"元件拖放到舞台中，并覆盖文档背景。文档运行后，播放时的显示效果如图 23-8 所示。

23.2 制作横向导航栏

本实例制作的横向导航栏的显示效果是，当鼠标指针滑过导航文本时，文本内容显示不同的背景，同时文本内容的颜色也发生改变。

23.2.1 制作导航按钮

导航按钮，主要通过在按钮的关键帧中插入影片剪辑的方法制作，具体制作步骤如下。

Step 01 单击菜单栏中的"文件"|"新建"命令，新建 Flash 文档。

Step 02 在文档"属性"面板中，定义文档的大小为 780 像素*200 像素，背景颜色为 #999999，帧频为 25，如图 23-9 所示。

Step 03 单击菜单栏中的"插入"|"新建元件"命令，打开"创建新元件"对话框，选择类型为"图形"，并定义元件名称为"文本-首页"。

Step 04 在元件编辑模式下，选择"文本工具"，定义字体为黑体，文本颜色为白色，大小为 18 点，字体样式为加粗，添加文本"首页"。

Step 05 单击菜单栏中的"插入"|"新建元件"命令，打开"创建新元件"对话框，选择类型为"按钮"，并定义元件名称为"按钮-首页"。

Step 06 在元件编辑模式下，选择"矩形工具"，定义边框为无，填充颜色为当前颜色，绘制矩形图形，定义图形的大小为 100 像素*38 像素，如图 23-10 所示。

图 23-9 定义文档属性

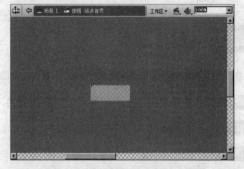

图 23-10 矩形图形的显示效果

Step 07 将按钮元件的 4 个帧都定义为关键帧。

Step 08 右击"指针经过"帧中的图形，在弹出的快捷菜单中选择"转换为元件"命令，打开"创建新元件"对话框，选择类型为"影片剪辑"，并定义元件名称为"动画-首页"。

Step 09 在第 22 帧处右击，在弹出的快捷菜单中选择"插入关键帧"命令。

Step 10 选择第 22 帧中的图形，更改填充颜色为#FFCC00，并定义不透明度为 60%。

Step 11 选择第 1 帧中的图形，定义与第 22 帧中图形相同的颜色和不透明度。

Step 12 单击菜单栏中的"修改"|"变形"|"缩放"命令，将图形缩小为原来的1/10。

Step 13 在两个关键帧中的某个帧上右击，在弹出的快捷菜单中选择"创建补间动画"命令，制作动画。

Step 14 新建图层。

Step 15 将"库"面板中的"文本-站点首页"元件拖放到舞台中，并放置在背景色块的上方。

Step 16 选择元件实例，更改元件的颜色亮度为100%，使元件中的文本显示白色。

Step 17 右击第22帧，在弹出的快捷菜单中选择"插入关键帧"命令。

Step 18 选择元件实例，更改元件的颜色为无。

图 23-11　导航动画的显示效果

Step 19 在两个关键帧中的某个帧上右击，在弹出的快捷菜单中选择"创建补间动画"命令，制作动画。补间动画中，某个过渡帧的显示效果如图 23-11 所示。

Step 20 新建图层。

Step 21 右击第 22 帧，在弹出的快捷菜单中选择"插入关键帧"命令。

Step 22 单击菜单栏中的"窗口"|"动作"命令，打开"动作"面板，添加脚本"stop();"。

Step 23 参照步骤 3~19，制作其他按钮元件。其中每个按钮中的文本和背景颜色都有所区别。

23.2.2　制作动画

制作完按钮后，将动画拖放到背景上，完成动画的制作，具体制作步骤如下。

Step 01 单击菜单栏中的"文件"|"导入到库"命令，将背景图像文件导入到库中。

Step 02 单击"场景 1"，回到场景。

Step 03 在"库"面板中，选择导入的图像，拖放到舞台中，定义图像的位置刚好覆盖文档背景。修改"图层 1"名称为"背景"。

Step 04 新建图层，定义名称为"按钮"。

Step 05 在"库"面板中，选择"动画-站点首页"元件，拖放到舞台中，放置在背景左侧相应的位置。

Step 06 依次拖放其他元件，创建元件实例。

Step 07 选择所有元件实例，放置在背景的中间。

当鼠标指针滑过某个导航按钮时，动画的显示效果如图 23-12 所示。

图 23-12 动画的显示效果

23.3 制作含有二级菜单的导航条

本实例主要使用简单的脚本，控制动画的播放位置，并使用影片剪辑来显示下拉菜单的效果。

23.3.1 制作影片剪辑

导航按钮主要通过在按钮的关键帧中插入影片剪辑的方法来制作，具体制作步骤如下。

Step 01 单击菜单栏中的"文件"|"新建"命令，新建 Flash 文档。

Step 02 在文档"属性"面板中，定义文档的大小为 200 像素*280 像素，帧频为 24，如图 23-13 所示。

Step 03 单击菜单栏中的"文件"|"导入到库"命令，将导航使用的背景图像导入到库中。

Step 04 选择背景图像，拖放到舞台中，使背景图像刚好覆盖文档背景，如图 23-14 所示。

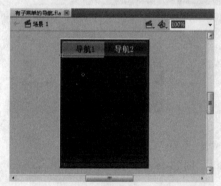

图 23-13 定义文档属性　　　　　　　图 23-14 导航背景的显示效果

Step 05 单击菜单栏中的"插入"|"新建元件"命令，打开"创建新元件"对话框，选择类型为"按钮"，并定义元件名称为"子导航 1"，用来制作第 1 个子导航按钮。

Step 06 在元件编辑模式下，选择"文本工具"，定义字体为宋体，文本颜色为黑色，大小为 14 点，字体样式为加粗，添加文本"子导航 1"。

Step 07 右击"按下"帧，在弹出的快捷菜单中选择"插入关键帧"命令。

Step 08 右击"点击"帧，在弹出的快捷菜单中选择"插入关键帧"命令。

Step 09 在"点击"帧中，制作按钮的激活区域，该激活区域为矩形，能够覆盖"子导航 1"文本。

Step 10 使用同样的方法，制作"子导航 2"元件。

Step 11 新建"影片剪辑"元件，定义名称为"导航动画 1"。

Step 12 选择"矩形工具"，定义颜色和导航背景左侧、导航按钮底部颜色相同，颜色参数#94C3A1，大小为 95 像素*4.5 像素。

Step 13 右击第 20 帧，在弹出的快捷菜单中选择"插入关键帧"命令。

Step 14 选择第 20 帧中的矩形，单击菜单栏中的"修改"|"变形"|"缩放"命令，拖放到合适大小。

Step 15 右击两个关键帧中的某个帧，在弹出的快捷菜单中选择"创建补间动画"命令，制作动画。

Step 16 右击第 40 帧，在弹出的快捷菜单中选择"插入帧"命令。

Step 17 新建图层，命名为"文本 1"。

Step 18 右击第 20 帧，在弹出的快捷菜单中选择"插入关键帧"命令。

Step 19 选择库中的"子导航 1"元件，拖放到舞台中，将元件的实例放置到背景的顶部。

Step 20 选择元件实例，在"属性"面板中定义颜色的不透明度为 0%。

Step 21 右击第 30 帧，在弹出的快捷菜单中选择"插入关键帧"命令。选择"子导航 1"元件实例，在"属性"面板中定义实例的颜色为无。

图 23-15　子导航的动画效果

Step 22 右击两个关键帧中的某个帧，在弹出的快捷菜单中选择"创建补间动画"命令。其中某个过渡帧的显示效果如图 23-15 所示。

Step 23 使用类似步骤 17～22 的方法，新建"文本 2"图层，制作子导航 2 的显示动画。子导航 2 的显示动画的区别在于，是由 30～40 帧的动画。

Step 24 新建图层，命名为"动作"。

Step 25 右击第 40 帧，在弹出的快捷菜单中选择"插入关键帧"命令。

Step 26 单击菜单栏中的"窗口"|"动作"命令，打开"动作"面板，输入代码"stop();"。

Step 27 按照制作"导航动画 1"的方法，制作"导航动作 2"元件，其区别在于文本和背景颜色不同。

23.3.2　制作动画

制作好影片剪辑元件之后，制作透明按钮，然后在影片剪辑和按钮元件的实例中定义动作，完成动画，具体制作步骤如下。

Step 01 新建按钮元件，命名为"透明按钮"。

Step 02 在按钮的编辑模式中，将"弹起"、"指针经过"、"按下" 3 个帧定义为空白关键帧。

Step 03 定义"点击"帧为关键帧。选择"矩形工具"，绘制矩形图形，定义按钮的点击范围。图形的大小要略小于按钮背景中的相应区域。

Step 04 单击"场景 1"，回到场景中。

Step 05 更改"图层 1"的名称为"背景"。

Step 06 右击第 3 帧，在弹出的快捷菜单中选择"插入帧"命令，扩展背景。

Step 07 新建图层，命名为"导航文本"。

Step 08 选择"文本工具"，定义文本颜色为黑色，字体为宋体，字体大小为 18 点。分别添加文本内容"导航 1"和"导航 2"，如图 23-16 所示。

Step 09 右击第 3 帧，在弹出的快捷菜单中选择"插入帧"命令。

Step 10 新建图层，命名为"按钮"。

Step 11 选择库中的"透明按钮"元件，拖放到文本"导航 1"上。

Step 12 选择按钮元件实例，单击菜单栏中的"窗口"|"动作"命令，打开"动作"面板。

Step 13 在"动作"面板中添加脚本，代码如下。

```
on(rollOut){
  _root.gotoAndStop (1);
}
```

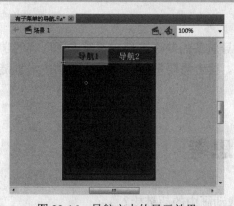

图 23-16　导航文本的显示效果

这段脚本的含义是，当鼠标指针滑过按钮时，播放第 2 帧。

Step 14 使用相同的方法，将"透明按钮"拖放到文本"导航 2"上面。并使用动作，定义当鼠标指针滑过按钮时播放第 3 帧。

Step 15 右击第 2 帧，在弹出的快捷菜单中选择"插入关键帧"命令。

Step 16 选择库中的"导航动画 1"元件，拖放到舞台中，放置在"导航 1"文本的下面。

Step 17 打开"动作"面板，并添加脚本，代码如下。

```
on(rollOut){
  _root.gotoAndStop (1);
}
```

这段脚本的含义是，当鼠标指针滑过离开影片剪辑区域时，播放第 1 帧。

Step 18 使用相同的方法，在第 3 帧中添加影片剪辑的实例和脚本。

Step 19 新建图层，命名为"动作"。

Step 20 定义第 1 帧、第 2 帧、第 3 帧为关键帧，单击菜单栏中的"窗口"|"动作"命令，打开"动作"面板，为每个关键帧添加脚本"stop();"。

动画完成后，鼠标指针滑过导航条时，显示效果如图 23-17 所示。

图 23-17　鼠标指针滑过导航条时的效果

23.4　小结

本章主要讲解了网页导航条的制作过程。通过本章内容的学习，读者可以了解各种常见网页导航条的制作流程。读者需要掌握在 Flash 动画中设置链接的技巧，以及各种按钮的制作方法。

23.5　习题与思考

1．如何通过脚本完成动画中的超链接？
2．如何通过脚本定义相应鼠标的事件？
3．试完成一个网页导航条的制作。

第24章 制作 Loading

Loading 部分用来显示动画已经加载的进度。在动画（特别是文件较大的动画）中，使用 Loading 可以使浏览者清楚地知道动画加载的进展，方便浏览者了解等待时间，也使动画变得更加友好。常用 Loading 的制作主要包括显示百分比进度条、显示图形变化、显示循环的动画。

24.1　制作 Loading 的原理

本节主要讲解制作 Loading 时使用的各种脚本的含义和用法，并介绍 Loading 的基本原理。

1．Loading 中的常用脚本

虽然各种 Flash 动画中制作的 Loading 效果千差万别，但是其中使用的函数基本相同。使用函数 getBytesTotal()获得影片大小，然后使用函数 getBytesLoaded()获得当前已经下载的动画大小，最后以适当的形式表现出来。下面分别介绍常用的函数及含义。

（1）getBytesTotal()。

函数 getBytesTotal()用来获得动画（或者影片剪辑）的总字节数。在制作 Loading 时，要使用函数 getBytesTotal()获得动画的大小。

可以使用以下方法添加 getBytesTotal()函数。

Step 01 新建文档。选择第一帧，单击菜单栏中的"窗口"|"动作"命令。

Step 02 打开"动作"面板，在左侧列表框中选择"全局属性"|"标识符"|"_root"选项。

Step 03 双击"_root"选项，添加"_root"标识符，其含义是代表文档的主时间轴。

Step 04 在脚本窗口"_root"标识符后面添加"."，在方法下拉列表中选择函数 getBytesTotal()，如图 24-1 所示。

（2）getBytesLoaded()。函数 getBytesLoaded()用来获得当前动画（或者影片剪辑）已下载的字节数。在制作 Loading 时，要使用函数 getBytesLoaded()获得已下载动画的大小。

可以使用以下方法添加函数 getBytesLoaded()。

Step 01 新建文档。选择第一帧，单击菜单栏中的"窗口"|"动作"命令。

Step 02 打开"动作"面板，在左侧列表框中选择"全局属性"|"标识符"|"_root"选项。

Step 03 双击"_root"选项，添加"_root"标识符，其含义是代表文档的主时间轴。

Step 04 在脚本窗口"_root"标识符后面添加"."，在方法下拉列表中选择函数getBytesLoaded()，如图 24-2 所示。

图 24-1　选择 getBytesTotal()函数　　　　图 24-2　选择 getBytesLoaded()函数

除了使用"动作"面板中的辅助功能添加函数以外，也可以在脚本窗口中直接添加代码。

（3）setProperty()。函数 setProperty()用来更改影片剪辑的属性。在制作 Loading 时，可以使用该函数将动画下载的百分比显示出来。

函数 setProperty()的语法如下。

```
setProperty(影片剪辑实例的名称,属性名称,属性值/取得属性值的公式)
```

下面是一个使用 setProperty()函数的示例。

```
on(rollover){
    setProperty("mc",_alpha,"50");
}
```

本例中，定义当鼠标指针滑过时，名称为"mc"的元件实例的不透明度属性值为50%。

2．制作 Loading 的基本原理

制作 Loading 时，首先通过函数 getBytesTotal()获得动画的总大小，然后使用函数getBytesLoaded()获得当前已下载动画的大小，最后通过函数 setProperty()或者其他函数/方法，将下载动画的结果以相应的形式表现出来。

一般动画的 Loading 部分都定义在文档的开头，可以使用最初的 1～3 帧来定义Loading 部分。一般都要使用循环播放的办法来实现动画文件下载进度的显示效果。

24.2 制作百分比进度条的 Loading

本实例制作的 Loading，通过进度条和百分比数字来显示动画的下载进度，具体制作步骤如下。

Step 01 单击菜单栏中的"文件"|"新建"命令，新建 Flash 文档。

Step 02 在文档"属性"面板中，定义文档的大小为 780 像素*200 像素，帧频为 15，背景颜色为白色，如图 24-3 所示。

Step 03 选择第 1 帧，单击菜单栏中的"窗口"|"动作"命令，打开"动作"面板。

Step 04 在"动作"面板中添加脚本，如图 24-4 所示。

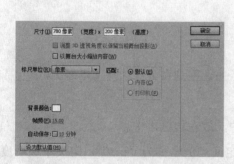

图 24-3　定义文档的大小和背景属性　　　图 24-4　定义第 1 关键帧中的脚本

这段脚本中，baifenshu 变量用来得到下载百分比中的数字，baifenbi 变量用来显示下载的百分比进度；在函数 setProperty()中，"_xscale"属性用来定义元件实例 mc 的缩放比例。

Step 05 在第 2 帧处插入关键帧。

Step 06 单击菜单栏中的"窗口"|"动作"命令，打开"动作"面板。

Step 07 在"动作"面板中添加脚本，如图 24-5 所示。

在脚本中，使用 if 判断语句，定义当动画完全下载后播放第 3 帧，否则回到第 1 帧。

Step 08 新建图层，命名为"百分比"，选择图层第 1 帧。

Step 09 选择"文本工具"，在舞台中定义第一文本框，在"属性"面板中定义文本的属性为动态文本，参数设置如图 24-6 所示。

Step 10 新建"图形"元件，命名为"边框"。

Step 11 选择"矩形工具"，定义边框颜色为黑色，填充颜色参数为#999999，大小为 200 像素*5 像素。

Step 12 选择矩形图形的填充部分，按<Ctrl+X>组合键剪切填充矩形。

图 24-5　定义第 2 关键帧中的脚本

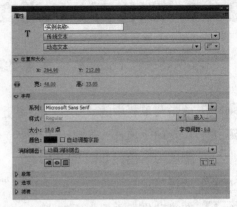

图 24-6　定义文本的属性

Step 13 新建"影片剪辑"元件，命名为"进度条"。

Step 14 粘贴矩形图形。

Step 15 单击"场景 1"，回到场景中。

Step 16 新建图层，命名为"进度条背景"。

Step 17 选择库中的"边框"元件，拖放到舞台中，并调整到百分比动态文本之上。

Step 18 新建图层，命名为"进度条"。

Step 19 选择库中的"进度条"元件，拖放到舞台中，放在边框之中。

Step 20 在"进度条"元件实例的"属性"面板中定义实例名称为"mc"，定义不透明度为 50%。

Step 21 新建图层，命名为"内容"。

Step 22 在第 3 和第 4 帧处定义两个关键帧。

Step 23 选择"文件"|"导入到库"命令，将图像文件导入到库中。

Step 24 将库中的图像文件分别拖放到两个关键帧中，目的是方便测试 Loading 的效果。

Step 25 按<Ctrl+Enter>组合键，测试影片，再次按<Ctrl+Enter>组合键，测试 Loading 部分的显示效果，如图 24-7 所示。

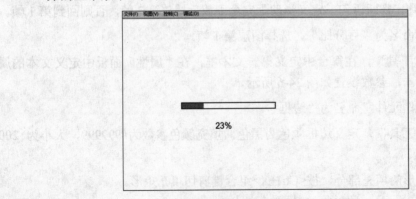

图 24-7　Loading 部分的显示效果

24.3　制作逐渐显示的 Loading

本实例制作的 Loading，通过图层遮罩，制作文本随下载进度逐渐显示的效果，具体制作步骤如下。

Step 01 使用与上节步骤 1～2 相同的方法，新建文档。

Step 02 选择第 1 帧，单击菜单栏中的"窗口"|"动作"命令，打开"动作"面板。

Step 03 在"动作"面板中添加脚本，如图 24-8 所示。

这段脚本中，大部分代码与上节实例相同，其中不同之处在于函数 setProperty()中的"_yscale"属性，该属性用来定义元件实例 mc 纵向的缩放比例。

图 24-8　定义第 1 关键帧中的脚本

Step 04 定义第 2 帧为关键帧，在"动作"面板中定义和上节实例中第 2 帧相同的脚本。

Step 05 按照上节实例步骤 8、9 的操作，制作显示百分比的图层。

Step 06 新建"图形"元件，命名为"文本"。

Step 07 选择"文本工具"，在"属性"面板中定义文本的字体为宋体，字体大小为 48 像素，字体样式为加粗，颜色为黑色。

Step 08 添加文本"Loading"。

Step 09 新建"影片剪辑"元件，定义名称为"遮罩图形"。

Step 10 选择"矩形工具"，定义边框为无，填充颜色为任意颜色。制作矩形图形，其大小刚好覆盖"图形"元件中的文本（可以将"图形"元件中的文本拖放到新的图层作为参照，然后删除文本层）。

Step 11 单击"场景 1"，回到场景中。

Step 12 新建图层，命名为"半透明文本"。

Step 13 选择库面板中的"文本"元件，拖放到舞台中，放置在动态文本之上，并定义实例的不透明度为 30%，如图 24-9 所示。

Step 14 新建图层，命名为"文本"。

Step 15 选择库面板中的"文本"元件，拖放到舞台中，定义其坐标与"半透明文本"图层中文本元件实例的坐标相同。

Step 16 在"文本"图层上新建图层，命名为"遮罩"。

Step 17 右击图层名称，在弹出的快捷菜单中选择"遮罩层"命令。

Step 18　选择"库"面板中的"遮罩图形"元件，拖放到文本之上，使元件的实例刚好覆盖文本内容。

Step 19　按照上节实例中步骤 21～24 的方法，制作"内容"图层。

Step 20　按<Ctrl+Enter>组合键，测试影片。再次按<Ctrl+Enter>组合键，测试 Loading 部分的显示效果，如图 24-10 所示。

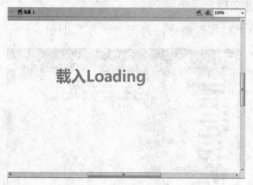

图 24-9　半透明文本的显示效果

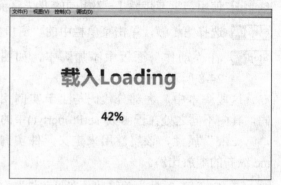

图 24-10　Loading 部分的显示效果

24.4　制作显示动画的 Loading

　　本实例中制作的 Loading 效果，主要通过影片剪辑实现在下载动画的时候播放一个小的循环动画的效果，具体制作步骤如下。

Step 01　使用与 24.2 节实例步骤 1～2 相同的方法，新建文档。

Step 02　选择第 1 帧，单击菜单栏中的"窗口"|"动作"命令，打开"动作"面板。

Step 03　在"动作"面板中添加脚本，如图 24-11 所示。

　　在这段脚本中，删除了定义影片剪辑实例属性的函数，因为本实例中要将动画定义在影片剪辑中。

Step 04　定义第 2 帧为关键帧，在"动作"面板中定义和 24.2 节实例中第 2 帧相同的脚本。

Step 05　按照 24.2 节实例步骤 8、9 的方法，制作显示百分比的图层。

Step 06　新建"图形"元件，命名为"文本"。

Step 07　选择"文本工具"，在"属性"面板中定义字体为宋体，字体大小为 48 像素，字体样式为加粗，颜色为黑色。

Step 08　添加文本"Loading"。

Step 09　新建"影片剪辑"元件，命名为"动画"。

Step 10　选择库面板中的"文本"元件，拖放到舞台中。

Step 11　选择舞台中的元件实例，在"属性"面板中定义不透明度为 0。

Step 12　在第 15 帧处添加关键帧。

Step 13 选择元件实例，在"属性"面板中定义不透明度为 100%。

Step 14 在两个关键帧中的某个帧上右击，在弹出的快捷菜单中选择"创建补间动画"命令。

Step 15 选择 1～15 帧，复制帧，在第 16 帧中粘贴帧。

Step 16 右击粘贴的帧，在弹出的快捷菜单中选择"翻转帧"命令。

Step 17 单击"场景 1"，回到场景中。

Step 18 新建图层，命名为"动画部分"。

Step 19 选择"库"面板中的"动画"元件，拖放到舞台中，放置到动态文本的上方。

Step 20 按照 24.2 节实例中步骤 21～22 的方法，制作"内容"图层。

Step 21 按<Ctrl+Enter>组合键，测试影片。再次按<Ctrl+Enter>组合键，测试 Loading 部分的显示效果，如图 24-12 所示。

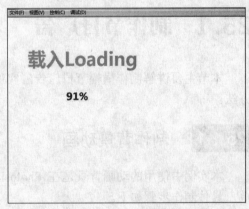

图 24-11　定义第 1 关键帧中的脚本　　　　图 24-12　Loading 部分的显示效果

24.5　小结

本章主要讲解了动画 Loading 的制作过程。通过本章内容的学习，读者可以了解各种常见动画 Loading 的制作流程。动画 Loading 在网页中应用非常普遍，几乎每一个较大的动画都会使用动画 Loading，所以需要熟练掌握本章所述方法。

24.6　习题与思考

1．动画 Loading 中常用的函数有哪些？
2．动画 Loading 的制作原理是什么？
3．试完成一个动画 Loading 的制作。

第25章 制作广告动画

在网页中使用的广告动画种类很多，包括横幅的通栏广告、对联广告以及页面内的自由广告等。由于广告的特殊性，一般广告动画时间不宜太长，同时不能太大，以方便读者浏览。本章中制作的广告动画包括节日广告，对联广告、产品广告。

25.1 制作节日广告

本节主要讲解制作横幅节日广告的实例。在本例中，会讲解使用素材动画简化制作的方法。

25.1.1 制作背景动画

本实例中使用的动画背景是在 Photoshop 中制作的位图，所以背景动画的制作比较简单，具体制作步骤如下。

Step 01 单击菜单栏中的"文件"|"新建"命令，新建 Flash 文档。

图 25-1 定义文档属性

Step 02 打开文档"属性"面板，定义文档大小为 778 像素*75 像素，背景颜色为#333333，帧频为 30，如图 25-1 所示。

Step 03 单击菜单栏中的"文件"|"导入到库"命令，打开"导入到库"对话框，选择所需图像文件后单击"打开"按钮。

Step 04 单击菜单栏中的"插入"|"新建元件"命令，打开"创建新元件"对话框，定义元件类型为"图形"，名称为"背景图形"。

Step 05 将"库"面板中的背景图像拖放到舞台中，其显示效果如图 25-2 所示。

Step 06 单击菜单栏中的"插入"|"新建元件"命令，打开"创建新元件"对话框，定义元件类型为"影片剪辑"，名称为"动画"。

图 25-2　背景图像的显示效果

Step 07 在元件编辑模式下，将"库"面板中的"背景图形"元件拖放到舞台中，定义横、纵坐标均为 0。

Step 08 双击"图层 1"，更改"图层 1"的名称为"背景"。

Step 09 选择第 1 帧中的"背景图形"元件实例，在"属性"面板中定义实例颜色的不透明度为 0。

Step 10 右击第 20 帧，在弹出的快捷菜单中选择"插入关键帧"命令。

Step 11 选择关键帧中的"背景图形"元件实例，在"属性"面板中定义实例颜色属性为"无"。

Step 12 右击两个关键帧之间的某帧，在弹出的快捷菜单中选择"创建补间动画"命令，制作背景显示的动画。

Step 13 右击第 200 帧，在弹出的快捷菜单中选择"插入帧"命令，扩展背景。

25.1.2　制作灯笼动画

为了方便制作，本实例中将灯笼和爆竹的动画制作成独立的影片剪辑，然后在"动画"影片剪辑中使用，具体制作步骤如下。

Step 01 单击菜单栏中的"文件"|"导入到库"命令，将文档中使用的图像文件导入到库中。

Step 02 单击菜单栏中的"插入"|"新建元件"命令，打开"创建新元件"对话框，定义元件类型为"图形"，名称为"灯笼"。

Step 03 选择库中的灯笼图像，拖放到舞台中，如图 25-3 所示。

Step 04 单击菜单栏中的"插入"|"新建元件"命令，打开"创建新元件"对话框，定义元件类型为"影片剪辑"，名称为"灯笼动画 1"。

Step 05 选择"库"面板中的"灯笼"元件，拖放到舞台中。

Step 06 选择元件实例，将元件的控制点拖放到灯笼的悬绳处。

图 25-3　灯笼图像的显示效果

Step 07 右击第 8 帧，在弹出的快捷菜单中选择"插入关键帧"命令。

Step 08 选择元件实例，单击菜单栏中的"修改"|"变形"|"任意变形"命令，将图像逆时针旋转一定的角度，如图 25-4 所示。

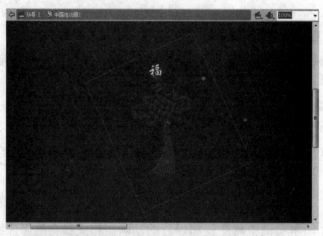

图 25-4　旋转灯笼图像的显示效果

Step 09 右击第 16 帧，在弹出的快捷菜单中择"插入关键帧"命令。

Step 10 选择元件实例，单击菜单栏中的"修改"|"变形"|"任意变形"命令，将图像逆时针再旋转一定的角度。

Step 11 复制第 8 帧，在第 24 帧处粘贴帧。

Step 12 复制第 1 帧，在第 32 帧处粘贴帧。

Step 13 在各个关键帧之间创建补间动画，制作灯笼向右侧晃动的动画。

Step 14 按照以上方法，制作灯笼向左侧晃动的动画。

Step 15 单击菜单栏中的"插入"|"新建元件"命令，打开"创建新元件"对话框，定义元件类型为"影片剪辑"，名称为"灯笼动画 2"。

Step 16 选择"库"面板中的"灯笼"元件，拖放到舞台中。

Step 17 选择"灯笼"元件的实例，在"属性"面板中定义实例的大小为原来的 1/10，颜色的不透明度为 0，并将元件实例拖放到原点的上部。

Step 18 右击第 30 帧，在弹出的快捷菜单中选择"插入关键帧"命令。

Step 19 选择"灯笼"元件的实例，在"属性"面板中定义元件大小为原始大小，颜色为"无"。拖放元件实例，使实例的顶部与原点基本高度相同。

Step 20 右击第 31 帧，在弹出的快捷菜单中选择"插入关键帧"命令。

Step 21 选择"库"面板中的"灯笼动画 1"元件，拖放到舞台中，使其位置刚好和前一关键帧中元件实例的位置相同（可以定义新的图层作为参照，定义好位置后删除参照图层）。

Step 22 新建图层，命名为"动作"。

Step 23 右击第 31 帧，在弹出的快捷菜单中选择"插入关键帧"命令。

Step 24 单击菜单栏中的"窗口"|"动作"命令，打开"动作"面板，添加代码"stop();"。

25.1.3　制作爆竹动画

爆竹动画的制作比灯笼动画更简单，只需要制作从上到下的补间动画，并在关键帧中定义元件的相应属性，具体制作步骤如下。

Step 01 单击菜单栏中的"文件"|"导入到库"命令，将文档中使用的爆竹图像文件导入到库中。

Step 02 单击菜单栏中的"插入"|"新建元件"命令，打开"创建新元件"对话框，定义元件类型为"图形"，名称为"爆竹图形"。

Step 03 选择库中的爆竹图像，拖放到舞台中，如图 25-5 所示。

图 25-5　爆竹图像的显示效果

Step 04 单击菜单栏中的"插入"|"新建元件"命令，打开"创建新元件"对话框，定义元件类型为"影片剪辑"，名称为"爆竹动画"。

Step 05 在元件编辑模式下，右击图层 1 的第 10 帧，在弹出的快捷菜单中选择"插入关键帧"命令。

Step 06 选择"库"面板中的"爆竹图形"元件，拖放到舞台中。

Step 07 选择元件的实例，拖放到原点的上部，在"属性"面板中定义实例的大小为原来的 1/10，颜色的不透明度为 0。

Step 08 右击第 25 帧，在弹出的快捷菜单中选择"插入关键帧"命令。

Step 09 选择关键帧中的元件实例，单击菜单栏中的"修改"|"变形"|"任意变形"命令，将实例拖放到合适大小。在"属性"面板中定义元件实例的颜色为无。

Step 10 在两个关键帧之间右击，在弹出的快捷菜单中选择"创建补间动画"命令。

Step 11 新建图层。右击图层的第 5 帧，在弹出的快捷菜单中选择"插入关键帧"命令。

Step 12 从"库"面板中将"爆竹图形"元件拖放到舞台中，放置到原点上合适的位置，并定义实例的大小为原来的 1/10，颜色的不透明度为 0。

Step 13 右击第 25 帧，在弹出的快捷菜单中选择"插入关键帧"命令。

Step 14 选择关键帧中的元件实例，单击菜单栏中的"修改"|"变形"|"任意变形"命令，将实例拖放到合适大小。在"属性"面板中定义元件实例颜色的亮度为-25%。

Step 15 在两个关键帧之间右击，在弹出的快捷菜单中选择"创建补间动画"命令。

Step 16 按照以上方法，新建图层，制作爆竹从第 1 帧到第 25 帧的动画。其区别在于在第 25 帧中，定义实例的不透明度为-50%。

　　　3 个爆竹的补间动画中，要使 3 个爆竹图形有大小、明暗和疏密的变化。

制作好动画后，其中某个过渡帧的显示效果如图 25-6 所示。

图 25-6　动画过渡帧的显示效果

25.1.4　制作文本动画

　　文本动画主要分为两部分：一部分为显示文本的动画，其中使用了时间轴特效；另一部分为倒影文本的动画，其中使用了遮罩动画。具体制作步骤如下。

Step 01　单击菜单栏中的"插入"|"新建元件"命令，打开"创建新元件"对话框，定义元件类型为"图形"，名称为"倒影文本"。

Step 02　选择"文本工具"，定义字体大小为 30 像素，字体为宋体，颜色为 **#FFF7D6**，字体样式为加粗，在舞台中添加文本。

Step 03　单击菜单栏中的"插入"|"新建元件"命令，打开"创建新元件"对话框，定义元件类型为"图形"，名称为"渐变图形"。

Step 04　选择"矩形工具"，定义边框颜色为无，填充颜色为 **#FFF7D6**，从不透明度 100%～0%的线性渐变，显示效果如图 25-7 所示。

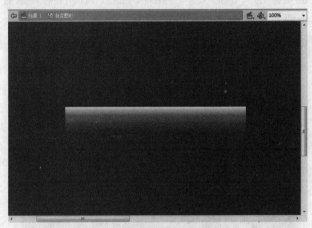

图 25-7　线性渐变的显示效果

Step 05　单击菜单栏中的"插入"|"新建元件"命令，打开"创建新元件"对话框，定义元件类型为"影片剪辑"，名称为"文本动画"。

Step 06　双击图层 1，更改名称为"渐变图形"。右击第 20 帧，在弹出的快捷菜单中选择"转换为关键帧"命令。

Step 07　选择"库"面板中的"渐变图形"元件，拖放到舞台中。

Step 08　在图层上，新建图层命名为"文字遮罩"，右击，在弹出的快捷菜单中选择"遮罩层"命令。

Step 09　选择"库"面板中的"倒影文本"元件，拖放到舞台中。

Step 10　选择"渐变图形"图层中第 1 关键帧，选择元件实例，拖放到"文字遮罩"层中的文本之上一段距离。

Step 11　右击第 35 帧，在弹出的快捷菜单中选择"插入关键帧"命令。

Step 12　选择关键帧中的元件实例，拖放到顶端刚好和文字顶端对齐，如图 25-8 所示。

图 25-8　对齐元件的显示效果

Step 13 新建图层，命名为"文本"。

Step 14 选择"库"面板中的"倒影文本"元件，拖放到舞台中。放置到遮罩文本之下，使其横坐标与遮罩文本中文本元件的横坐标相同，如图 25-9 所示。

图 25-9　倒影文本的显示效果

Step 15 右击第 20 帧，在弹出的快捷菜单中选择"插入关键帧"命令。

Step 16 拖放实例到遮罩文本之上，如图 25-10 所示。

图 25-10　添加遮罩内容的显示效果

Step 17　定义第 1～20 帧的补间动画。

Step 18　新建图层，命名为"模糊"。

Step 19　右击第 43 帧，在弹出的快捷菜单中选择"插入关键帧"命令。

Step 20　复制"文本"图层第 20 帧，粘贴到"模糊"图层第 43 帧。

Step 21　右击第 59 帧，在弹出的快捷菜单中选择"插入关键帧"命令。

Step 22　选择第 43 帧，单击菜单栏中的"插入"|"时间轴特效"|"效果"|"模糊"命令，制作模糊效果（模糊效果的参数可以任意设置）。

Step 23　新建图层，命名为"动作"。

Step 24　右击第 64 帧，在弹出的快捷菜单中选择"插入关键帧"命令。单击菜单栏中的"窗口"|"动作"命令，打开"动作"面板，添加代码"stop();"。

25.1.5　完成动画

　　将制作好的各个动画部分分别放置在不同的图层，并最后添加闪光的透明动画内容，完成动画的制作，具体制作步骤如下。

Step 01　双击"动画"元件，进入元件编辑模式。

Step 02　新建图层，命名为"灯笼 1"。

Step 03　在第 30 帧处插入关键帧。选择"库"面板中的"灯笼动画 2"元件，拖放到舞台中，调整元件实例的位置，使下落的灯笼刚好处于背景之上（按<Ctrl+Enter>键测试元件实例的位置）。

Step 04　新建图层，命名为"灯笼 2"。

Step 05　在第 40 帧处插入关键帧。选择"库"面板中的"灯笼动画 2"元件，拖放到舞台中，调整元件实例的位置，使下落的灯笼覆盖部分"灯笼 1"中的元件实例。

Step 06　新建图层，命名为"爆竹"。

Step 07　在第 50 帧处插入关键帧。选择"库"面板中的"爆竹动画"元件，拖放到舞台中，调整元件实例的位置，使下落的爆竹刚好处于背景之上（按<Ctrl+Enter>组合键测试元件实例的位置）。

Step 08　新建图层，命名为"文本动画"。

Step 09　在第 50 帧处插入关键帧。选择"库"面板中的"文本动画"元件，拖放到舞台中，调整元件实例的位置，使文本动画处于合适的位置上（按<Ctrl+Enter>组合键测试元件实例的位置）。

Step 10　打开素材透明闪光文件的源文件，该文件的测试效果如图 25-11 所示。

Step 11　选择"库"面板中需要使用的影片剪辑元件，复制到动画文档中。此时和影片剪辑相关的图形等元件也会一起被复制到动画文档中，如图 25-12 所示。

Step 12　新建图层，命名为"透明动画"。

图 25-11 闪光动画的显示效果

图 25-12 "库"面板

Step 13 在 107 帧处插入关键帧。

Step 14 选择"库"面板中新添加的影片剪辑,拖放到舞台中,使其覆盖动画的相应部分,如图 25-13 所示。

图 25-13 添加元件后的显示效果

Step 15 新建图层,命名为"动作"。

Step 16 在第 200 帧处插入关键帧。

Step 17 单击菜单栏中的"窗口"|"动作"命令,打开"动作"面板,添加代码"stop();"。

Step 18 单击"场景 1",回到场景中。选择"库"面板中的"动画"元件,拖放到舞台中,使其刚好覆盖文档背景。

测试动画的播放效果,其显示效果如图 25-14 所示。

图 25-14 动画显示效果

25.2 制作对联广告

对联广告由于位置的限制,一般宽度都不能太大,两侧的内容格式基本相同,显示对称的视觉效果，具体制作步骤如下。

Step 01 单击菜单栏中的"文件"|"新建"命令，新建 Flash 文档。

Step 02 在文档"属性"面板中，定义文档的大
小为 140 像素*450 像素，帧频为 15，
如图 25-15 所示。

图 25-15 定义文档属性

Step 03 单击菜单栏中的"文件"|"导入到
库"命令，将卷轴背景和卷轴图像导入
到库中。

Step 04 单击菜单栏中的"插入"|"新建元
件"命令，打开"创建新元件"对话
框，定义元件类型为"图形"，元件名称为"卷轴背景"。

Step 05 在元件编辑模式下，将"库"面板中的卷轴背景图像拖放到舞台中。

Step 06 单击菜单栏中的"插入"|"新建元件"命令，打开"创建新元件"对话框，定
义元件类型为"图形"，元件名称为"卷轴"。

Step 07 在元件编辑模式下，将"库"面板中的卷轴图像拖放到舞台中。

Step 08 单击菜单栏中的"插入"|"新建元件"命令，打开"创建新元件"对话框，定
义元件类型为"图形"，元件名称为"文本"。

Step 09 在元件编辑模式下，选择"文本工具"。

Step 10 在文本工具的"属性"面板中，定义文本颜色为黑色，大小为 36 像素，字体为隶
书，排列方式为垂直排列。添加文本内容"质量第一 精益求精"。

Step 11 单击菜单栏中的"插入"|"新建元件"命令，打开"创建新元件"对话框，定义
元件类型为"图形"，元件名称为"遮罩图形"。

Step 12 在元件编辑模式下，选择"矩形工具"，定义边框为无，填充颜色随意。拖曳鼠
标，制作矩形图形，定义矩形的大小比背景图形略大。

Step 13 单击"场景 1"，回到场景中。

Step 14 双击图层 1，更改名称为"背景"。

Step 15 选择"库"面板中的"卷轴背景"元件，拖放到舞台中，使其刚好覆盖文档
背景。

Step 16 在第 60 帧处插入帧。

Step 17 新建图层，命名为"文本"。

Step 18 选择"库"面板中的"文本"元件，拖放到舞台中，使其处于卷轴背景的中部，
如图 25-16 所示。

Step 19 在第 60 帧处插入帧。

Step 20 新建图层，命名为"遮罩"。右击图层，在弹出的快捷菜单中选择"遮罩层"命令。

Step 21 选择"库"面板中的"遮罩"元件，拖放到舞台中，使其底部刚好覆盖卷轴背景的上部卷轴。

Step 22 在第 60 帧处插入关键帧。

Step 23 选择元件实例，向下移动实例，使其底部刚好处于卷轴背景底部卷轴之上，如图 25-16 所示。

Step 24 右击两个关键帧之间的某个帧，在弹出的快捷菜单中选择选择"创建补间动画"命令。

Step 25 新建图层，命名为"卷轴"。

Step 26 选择"库"面板中的"卷轴"元件，拖放到舞台中，使其刚好处于卷轴背景的上部卷轴的下面。

Step 27 在第 60 帧处插入关键帧。

Step 28 选择元件实例，向下移动实例，使其底部刚好覆盖卷轴背景底部卷轴。

Step 29 右击两个关键帧之间的某个帧，在弹出的快捷菜单中选择选择"创建补间动画"命令。

Step 30 新建图层，命名为"动作"。

Step 31 在第 60 帧处插入关键帧。

Step 32 单击菜单栏中的"窗口"|"动作"命令，打开"动作"面板，添加代码"stop();"。

按<Ctrl+Enter>组合键，测试动画，其显示效果如图 25-17 所示。

图 25-16　文本元件的位置

图 25-17　动画的显示效果

25.3 制作产品广告

本实例制作的广告的内容和产品相关，主要应用遮罩、补间动画等。

25.3.1 制作汽车动画

汽车动画，主要通过补间动画制作汽车显示的效果，然后使用逐帧动画制作汽车闪动的效果，具体制作步骤如下。

Step 01 单击菜单栏中的"文件"|"新建"命令，新建 Flash 文档。

Step 02 在文档"属性"面板中，定义文档的大小为 300 像素*150 像素，背景颜色为黑色，帧频为 24，如图 25-18 所示。

Step 03 单击菜单栏中的"文件"|"导入到库"命令，将文档使用的 4 个车图像导入到库中。

Step 04 单击菜单栏中的"插入"|"新建元件"命令，打开"创建新元件"对话框，定义元件类型为"图形"，元件名称为"背景"。

Step 05 在元件编辑模式下，选择"矩形工具"，定义边框为无，填充颜色为线性渐变，如图 25-19 所示。

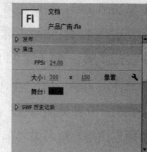

图 25-18 定义文档属性

Step 06 拖曳鼠标，制作矩形图形，定义图形的大小和文档大小相同，如图 25-20 所示。

图 25-19 设置渐变颜色

图 25-20 矩形图形的显示效果

Step 07 将导入的 4 个车图像制作成图形元件。

Step 08 单击"场景 1"，回到场景中。

Step 09 双击"图层 1"，更改名称为"背景"。

Step 10 选择"库"面板中的"背景"元件，拖放到舞台中，使其刚好覆盖文档背景。

Step 11 右击第 110 帧，在弹出的快捷菜单中选择"插入帧"命令。

Step 12 新建图层，命名为"车 1"。

Step 13 选择"库"面板中的"车 1"元件，拖放到舞台中，单击菜单栏中的"修改"|
"变形"|"水平翻转"命令，翻转图形。其显示效果如图 25-21 所示。

Step 14 在第 2 帧处插入关键帧。

Step 15 选择"车 1"元件实例，在"属性"面板中定义颜色的亮度为 38%。

Step 16 在第 5 帧处插入关键帧。

Step 17 选择"车 1"元件实例，在"属性"面板中定义不透明度为 0%。

Step 18 在第 15 帧处插入关键帧。

Step 19 选择"车 1"元件实例，在"属性"面板中定义颜色为无。

Step 20 右击两个关键帧中的某个帧，在弹出的快捷菜单中选择"创建补间动画"命令。

Step 21 复制第 1 帧，粘贴在第 16 帧处。

Step 22 复制第 2 帧，粘贴在第 17 帧处。

Step 23 按照步骤 21 和步骤 22 的操作，依次制作交替的关键帧，直到第 22 帧。

Step 24 选择第 22 帧中的"车 1"图形实例，在"属性"面板中定义不透明度为 60%。

Step 25 在第 110 帧处插入帧。

Step 26 新建图层，命名为"车 2"。

Step 27 在第 15 帧处插入关键帧。

Step 28 选择"库"面板中的"车 2"实例，拖放到舞台中，在实例的"属性"面板中定
义不透明度为 0。

Step 29 在第 15 帧处插入关键帧。选择"车 2"元件实例，在"属性"面板中定义实例颜
色为无，如图 25-22 所示。

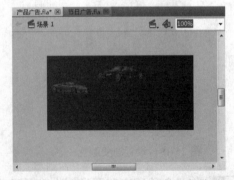

图 25-21　翻转图形的显示效果　　　　图 25-22　"车 2"元件实例的显示效果

Step 30 在第 19 帧处插入关键帧。选择"车 2"元件实例，在"属性"面板中定义实例颜
色的亮度为 30%。

Step 31 复制第 15 帧，粘贴到第 22 帧。

Step 32 在各个关键帧之间创建补间动画。

Step 33 复制第 19 帧，粘贴到第 23 帧。

Step 34 复制第 15 帧，粘贴到第 24 帧。

Step 35 按照步骤 33 和 34，依次制作交替的关键帧，直到第 26 帧。

Step 36 选择第 26 帧中的"车 2"图形实例，在"属性"面板中定义不透明度为 60%。

Step 37 在第 110 帧处插入帧。

Step 38 新建图层，命名为"车 3"。

Step 39 在第 22 帧处插入关键帧。

Step 40 选择"库"面板中的"车 3"实例，拖放到舞台中，在实例的"属性"面板中定义实例不透明度为 0，并拖放到超出背景右侧一段距离，如图 25-23 所示。

Step 41 在第 29 帧处插入关键帧。选择"车 3"元件实例，在"属性"面板中定义实例颜色的亮度为 25%。

Step 42 拖放"车 3"元件实例到背景右下角合适的位置，如图 25-24 所示。

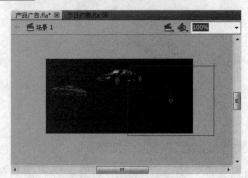

图 25-23　元件初始效果

图 25-24　元件终了的显示效果

Step 43 右击两个关键帧中的某帧，在弹出的快捷菜单中选择"创建补间动画"命令。

Step 44 在第 30 帧处插入关键帧。选择"车 3"元件实例，在"属性"面板中定义实例颜色为无。

Step 45 复制第 29 帧，粘贴到第 31 帧。

Step 46 复制第 30 帧，粘贴到第 32 帧。

Step 47 在第 33 帧处插入关键帧。选择"车 3"元件实例，在"属性"面板中定义实例的不透明度为 60%。

Step 48 在第 110 帧处插入帧。

25.3.2　制作遮罩动画

遮罩动画分为 3 部分，分别是弧形遮罩动画、渐变遮罩动画、线遮罩动画。

1. 制作弧形遮罩动画

弧形遮罩动画是一种闪光的弧线效果，具体制作步骤如下。

Step 01 单击菜单栏中的"插入"|"新建元件"命令，打开"创建新元件"对话框，定义元件类型为"图形"，元件名称为"色条遮罩图形"。

Step 02 在元件编辑模式下，选择"钢笔工具"，制作一个任意颜色的弧形，如图 25-25 所示。

Step 03 单击菜单栏中的"插入"|"新建元件"命令，打开"创建新元件"对话框，定义元件类型为"图形"，元件名称为"色条"。

Step 04 在元件编辑模式下，选择"矩形工具"，制作一个无边框的矩形，填充颜色为线形渐变，左右两个节点的不透明度均为 0，中间节点的颜色为#70FFDB，两头节点颜色均为#C9FAA0，如图 25-26 所示。

图 25-25　弧形的显示效果

图 25-26　渐变颜色设置

Step 05 制作矩形区域，大小为 258 像素*248 像素（可以合理增大或减小）。

Step 06 单击菜单栏中的"修改"|"变形"|"任意变形"命令，将矩形图形旋转一定的角度，如图 25-27 所示。

图 25-27　旋转矩形后的显示效果

Step 07 单击"场景 1"，回到场景中。

Step 08 新建图层，命名为"色条遮罩"。

Step 09 在第 40 帧处插入关键帧。

Step 10 选择"库"面板中的"色条遮罩"元件，拖放到舞台中，使色条的一端刚好处于文档的右下角，如图 25-28 所示。

Step 11 在第 55 帧处插入空白关键帧。

Step 12 新建图层，命名为"色条"，并将图层拖放到"色条遮罩"图层之下。

Step 13 在第 40 帧处插入关键帧。

Step 14 选择"库"面板中的"色条"元件，拖放到舞台中，并放置在色条遮罩图形的左下角，如图 25-29 所示。

图 25-28　添加色条遮罩后的显示效果　　　　　图 25-29　色条图形初始位置

Step 15 在第 40～第 55 帧之间插入几个关键帧，逐渐更改"色条"元件实例的位置，添加补间动画，制作色条逐渐移动到右上角，离开"色条遮罩"图形的动画。

Step 16 右击"色条遮罩"图层，在弹出的快捷菜单中选择"遮罩层"命令。

2. 制作渐变遮罩动画

渐变遮罩动画的制作较为简单，首先制作出渐变的图形和遮罩图形，然后在遮罩中定义补间动画，制作渐变图形由右至左逐渐显示的效果，具体制作步骤如下。

Step 01 单击菜单栏中的"插入"|"新建元件"命令，打开"创建新元件"对话框，定义元件类型为"图形"，元件名称为"黄色条"。

Step 02 在元件编辑模式下，选择"钢笔工具"，制作一个如图 25-30 所示的图形。

Step 03 单击菜单栏中的"插入"|"新建元件"命令，打开"创建新元件"对话框，定义元件类型为"图形"，元件名称为"黄色条遮罩"。

Step 04 在元件编辑模式下，选择"矩形工具"，制作一个无边框的矩形，其颜色任意，如图 25-31 所示。

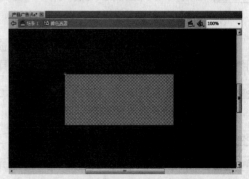

图 25-30　渐变图形的显示效果　　　　　　　图 25-31　遮罩矩形的显示效果

Step 05 单击"场景 1", 回到场景中。

Step 06 新建图层, 命名为"黄色条"。

Step 07 在第 60 帧处插入关键帧。

Step 08 选择"库"面板中的"黄色条"元件, 拖放到舞台中, 使黄色条的一端刚好处于文档右边上部, 如图 25-32 所示。

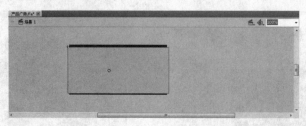

图 25-32　黄色条的初始位置

Step 09 在第 110 帧处插入帧。

Step 10 新建图层, 命名为"黄色条遮罩"。右击图层, 在弹出的快捷菜单中选择"遮罩层"命令。

Step 11 在第 60 帧处插入关键帧。

Step 12 选择"库"面板中的"黄色条遮罩"元件, 拖放到舞台中, 并放置在文档的右侧, 如图 25-33 所示。

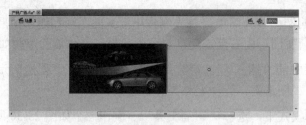

图 25-33　黄色条遮罩的初始位置

Step 13 在第 70 帧处插入关键帧。

Step 14 选择"黄色条遮罩"元件实例, 左移该实例, 使其刚好覆盖文档背景。

Step 15 右击两个关键帧之间的某帧, 在弹出的快捷菜单中选择"创建补间动画"命令。

3．制作线遮罩动画

　　线遮罩动画中以线作为遮罩图形, 在被遮罩的图层中放入一个放射渐变的色环, 并使用补间动画的方法制作色环的放大动画, 具体制作步骤如下。

Step 01 单击菜单栏中的"插入"|"新建元件"命令, 打开"创建新元件"对话框, 定义元件类型为"图形", 元件名称为"遮罩线"。

Step 02 在元件编辑模式下, 选择"钢笔工具", 制作一组曲线, 如图 25-34 所示。

Step 03 单击菜单栏中的"插入"|"新建元件"命令, 打开"创建新元件"对话框, 定义元件类型为"图形", 元件名称为"色环"。

Step 04 在元件编辑模式下，选择"椭圆工具"，制作一个无边框的椭圆图形，填充的渐变颜色如图 25-35 所示。从左至右，节点的颜色参数分别为#4B8D8C、#C674B6、#F9EC7C、#EEF7F6、#FFF770、#D457A5、#0258BD。

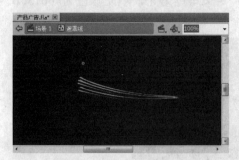

图 25-34　曲线的显示效果　　　　　　图 25-35　椭圆渐变颜色设置

Step 05 单击"场景 1"，回到场景中。

Step 06 新建图层，命名为"色环"。

Step 07 在第 70 帧处，插入关键帧。

Step 08 选择"库"面板中的"色环"元件，拖放到舞台中。

Step 09 新建图层，命名为"线遮罩"。右击图层，在弹出的快捷菜单中选择"遮罩层"命令。

Step 10 在第 70 帧处插入关键帧。

Step 11 选择"库"面板中的"遮罩线"元件，拖放到舞台中，放置在如图 25-36 所示的位置。

图 25-36　遮罩线的显示效果

Step 12 在"色环"图层，在第 80 帧处插入关键帧。

Step 13 选择"色环"元件实例，单击菜单栏中的"修改"|"变形"|"任意变形"命令，拖放元件，使其大小超过遮罩线。

Step 14 右击两个关键帧之间的某帧，在弹出的快捷菜单中选择"创建补间动画"命令。

25.3.3　完成动画

制作好以上几个部分后，接下来制作汽车显示动画、渐变动画、文本动画和定义动作，具体制作步骤如下。

Step 01 单击菜单栏中的"插入"|"新建元件"命令,打开"创建新元件"对话框,定义元件类型为"图形",元件名称为"渐变图形"。

Step 02 在元件编辑模式下,选择"矩形工具",定义边框为无,填充颜色为#06130B 至不透明度为 0 的渐变,如图 25-37 所示。

图 25-37　渐变图形的显示效果

Step 03 单击菜单栏中的"插入"|"新建元件"命令,打开"创建新元件"对话框,定义元件类型为"图形",元件名称为"文本"。

Step 04 在元件编辑模式下,选择"文本工具",定义字体为黑体,大小为 30 像素,字体样式为加粗。

Step 05 选择文本内容,执行两次"修改"|"分离"命令,将文本转换为图形。

Step 06 定义文本图形的填充颜色为线性渐变,左侧节点的颜色为#FCDA65,右侧节点的颜色为#B41515。填充后文本的显示效果如图 25-38 所示。

Step 07 新建图层,添加相同的文本。定义文本颜色为白色。

Step 08 将新建的"图层 2"拖放到"图层 1"的下面。移动文本内容,制作出如图 25-39 所示的效果。

图 25-38　文本渐变颜色的设置

图 25-39　文本元件的显示效果

Step 09 单击"场景 1",回到场景中。

Step 10 新建图层,命名为"大车"。

Step 11 在第 80 帧处插入关键帧。

Step 12 选择"库"面板中的"大车图形"元件,拖放到舞台中,放置在文档的右边界之外,如图 25-40 所示。

Step 13 选择"大车图形"元件实例,在"属性"面板中定义不透明度为 20%。

Step 14 在第 95 帧处插入关键帧。

Step 15 选择"大车图形"元件实例，向左侧拖动到黄色条之上，并在"属性"面板中定义其颜色为无，如图 25-41 所示。

图 25-40　"大车"实例的初始位置　　　　图 25-41　"大车"实例的终了位置

Step 16 右击两个关键帧中的某个帧，在弹出的快捷菜单中选择"创建补间动画"命令。

Step 17 新建图层，命名为"黄色过渡"。

Step 18 在第 95 帧处插入关键帧。

Step 19 选择"库"面板中的"渐变图形"元件，拖放到舞台中，放置在文档的右边界之外，如图 25-42 所示。

Step 20 在第 110 帧处插入关键帧。

Step 21 选择"渐变图形"元件实例，向左侧拖动直到图形的右边界，与背景的右边界对齐。

Step 22 右击两个关键帧中的某个帧，在弹出的快捷菜单中选择"创建补间动画"命令。

Step 23 新建图层，命名为"文本"。

Step 24 在第 95 帧处插入关键帧。

Step 25 选择"库"面板中的"文本"元件，拖放到舞台中，放置在文档的右边界之外，如图 25-43 所示。

图 25-42　渐变图形的初始位置　　　　图 25-43　文本实例的初始位置

Step 26 在第 110 帧处插入关键帧。

Step 27 选择"文本"元件实例，向左侧拖动到过渡图形之上。

Step 28 右击两个关键帧中的某个帧，在弹出的快捷菜单中选择"创建补间动画"命令。

Step 29 新建图层，命名为"动作"。

图 25-44　测试动画的显示效果

Step 30 在第 110 帧处插入关键帧。

Step 31 单击菜单栏中的"窗口"|"动作"命令，打开"动作"面板，添加代码"stop();"。

　　按<Ctrl+Enter>组合键，测试动画，其显示效果如图 25-44 所示。

25.4　小结

　　本章主要讲解了广告动画的制作过程。通过本章内容的学习，读者可以了解各种广告动画的制作流程。广告动画所使用的技巧比较复杂，根据不同的创意所采用的方法也不同，所以要仔细体会每个案例的原理，力求做到举一反三。

25.5　习题与思考

1．位图的使用方法有哪些？
2．卷轴动画的原理是什么？
3．试完成一个动画广告的制作。

第5篇

综合应用——首页的制作

第 26 章 制作企业站点

企业站点的制作分为三个主要部分：制作站点效果图、制作站点使用的 Flash 动画、制作 Web 格式的网页。

26.1　制作站点效果图

站点效果图的制作，分为制作 Flash 内容、制作修饰图像、制作页面内容、制作分隔线等几个部分。为了更好地了解每个步骤的目的和含义，首先展示整个站点的最终效果，如图 26-1 所示。

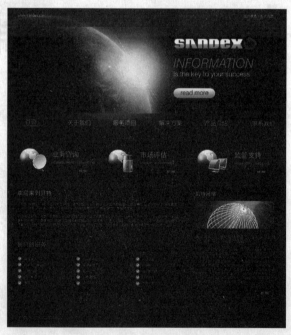

图 26-1　站点效果图

26.1.1　制作背景

在制作背景和 Flash 内容时，部分内容在制作 Flash 时也要使用，所以在制作的过程中会相应地增加制作步骤，具体制作步骤如下。

Step 01 单击菜单栏中的"文件"|"新建"命令，新建 Photoshop 文档。

Step 02 定义文档的大小为 980 像素*1100 像素，定义背景内容为"背景色"，如图 26-2 所示。

> **注意**　在制作的过程中，根据需要可以随时更改页面的大小。在更改页面大小时，要使用"修改"|"画布大小"命令，这样可以只更改画布的大小，而不改变在页面中制作好的内容。

Step 03 单击菜单栏中的"窗口"|"图层"命令，打开"图层"面板（如果当前已打开"图层"面板，则可以省略这个步骤）。

Step 04 新建文件夹，并命名为"背景内容"。

Step 05 依次新建"顶部内容"、"底部内容"、"中部导航"、"导航按钮"、"左侧欢迎部分"、"左下角列表"、"右侧栏"等几个文件夹，如图 26-3 所示。

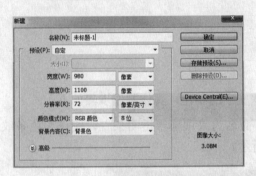

图 26-2　新建文件

图 26-3　建立文件夹

Step 06 设置背景色为深灰色（#090909），如图 26-4 所示。

Step 07 将素材顶部使用的素材图片导入文档，然后拖放到文档顶部，如图 26-5 所示。

图 26-4　定义背景色

图 26-5　添加图像的显示效果

Step 08 在文档的中部增加黑色背景，如图 26-6 所示。

Step 09 复制黑色背景图层，并添加杂色效果，同时调整图层的不透明度为 26%，制作出一种纹理效果，如图 26-7 所示。

图 26-6　添加黑色图层　　　　　　　　　图 26-7　添加纹理后的显示效果

至此，页面的整体背景就制作完成了。

26.1.2　制作顶部内容

顶部内容的制作比较简单，主要是对一些文字的制作，具体制作步骤如下。

Step 01 在"顶部内容"文件夹中新建图层，命名为"顶部半透明条"，制作黑色条纹，并调整不透明度为 60%，如图 26-8 所示。

图 26-8　半透明条的显示效果

Step 02 在顶部左侧添加网址"www.sandex.con"，在右侧添加导航文字"站内搜索|站点地图"，其显示效果如图 26-9 所示。

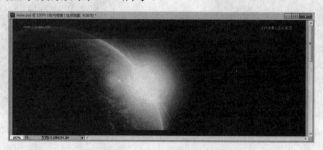

图 26-9　添加顶部导航文字

Step 03 在顶部右侧添加文字"sandex"，并设置投影、外发光、渐变叠加等图层效果，其参数设置分别如图 26-10、图 26-11、图 26-12 所示。使用图层效果之后的文字显示效果如图 26-13 所示。

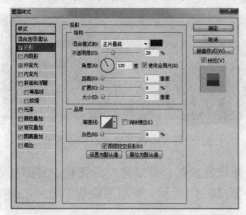

图 26-10　投影参数 1

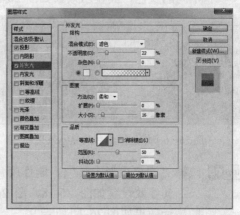

图 26-11　外发光参数 1

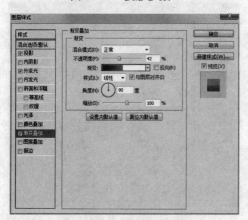

图 26-12　渐变叠加参数 1

图 26-13　添加文字后的显示效果 1

Step 04 使用"钢笔工具"勾画一个装饰图形，并添加渐变叠加和投影图层效果，其参数设置如图 26-14 和图 26-15 所示。

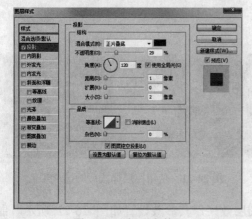

图 26-14　投影参数 2

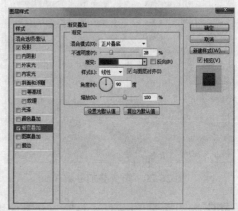

图 26-15　渐变叠加参数 2

制作完成后，将图标拖放到文字"sandex"之后，如图 26-16 所示。

Step 05 添加文字"INFORMATION is the key to your success"，将内容分成两行，并设置不同的颜色，其显示效果如图 26-17 所示。

图 26-16　增加图标后的显示效果　　　　图 26-17　添加文字后的显示效果 2

Step 06 选择"圆角矩形工具"，制作圆角框，并设置投影、外发光、渐变叠加等图层效果，其参数设置如图 26-18、图 26-19、图 26-20 所示。使用图层效果之后，图案的显示效果如图 26-21 所示。

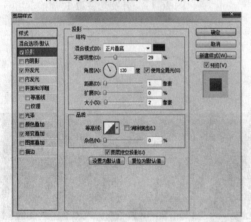

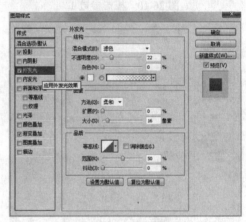

图 26-18　投影参数 3　　　　　　　　　图 26-19　外发光参数 2

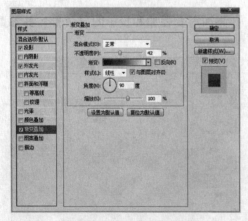

图 26-20　渐变叠加参数 3

图 26-21　使用图层样式后的显示效果

Step 07 添加文字"read more"，并添加投影图层效果，其参数设置如图 26-22 所示。制作好之后，文字的显示效果如图 26-23 所示。

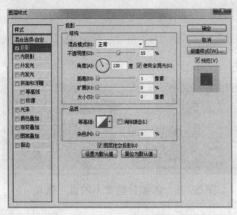

图 26-22 投影参数 4

图 26-23 添加文字后的显示效果 3

Step 08 在页面的顶部增加一条亮线，其显示效果如图 26-24 所示。

图 26-24 添加亮线

26.1.3 制作页面导航

导航部分主要是文本内容和背景图片，具体制作步骤如下。

Step 01 在"导航按钮"文件夹中新建图层，命名为"中部亮条"。

Step 02 选择灰白到透明的渐变色，在"中部亮条"图层绘制一条矩形框，并拖放到适当位置，确定导航条的高度，如图 26-25 所示。

Step 03 新建图层，制作中部亮边的背景，其显示效果如图 26-26 所示。

图 26-25 制作中部亮条效果

图 26-26 制作亮光的显示效果

Step 04 将亮光图层复制两次，增加亮光的效果，如图 26-27 所示。

Step 05 添加导航的文本内容，其中使用的字体为幼圆，字体大小为 24 号，其显示效果如图 26-28 所示。

图 26-27　增加亮光后的效果

图 26-28　添加导航文本的显示效果

Step 06 使用"直线工具"，在每个导航文本内容之间制作分隔线效果，将各个导航文本分隔开，如图 26-29 所示。

Step 07 在文字"首页"下添加一条红线，如图 26-30 所示。

图 26-29　添加分隔线的显示效果

图 26-30　添加红线的显示效果

26.1.4　制作中部导航

中部导航部分主要由背景、导航图以及文本内容构成，具体制作步骤如下。

Step 01 在"中部导航"文件夹中添加新的图层，使用"圆角矩形工具"添加一个圆角矩形，并添加斜面和浮雕图层效果，其参数设置如图 26-31 所示。添加斜面和浮雕图层效果后，矩形框的显示效果如图 26-32 所示。

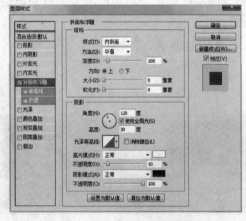

图 26-31　斜面和浮雕参数

图 26-32　矩形框的显示效果

Step 02 为了使矩形框更加突出，增加发光图层，其显示效果如图 26-33 所示。

Step 03 复制刚制作的矩形图层和发光图层，制作其他背景矩形，如图 26-34 所示。

图 26-33　增加发光图层后的显示效果

图 26-34　制作其他背景矩形

Step 04 将准备好的素材图形放置在每个背景矩形的左侧，其显示效果如图 26-35 所示。

Step 05 在背景上添加文字内容，其显示效果如图 26-36 所示。

图 26-35　添加素材图形

图 26-36　添加文字后的显示效果

Step 06 为每个导航增加"more"字样，以便于链接到更多内容。为了区别链接文字和其他文字，定义颜色为白色，如图 26-37 所示。

图 26-37　定义文本的属性

26.1.5　制作左侧导航和列表

左侧导航和列表部分主要由文本、小图标等内容构成，具体制作步骤如下。

Step 01 在"左侧欢迎部分"文件夹中新建图层，在页面左侧添加文本内容，其显示效果如图 26-38 所示。

图 26-38　添加文字后的效果 1

Step 02 继续为页面添加文字内容，文字分成两个段落，第一段使用浅绿色，第二段使用浅灰色，其显示效果如图 26-39 所示。

图 26-39 添加文字后的效果 2

Step 03 在"左下角列表"文件夹中新建图层，添加文字内容，如图 26-40 所示。

图 26-40 添加列表标题后的显示效果

Step 04 将导航按钮素材导入文档，并复制 4 次，放置到适当的位置，制作列表按钮，其显示效果如图 26-41 所示。

图 26-41 制作列表按钮

Step 05 复制图层，并调整位置，制作其他列表按钮，其显示效果如图 26-42 所示。

图 26-42 复制列表按钮后的显示效果

Step 06 为每个列表部分添加文字，最终效果如图 26-43 所示。

图 26-43 列表的最终显示效果

26.1.6 制作右侧栏内容

右侧栏部分主要由文本、修饰图等内容构成，具体制作步骤如下。

Step 01 在"右侧栏"文件夹中新建图层，添加文本内容，其显示效果如图 26-44 所示。

图 26-44 添加文字后的效果

Step 02 继续为页面添加修饰图片，其显示效果如图 26-45 所示。

图 26-45 添加修饰图片后的显示效果

Step 03 继续添加文字内容，并分段排列，如图 26-46 所示。

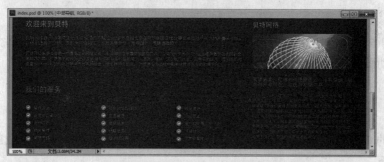

图 26-46 继续添加文字后的显示效果

Step 04 给页面添加文字"MORE"，其显示效果如图 26-47 所示。

图 26-47 添加文字"MORE"

26.1.7 制作底部内容

底部内容比较简单，由文本和背景图片构成，具体制作步骤如下。

Step 01 在"底部内容"文件夹中新建图层，将中部的亮条图层复制过来制作底部的亮条，其显示效果如图 26-48 所示。

图 26-48 添加底部亮条后的效果

Step 02 继续为页面添加文字内容，其显示效果如图 26-49 所示。

图 26-49 添加文字内容后的显示效果

26.2 制作 Flash 动画

Flash 动画部分包括 Loading 部分、背景部分、中间文字部分、按钮部分、音频等，其中按钮和动画效果是整个动画的核心，具体制作步骤如下。

26.2.1 Loading 部分

本实例的 Loading 部分，使用百分比数值和进度条的方式显示文件下载的速度，具体制作步骤如下。

Step 01 单击菜单栏中的"文件"|"新建"命令，新建文档。

Step 02 定义文档大小为 980 像素*426 像素，舞台颜色为黑色，帧频为 31。

Step 03 单击菜单栏中的"文件"|"导入到库"命令，将 Photoshop 中制作的各种图片素材图像导入到库中，同时也将声音等素材导入到库中。

图 26-50 进度条

Step 04 单击菜单栏中的"插入"|"新建元件"命令，打开"创建新元件"对话框，定义新建元件的类型为"影片剪辑"。在编辑模式下新建图层，制作红色色条，如图 26-50 所示。

Step 05　新建图层，制作白色的遮盖条，并将图层设置为遮罩图层，制作横向运动的动画。

Step 06　新建图层，选择"文本工具"，在 loading 条下输入"loading"。

Step 07　新建图层，选择第 1 帧，打开"动作"面板，添加代码"stop();"。在 100 帧处添加关键帧，并添加代码"stop();"。

Step 08　在两个遮罩图层下面新建图层，制作边框色条两个端点的效果，如图 26-51 所示。

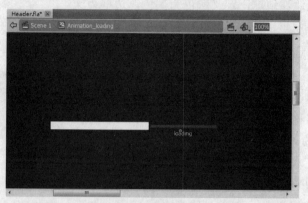

图 26-51　导航条端点

Step 09　将声音导入图层，完成 loading 影片剪辑的制作，其图层显示效果如图 26-52 所示。

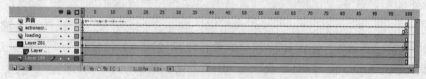

图 26-52　loading 的图层设置

Step 10　在场景 1 中新建图层，新建关键帧，并将刚刚制作的影片剪辑放入场景中，为影片剪辑定义如图 26-53 所示的动作。

图 26-53　动作设置

Step 11　新建影片剪辑，在影片剪辑中放入 loading 条中的色条等内容。

Step 12　回到场景 1，新建图层，在前 10 帧中制作 loading 条飞出的动画。在第 10 关键帧定义影片实例的不透明度为 0，完成 loading 条淡出的动画。

26.2.2　背景部分

制作本实例的背景部分，直接套用之前在 Photoshop 中制作好的素材，进行再加工，实现其动画效果，具体制作步骤如下。

Step 01 新建影片剪辑，在影片剪辑中新建图层，使用"椭圆工具"绘制一个正圆形，大小为刚好能遮住地球，定义颜色为黑色，边框为无。

Step 02 在第一帧定义影片剪辑元件的样式为"Alpha"，值 90%。将第 10、45 帧转换为关键帧。选中第 45 帧，定义 Alpha 值为 0%。在帧之间创建传统补间动画。

Step 03 新建图层，绘制一个图形，遮住地球以外的部分，如图 26-54 所示。将图形转换为影片剪辑元件，名称为"Animation_8"。将第 10、45 帧转换为关键帧，选中第 45 帧，定义元件的样式为"Alpha"，值为 0%。在帧之间创建传统补间动画。

图 26-54　遮住背景的效果

Step 04 新建影片剪辑元件，定义名称为"Animation_7"。将"Effect"动画拖入到舞台中，在 32 帧插入帧。

Step 05 新建图层，在 32 帧插入关键帧，打开"动作"面板，添加代码"stop();"。

Step 06 回到元件"Animation_26"。新建图层，置于顶部，在第 10 帧插入关键帧，将元件"Animation_7"拖入舞台合适位置。将第 29、49 帧转换为关键帧。选中第 49 帧，定义 Alpha 值为 0%。在 29、49 帧之间创建传统补间动画。

Step 07 新建图层，将 75 帧转化为关键帧，打开"动作"面板，添加代码"stop();"。并删除多出来的 76 帧，如图 26-55 所示。

图 26-55　"图层"面板

Step 08 回到场景 1，新建图层。将第 2 帧转换为关键帧，把影片剪辑元件"Animation_26"拖入到舞台中合适的位置，定义元件样式为"亮度"，值为-100%。将第 10 帧转换为关键帧，定义元件样式为"无"。在两帧之间创建传统补间动画。

Step 09 新建图层"顶部条"，将第 2 帧转换为关键帧，把在 Photoshop 中制作好的文件拖放到舞台中底部合适的位置，将图形转换为影片剪辑元件，定义样式为"Alpha"，值为 0%。将第 40 帧转换为关键帧，定义元件样式为"无"。

Step 10 新建图层"底部灰条"，将第 2 帧转换为关键帧，把在 Photoshop 中制作好的文件拖放到舞台，定义样式为"Alpha"，值为 0%。将第 14 帧转换为关键帧，定义元件样式为"无"。

Step 11 用类似的方式定义"灰色条"图层，制作底部的灰色条。

Step 12 新建图层，定义名称为"底部亮光"，在第 20 帧设置关键帧。

Step 13 将拖放到库中的底部亮条图片制作成影片剪辑元件"Animation_6"，把"Animation_6"拖放到场景"底部亮光"图层的第 20 帧，创建实例。

Step 14 在"底部亮光"图层第 20～40 帧之间，制作不透明度为 0～100 的显示动画。

以上步骤具体的动画设置如图 26-56 所示。

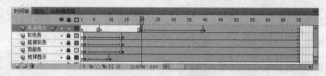

图 26-56　图层编辑

26.2.3　制作文字部分动画

本实例的中间文字部分使用了遮罩和引导属性进行制作，需要的工作较多。因为是主体部分，要仔细制作细节。具体制作步骤如下。

Step 01 新建图层，在第 14 帧上插入关键帧，在第 70 帧上插入帧。

Step 02 新建图层，转换为遮罩层，在第 14 帧上插入关键帧，在第 70 帧上插入帧。

Step 03 选择遮罩层，在第 14 帧上，单击菜单栏中的"插入"|"新建元件"命令，打开"创建新元件"对话框，选择类型为"图形"。使用"钢笔工具"绘制出如图 26-57 所示的图形，调整好大小、位置。

Step 04 选择被遮罩层，在第 14 帧上，单击菜单栏中的"插入"|"新建元件"命令，打开"创建新元件"对话框，选择类型为"图形"，将之前在 Photoshop 中制作好的"sandex"与"INFORMATION"导入，把图形拖至舞台上，调整好位置。选择图层，为它们分别添加一个运动引导层，使用"钢笔工具"绘制路径，如图 26-58 所示。之后锁定运动引导层。

图 26-57　绘制图形

图 26-58　绘制的路径

Step 05 选择"sandex"图层，在第 1 帧上创建一个关键帧，在第 20 帧上也创建一个关键帧。选择"sandex"图形，拉至路径的另一端，注意中间的白色小圆要紧扣在曲线的终点上。采用同样的原理，在"INFORMATION"图形上操作。

Step 06 分别在两个运动引导层的第 1 帧创建帧，在第 260 帧上创建帧。

Step 07 回到"sandex"图层第 1 帧，为其创建传统补间。采用同样的原理，在"INFORMATION"图形上操作。

Step 08 单击运动引导层的眼睛图标，使其关闭，查看效果。

Step 09 再次导入之前在 Photoshop 中制作好的素材文件，新建图层，在第 16 帧上插入关键帧。

Step 10 将导入的文件转化为图形，拖至舞台上。

Step 11 新建图层，转换为遮罩层，同样在 16 帧上插入关键帧。

Step 12 选择被遮罩层，调整好图形的位置和大小，如图 26-59 所示，在第 260 帧上插入帧。

Step 13 以同样的方法，在遮罩层的第 17～26 帧上插入关键帧，将制作好的素材转化为元件，分别拖至 17～26 帧上。完成之后在第 260 帧上插入帧。

Step 14 按<Ctrl+Enter>组合键，查看动画效果。

Step 15 新建图层，在第 260 帧上插入帧，按<F9>键，调出"动作"面板，输入代码"gotoAndPlay(40);"，完成片头的文字动画效果，如图 26-60 所示。

图 26-59 导入的图形

图 26-60 文字动画效果

26.2.4 按钮部分

本实例的按钮部分的制作也比较复杂，这是最能显示网页个性化的元素，需要仔细制作，具体制作步骤如下。

Step 01 为了让按钮更有个性，为按钮制作光泽效果。新建影片剪辑元件"Animation_13"。使用"矩形工具"绘制一个矩形，然后用"选择工具"把矩形两边调整为如图 26-61 所示。

Step 02 为了让反射的光泽更有层次感，新建影片剪辑元件"Animation_14"。把刚制作好的"Animation_13"影片剪辑元件拖入舞台，将其属性改为"Alpha"，值为 20%。然后复制这个图层，缩小新图层的图案，并把 Alpha 值改为 60%，如图 26-62 所示。

图 26-61 创建矩形并调整

图 26-62 光泽效果

Step 03　新建影片剪辑元件"Animation_15"，把库中的按钮图片拖入到舞台。在第 43 帧插入帧。

Step 04　新建图层，使用"文本工具"在按钮上添加字体、大小合适的文本内容"read more"，并移动到合适的位置，如图 26-63 所示。

Step 05　把刚制作好的"Animation_14"拖入舞台。把它放到按钮上方，开始制作动画。在第 8 帧插入关键帧，将元件拖放到按钮下方三分之二的位置，在 22 帧插入关键帧，将元件下移到按钮以外的位置，这样可以得到一个平缓的下降效果。在 26 帧插入关键帧，把元件上移到按钮中间位置，在 43 帧插入关键帧，把元件上移到起始位置，如图 26-64～图 26-69 所示。

图 26-63　按钮文字

图 26-64　动画帧

图 26-65　制作动画 1

图 26-66　制作动画 2

图 26-67　制作动画 3

图 26-68　制作动画 4

下面分别创建传统补间动画。

Step 06　制作遮罩。使用"矩形工具"绘制一个与按钮图案大小相同的图形，并把按钮图案遮住，如图 26-70 所示，将图层改为遮罩层。

Step 07　新建图层，选中第 2、22 和 23 帧，转换为关键帧。打开"动作"面板，分别给第 1 和 22 帧添加代码"stop();。选中第 2 帧和第 23 帧，分别命名为"s1"和"s2"，如图 26-71 所示。

图 26-69　制作动画 5

图 26-70　遮罩

Step 08 制作按钮元件。新建按钮元件"Button__2"。在"点击帧"插入关键帧，使用"矩形工具"绘制一个比按钮图案稍大的图形。回到"Animation_15"影片剪辑元件，把"Button"文件拖入舞台，放到按钮上。打开"动作"面板，为其添加代码，如图 26-72 所示。

图 26-71　为帧命名

图 26-72　按钮的代码

Step 09 制作声音文件。将声音文件导入到库中。新建图层，选择第 2 帧并插入关键帧。在"属性"面板 "声音"选项栏下的"名称"选项中选中导入的音频文件。

26.2.5　导航条的制作

动画导航条部分由 6 个按钮构成，每个按钮使用的方法都基本相同，具体制作步骤如下。

Step 01 新建影片剪辑元件"Animation_31"，新建图层，并依次定义 6 个关键帧，制作导航文字。

Step 02 在影片剪辑中新建图层，定义第 1 帧为关键帧，并定义动作"stop();"，完成导航文本的制作，如图 26-73 所示。

图 26-73　导航文本

Step 03 定义影片剪辑元件"Animation_32"，在影片剪辑中定义分割线，其显示效果如图 26-74 所示。

图 26-74 导航分割线

Step 04 将制作好的星星、圆圈等各种素材都定义成图形元件，方便制作导航按钮中的闪动动画。

Step 05 新建影片剪辑元件"Animation_35"，在第 4 帧创建关键帧，将星星图形元件拖放到舞台中，如图 26-75 所示。

图 26-75 星星效果

Step 06 分别在第 21 和 29 帧插入关键帧，并制作星星旋转的效果。

Step 07 新建图层，将星星元件实例放大，并继续制作旋转的动画，让两个星星刚好垂直交叉，制作出发光的效果，如图 26-76 所示。

图 26-76 旋转放大的星星

Step 08 采用类似的方法，制作圆点和圆圈的移动动画，其显示效果如图 26-77 所示。

Step 09 新建图层，在第 44 帧插入关键帧，并定义动作"stop();"，完成闪光效果的制作。其时间轴如图 26-78 所示。

图 26-77　圆点和圆圈的效果

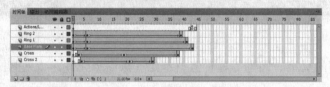

图 26-78　闪光效果的时间轴

Step 10　新建影片剪辑元件"Animation_11"，将制作好的"Animation_35"拖入。

Step 11　新建按钮"Button"，在其中定义两个形状，如图 26-79 所示。

Step 12　将红色线图片素材导入到库中，并定义成影片剪辑元件"Animation_10"。

Step 13　新建影片剪辑元件"Button_1"，新建图层，在第 6 帧定义关键帧，将影片剪辑元件"Animation_10"拖入舞台。在第 6、16 和 25 帧处定义关键帧，并制作由不透明度为 0 到 100 再到 0 的逐渐显示和隐藏的动画。

Step 14　在 40 帧处定义关键帧，将动画扩展。

Step 15　新建遮罩层，并制作遮罩条，如图 26-80 所示。

图 26-79　图形的设置

图 26-80　遮罩条的效果

Step 16　新建图层，在第 3 和 16 帧定义关键帧，将"Animation_35"拖入舞台制作运动效果。然后在第 40 帧处定义关键帧，制作运动和渐隐效果。

Step 17　新建图层，将影片剪辑元件"Animation_31"拖入舞台，并命名为"ti2"。

Step 18　新建图层，将按钮"Button"拖入舞台创建实例，其时间轴的显示效果如图 26-81 所示。

图 26-81　时间轴的显示效果

Step 19 新建图层，分别在第 1 帧和第 16 帧定义关键帧，并添加动作"stop();"。

Step 20 新建图层，将音乐导入图层，完成影片剪辑的制作。采用类似的方式，制作其他导航按钮的影片剪辑。

Step 21 新建影片剪辑元件"Animation_33"。新建图层，将影片剪辑"Button_1"拖放到舞台，并为其定义动作，如图 26-82 所示。

Step 22 在第 6 帧和第 16 帧创建关键帧，制作按钮文字从底部飞入的动画。在第 45 帧处添加关键帧。

Step 23 采用类似的方法，制作其他导航按钮的动画。

Step 24 新建遮罩图层，并定义导航按钮大小相同的遮罩效果，此时其时间轴如图 26-83 所示。

图 26-82 定义动作 1

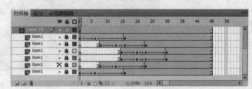

图 26-83 图层遮罩效果

Step 25 定义按钮"Button_1"，并在其"点击帧"中定义图形，如图 26-84 所示。

Step 26 在影片剪辑元件"Animation_33"中创建按钮"Button_1"的实例。

Step 27 新建两个图层，并定义上层图层为遮罩层。在被遮罩的图层中定义影片剪辑"Animation_32"从底部逐渐显示的动画，显示分隔线。

Step 28 新建图层，在第 40 帧插入关键帧，并定义动作，如图 26-85 所示。

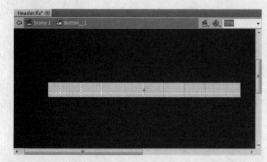

图 26-84 定义按钮

图 26-85 定义动作 2

Step 29 回到场景 1，新建图层"menu"，在第 39 帧处添加关键帧，将影片剪辑元件
"Animation_33"拖入舞台创建实例。

用类似的方法制作画面中的其他导航部分。

26.2.6　导入音频完成动画

导入音频部分即可基本完成动画，检查问题或者遗漏后测试动画，完成影片。具体步
骤如下。

Step 01 回到主舞台，检查是否有遗漏，然后为其添加音频效果。

Step 02 新建图层，命名为"声音"，将之前剪辑好的声音导入。

Step 03 在第 6 帧上插入关键帧，在第 70 帧上插入帧。

Step 04 直接将导入的声音拖至主舞台，即可完成整个动画效果。按<Ctrl+Enter>组合键查
看效果，如图 26-86 所示。

图 26-86　Flash 最终效果

26.3　制作 Web 页面

使用 Dreamweaver 将效果图和 Flash 文件制作成网页格式的页面，主要分为切图、规
划站点、制作页面头部、制作页面主体部分和制作页面底部。

26.3.1　切图和规划站点

站点的切图比较简单，主要需规划好切片的方式，使最终页面中使用的背景图像最
小，具体制作步骤如下。

Step 01 单击菜单栏中的"文件"|"打开"命令，打开制作好的效果图源文件。

Step 02 将文档中的部分内容隐藏。

Step 03 选择"切片工具" 。

Step 04 在文档中拖曳鼠标，制作矩形框，释放鼠标，制作出切片。制作后的切片效果如
图 26-87 所示。

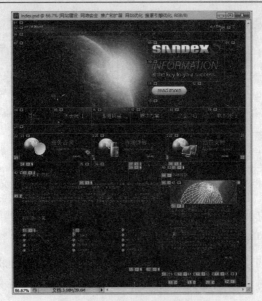

图 26-87　制作后的切片效果

> **注意**　在心情文本部分，由于背景被心情图片遮盖，所以需要隐藏心情图片以及心情文本，重新制作切片。具体方法和制作其他切片相同。

Step 05　单击菜单栏中的"文件"|"存储为 Web 设备所用的格式"命令，在打开的"存储为 Web 设备所用的格式"对话框中定义各个切片的存储格式，将切片存储为"HTML 和图像（*.html）"。

Step 06　参照企业站点制作的相关部分，规划站点。

26.3.2　制作页面背景和基础样式

本实例中，使用 CSS 对页面内容进行布局，具体步骤如下。

Step 01　打开 Dreamweaver 软件，单击菜单栏中的"站点"|"新建站点"命令，打开"新建站点"对话框，定义站点的根文件夹为刚刚规划好的根文件夹。

Step 02　单击菜单栏中的"文件"|"新建"命令，打开"新建文档"对话框，选择文档的类型为"XHTML1.0 Transitional"。

Step 03　单击"创建"按钮，创建新文档，新文档的默认名称为"Untitled-1"。

Step 04　单击菜单栏中的"文件"|"保存"命令（或者使用快捷键<Ctrl+S>），在打开的"另存为"对话框中定义保存名称为"index.html"，保存文件。

Step 05　单击菜单栏中的"修改"|"页面属性"命令，打开"页面属性"对话框，定义页面的外观、链接、标题/编码属性。其中各属性的参数设置如图 26-88、图 26-89、图 26-90 所示。

图 26-88　定义文档的外观属性

图 26-89　定义文档的链接属性

Step 06　单击菜单栏中的"文件"|"新建"命令，打开"新建文档"对话框，选择页面类型为"CSS"，单击"创建"按钮，新建文档。

Step 07　单击菜单栏中的"文件"|"保存"命令（或者使用快捷键<Ctrl+S>），在打开的"另存为"对话框中定义保存名称为"style.css"，将文件保存到 style 文件夹中。

Step 08　在"index.html"文档中选择"代码"模式。剪切<style>标签之间的样式内容，粘贴到"style.css"文档中，覆盖文档中的内容。

Step 09　在"index.html"文档中选择"设计"模式。单击菜单栏中的"文本"|"CSS 样式"|"附加样式"命令，在打开的"链接外部样式表"对话框中选择"style.css"样式文件。

Step 10　使用同样的方法，链接外部样式文件"layout.css"。

Step 11　返回 index.html 文档。单击菜单栏中的"文本"|"CSS 样式"|"新建"命令，打开"新建 CSS 规则"对话框，定义选择器类型为"标签"，在"标签"下拉列表中选择标签名称为"ul"。

Step 12　定义"ul"标签的 CSS 规则，如图 26-91 所示。

图 26-90　定义文档的标题/编码属性

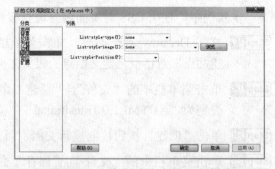

图 26-91　ul 标签中定义的 CSS 样式

Step 13　在"代码"视图中，为 body 元素添加 id 属性，代码如下。

```
<body id="page1">
</body>
```

26.3.3 制作页面内容

使用 CSS 布局页面和使用表格布局页面的方法不同。在 CSS 规则中，可以定义标签浮动显示，所以可以不必使用矩阵形式的横纵行列布局，具体制作步骤如下。

Step 01 单击菜单栏中的"插入记录"|"布局对象"|"Div 标签"命令，打开"插入 Div 标签"对话框，定义标签的插入位置为"在插入点"。

Step 02 单击"新建 CSS 样式"按钮，在打开的"新建 CSS 规则"对话框中定义"ID"类型，名称为"main"。

Step 03 定义标签的 CSS 规则，如图 26-92、图 26-93 和图 26-94 所示。

图 26-92 定义"区块"样式 1

图 26-93 定义"方框"样式 1

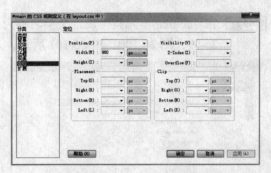

图 26-94 定义"定位"样式 1

Step 04 删除默认添加的标签内容，单击菜单栏中的"插入记录"|"布局对象"|"Div 标签"命令，打开"插入 Div 标签"对话框。

Step 05 单击"新建 CSS 样式"按钮，在打开的"新建 CSS 规则"对话框中定义"ID"类型，名称为"header"。

Step 06 定义标签的 CSS 规则，如图 26-95 和图 26-96 所示。

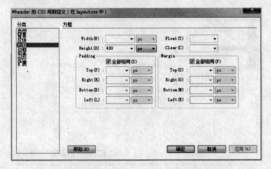

图 26-95 定义"方框"样式 2

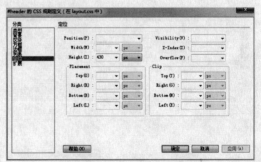

图 26-96 定义"定位"样式 2

Step 07 删除 Div 标签中的原有内容，单击菜单栏中的"插入记录"|"媒体"|"Flash"命令，将制作的 menu.swf 文件插入文档。预览文档，显示效果如图 26-97 所示。

Step 08 继续定义 ID 名称为"content"的 Div 元素。

Step 09 定义标签的 CSS 规则，如图 26-98 所示。

图 26-97　插入 Flash 后的显示效果　　　　　　图 26-98　定义"背景"样式 1

Step 10 在"content"元素中，定义类名称为"bgd"的 Div 元素，并定义相关样式，如图 26-99、图 26-100、图 26-101 所示。

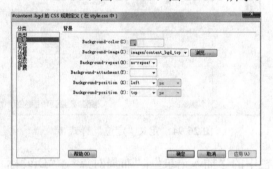

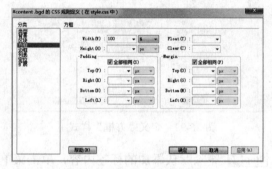

图 26-99　定义"背景"样式 2　　　　　　图 26-100　定义"方框"样式 3

Step 11 在"content"标签中插入 Div 元素，并定义 CSS 样式类的名称为"extra"。

Step 12 添加标签的 CSS 规则，如图 26-102 所示；同时为图片添加 CSS 规则，如图 26-103 所示。

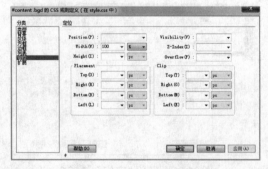

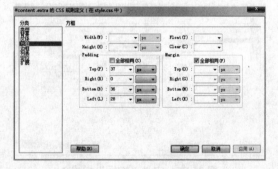

图 26-101　定义"定位"样式 3　　　　　　图 26-102　标签的 CSS 规则

Step 13 在"extra"元素中插入 3 张图片，如图 26-104 所示。

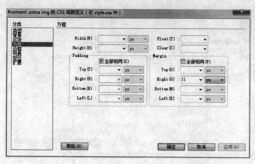

图 26-103　图片的 CSS 规则　　　　　　图 26-104　定义样式后的效果

Step 14 为 3 个图片添加空链接，即添加的链接地址为 "#"。

Step 15 继续添加类名为 "article" 的 Div 元素，添加标签的 CSS 规则，如图 26-105 所示。

Step 16 在名为 "article" 的 Div 元素中，添加名称为 "wrapper" 的 Div 元素。

Step 17 在 "article" 中添加名称为 "col_1" 的 Div 元素，并添加标签的 CSS 规则，如图 26-106、图 26-107、图 26-108 所示。

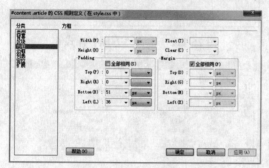

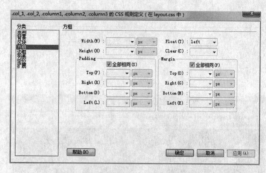

图 26-105　定义标签的 CSS 规则　　　　图 26-106　定义 "方框" 样式 4

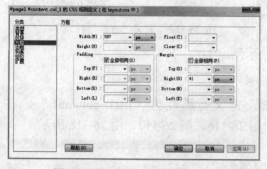

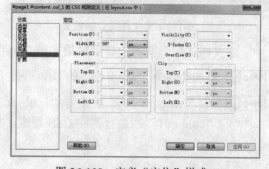

图 26-107　定义 "方框" 样式 5　　　　图 26-108　定义 "定位" 样式 4

Step 18 插入 <h2> 和 <h3> 元素，并插入文字内容，同时定义 h2 的 CSS 样式，如图 26-109 和图 26-110 所示。

Step 19 在 h3 元素中定义 CSS 属性，如图 26-111 和图 26-112 所示。
设置好样式之后，其显示效果如图 26-113 所示。

Step 20 添加 Div 元素，定义类属性为 "p1"，添加标签的 CSS 规则，如图 26-114 所示。

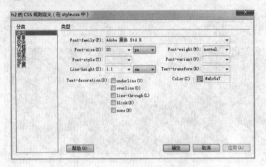

图 26-109　定义"类型"样式 1

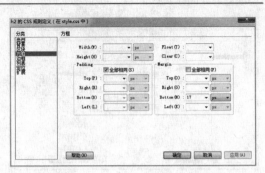

图 26-110　日志部分的显示效果

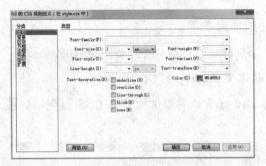

图 26-111　定义"类型"样式 2

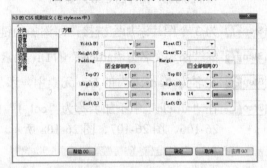

图 26-112　定义"方框"样式 6

图 26-113　定义样式后的效果

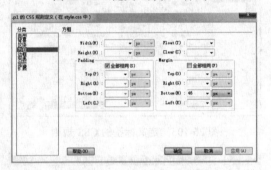

图 26-114　定义"方框"样式 7

定义样式后，文本的显示效果如图 26-115 所示。

Step 21　添加类名为"wrapper"的 Div 元素。

Step 22　在"wrapper"元素中添加 ul 元素，定义类属性为"list1 column1"，在"column1"添加标签的 CSS 规则，如图 26-116、图 26-117、图 26-118 所示。

图 26-115　文本的显示效果

图 26-116　定义"背景"样式 3

图 26-117 定义"方框"样式 8   图 26-118 定义"定位"样式 5

Step 23 在每个列表中添加内容，并为每个文字添加空链接，为链接添加 CSS 样式，如图 26-119、图 26-120、图 26-121 所示。

Step 24 添加"a:hover"复合属性，其参数设置如图 26-122 所示。

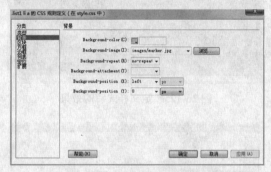

图 26-119 定义"类型"样式 3   图 26-120 定义"背景"样式 4

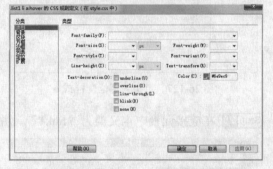

图 26-121 定义"方框"样式 9   图 26-122 定义"类型"样式 4

Step 25 继续添加两个 ul 元素，并依次添加"list1 column2"和"list1 column3"类，在 column2 上定义 CSS 属性如图 26-123、图 26-124 所示。

添加样式后的显示效果，如图 26-125 所示。

Step 26 在"col_1"元素之后添加类名称为"col_2"的 Div 元素，并定义 CSS 样式，如图 26-126、图 26-127、图 26-128 所示。

Step 27 在"col_2"元素的最底部增加类名为"alignright"的 Div 元素，在其中添加链接元素和文字"more"，并定义 CSS 规则，如图 26-129 所示。

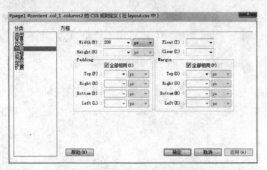

图 26-123 定义"方框"样式 10

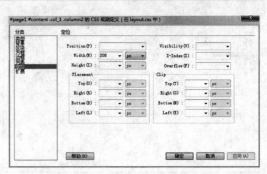

图 26-124 定义"类型"样式 5

图 26-125 定义样式后的效果

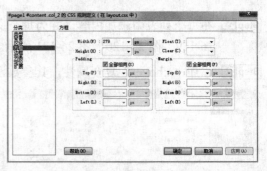

图 26-126 定义"方框"样式 11

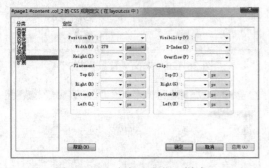

图 26-127 定义"定位"样式 6

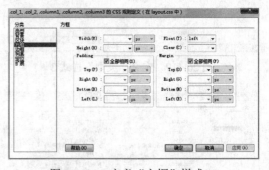

图 26-128 定义"方框"样式 12

Step 28 在链接元素中定义类为"link1"，并定义 CSS 规则，如图 26-130 所示。

图 26-129 定义"区块"样式 2

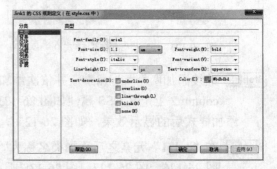

图 26-130 定义"类型"样式 6

定义完样式之后，页面的显示效果如图 26-131 所示。

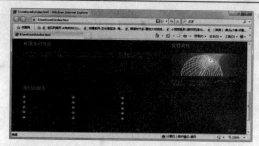

图 26-131 定义样式后的页面效果

26.3.4 制作页面底部

底部内容比较简单，只需要制作文本的显示样式，具体制作步骤如下。

Step 01 在 "content" 元素后添加 ID 为 "footer" 的 Div 元素，并添加 CSS 样式，如图 26-132、图 26-133、图 26-134 所示。

图 26-132 定义 "类型" 样式

图 26-133 定义 "方框" 样式 1

Step 02 依次添加左右两个 Div 元素，分别定义类为 "fleft" 和 "fright"，并插入需要显示的文字和图片。

Step 03 在 "fleft" 中定义 CSS 规则，如图 26-135 所示。在 "fright" 中定义 CSS 规则，如图 26-136 所示。

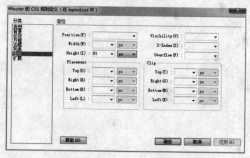

图 26-134 定义 "定位" 样式

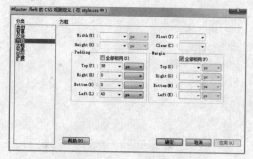

图 26-135 定义 "方框" 样式 2

Step 04 为了让左右两个元素可以并排显示，可同时给两个元素定义左侧浮动的属性。

Step 05 为底部的图片定义 CSS 属性，如图 26-137 所示。

Step 06 为底部的链接添加 CSS 属性，如图 26-138 所示。添加 "a::hover" 复合属性，如图 26-139 所示。

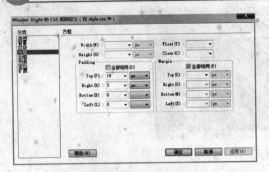

图 26-136　定义"方框"样式 3

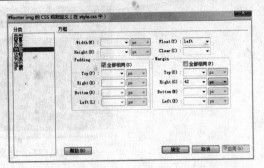

图 26-137　定义"方框"样式 4

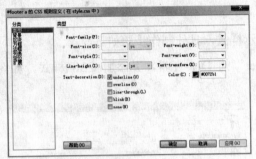

图 26-138　定义"类型"样式 1

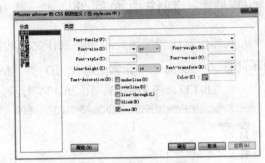

图 26-139　定义"类型"样式 2

页面完成后的显示效果如图 26-1 所示。

26.4　小结

本章综合应用了前面所述原理、技巧、方法和思路，主要讲解了网站首页由构思、效果图、静态页面到添加动画的制作过程。通过本章内容的学习，读者可以了解整个网站首页的制作流程。